高职高专教育法律类专业教学改革试点与推广教材 ｜ 总主编　金川

浙江省"十一五"重点教材

安防设备安装与系统调试

汪海燕　主编

U0344946

清华大学出版社
北京

华中科技大学出版社
http://www.hustp.com
中国·武汉

内容简介

本书介绍了安全防范技术三大基本系统的组成、系统设备安装和调试的相关知识、设备安装方法及调试步骤等,全书共分为四个学习情境 21 个工作任务,重点讲解了入侵报警系统设备的安装与调试、视频监控系统设备的安装与调试、门禁控制系统设备的安装与调试以及系统联合调试等。

本书可作为高职高专安全防范技术专业及相关专业的教材和教学参考书,亦可作为从事安全防范工程设计和施工的工程技术人员参考用书。

图书在版编目(CIP)数据

安防设备安装与系统调试/汪海燕主编. —武汉:华中科技大学出版社,2012.2(2024.12 重印)
ISBN 978-7-5609-7672-3

Ⅰ.①安… Ⅱ.①汪… Ⅲ.①安全装置-电子设备-设备安装-高等职业教育-教材②安全装置-电子设备-示踪程序-高等职业教育-教材 Ⅳ.①TM925.91

中国版本图书馆 CIP 数据核字(2012)第 000350 号

安防设备安装与系统调试   汪海燕　主编

策划编辑:王京图
责任编辑:王京图
封面设计:傅瑞学
责任校对:北京书林瀚海文化发展有限公司
责任监印:朱　玢
出版发行:华中科技大学出版社(中国·武汉)　　电话:(027)81321913
　　　　　武汉市东湖新技术开发区华工科技园　　邮编:430223
录　　排:北京星河博文文化发展有限公司
印　　刷:武汉科源印刷设计有限公司
开　　本:710mm×1000mm　1/16
印　　张:23.5
字　　数:422 千字
版　　次:2024 年 12 月第 1 版第 6 次印刷
定　　价:58.00 元

本书若有印装质量问题,请向出版社营销中心调换
全国免费服务热线:400-6679-118,竭诚为您服务
版权所有　侵权必究

总　序

我国高等职业教育已进入了一个以内涵式发展为主要特征的新的发展时期。高等法律职业教育作为高等职业教育的重要组成部分，也正经历着一个不断探索、不断创新、不断发展的过程。

2004年10月，教育部颁布《普通高等学校高职高专教育指导性专业目录（试行）》，将法律类专业作为一大独立的专业门类，正式确立了高等法律职业教育在我国高等职业教育中的重要地位。2005年12月，受教育部委托，司法部牵头组建了全国高职高专教育法律类专业教学指导委员会，大力推进高等法律职业教育的发展。

为了进一步推动和深化高等法律职业教育的改革，促进我国高等法律职业教育的类型转型、质量提升和协调发展，全国高职高专教育法律类专业教学指导委员会于2007年6月，确定浙江警官职业学院为全国高等法律职业教育改革试点与推广单位，要求该校不断深化法律类专业教育教学改革，勇于创新并及时总结经验，在全国高职法律教育中发挥示范和辐射带动作用。为了更好地满足政法系统和社会其他行业部门对高等法律职业人才的需求，适应高职高专教育法律类专业教育教学改革的需要，该校经过反复调研、论证、修改，根据重新确定的法律类专业人才培养目标及其培养模式要求，以先进的课程开发理念为指导，联合有关高职院校，组织授课教师和相关行业专家，合作共同编写了"高职高专教育法律类专业教学改革试点与推广教材"。这批教材紧密联系与各专业相对应的一线职业岗位（群）之任职要求（标准）及工作过程，对教学内容进行了全新的整合，即从预设职业岗位（群）之就业者的学习主体需求视角，以所应完成的主要任务及所需具备的工作能力要求来取舍所需学习的基本理论知识和实践操作技能，并尽量按照工作过程或执法工作环节及其工作流程，以典型案件、执法项目、技术应用项目、工程项目、管理现场等为载体，重新构建各课程学习内容、设计相关学习情境、安排相应教学进程，突出培养学生一线职业岗位所必需的应用能力，体现了课程学习的理论必需性、职业针对性和实践操作性要求。这批教材无论是形式还是内容，都以崭新的面目呈现在大家面前，它在不同层面上代表了我国高等法律职业教育教材改革的最新成果，也从一个角度集中反映了当前我国高职高专教育法律类专业人才培养模式、教学模式及其教材建设改革的新趋势。我们深知，我国高等法律职业教育举办的时间不长，可资借鉴的经验和成果还不多，教育教学改革任务艰巨；我们深信，任何一项改革都是一种探索、一种担当、一种奉献，改革的成果值得我们大家去珍惜和分享；我们期待，会有越来越多的院校能选用这批教材，在使用中及时提出建议和意见，同时也能借鉴并继续深化各院校的教育教学改革，在教材建设等方面不断取得新的突破、获得新的成果、作出新的贡献。

全国高职高专教育法律类专业教学指导委员会

2008 年 9 月

前 言

《安防设备安装与系统调试》是高职安全防范类专业的一门重要专业核心课程。以安全防范设备安装与系统调试中多个典型工作任务为载体,参照国家职业标准《安全防范系统安装维护员》和智能建筑领域相关规范编写教材。教材内容的组织充分体现了职业活动为导向、以职业能力为核心,按照从简单到复杂的原则安排知识的学习,紧扣任务要求,让学生在学中做、做中学。

本书设计了四个学习情境:入侵报警系统设备安装与调试、视频监控系统设备安装与调试、门禁控制系统设备安装与调试、系统联合调试。

学习情境一8个任务:简单紧急报警按钮的安装与调试;主动红外探测器的安装与调试;被动红外探测器的安装与调试;双技术探测器的安装与调试;玻璃破碎探测器的安装与调试;振动探测器的安装与调试;微波与超声波探测器的安装与调试;报警主机的安装、编程与调试。

学习情境二6个任务:摄像机及辅助设备的安装和调试(包括镜头的安装与调试、防护罩与支架的安装与调试、摄像机的安装与调试);云台、解码器的安装与调试;视频分配器、切换器与监视器的安装和调试;视频矩阵的安装与调试;硬盘录像机的安装与调试;监控中心设备的安装与调试。

学习情境三4个任务:读卡器与门禁控制器的安装与调试;出门按钮、门磁开关与门禁控制器的安装与调试;常见锁具与门禁控制器的安装与调试;门禁管理软件的安装与调试。

学习情境四3个任务:入侵报警系统与视频监控系统的联动调试;门禁系统与视频监控系统的联动调试;入侵报警系统与门禁系统的联动调试。

参加本书编写工作的有:汪海燕(编写学习情境一的任务一、二、三、四、五、八,学习情境二的任务一、四、五、六,学习情境三的任务一、二、三和学习情境四),林秀杰(编写学习情境一的任务六、七),刘桂芝(编写学习情境二的任务二)、王淑萍(编写学习情境二的任务三),伍国辉(协助编写学习情境三的任务四)。全书由汪海燕统稿。

本书在编写过程中得到了钱静蛟老师、广州致远电子有限公司和浙江大华技术股份有限公司的大力支持与协助，同时也参考了大量专题文献和内部资料，有的未知来源，所以没有一一列于书后，在此我们一并表示衷心的感谢。

由于学识和经验有限，教材中难免有不足之处，恳请各界读者给予批评指正。

编者
2012 年 1 月

目　录

学习情境一　入侵报警系统设备安装与调试

【学习目标】

学习入侵报警探测器、入侵报警控制主机与辅助设备的安装与调试知识；能根据工程施工技术规范及安装工艺要求，进行入侵报警系统设备及附材的安装，掌握入侵报警系统设备的安装工艺与调试方法。

【学习内容】

根据相应的安全防范系统（工程）设计文件要求安装与调试探测器、报警控制主机及辅助设备，即通过对具体型号的探测器与报警主机的安装与调试，掌握入侵报警系统设备的安装工艺与调试方法，实现系统的入侵报警控制功能。

【预备知识】

一、入侵报警系统的基本组成

入侵报警系统是指在出现非法入侵情况时能发出报警信号的系统，主要由探测器、传输信道和报警控制主机三部分组成。一个完善而有效的技术防范配合人力防范的入侵探测与报警技术系统网的组成通常如图 1-1 所示。

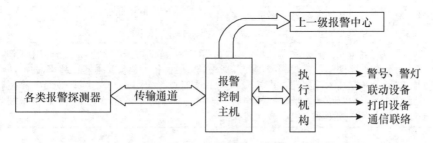

图 1-1　技防配合人防的入侵探测报警系统网的基本组成图

二、入侵探测器的种类

入侵探测器，又称入侵报警探头，安装于防范现场，专门用来探测移动目标。它决定报警系统的性能、用途和系统的可靠性，是降低误报和漏报的决定因素之一。

探测器通常由传感器和前置信号处理器组成。有的探测器只有传感器，没有信号处理器。传感器是探测器的核心部分，是一种可以在两种不同物理量之间进行转换的装置。在入侵探测器中，传感器将被测的物理量（如力、重量、位移、速度、加速度、振动、冲击、温度、声响、光强等）转换成相对应的、易于精确处理的电量（如电流、电压），往往称该电量为原始电信号。

前置信号处理器将原始电信号进行加工处理，如放大、滤波等，使它成为适合在信道中传输的信号，称为探测电信号。

入侵探测器有多种类型，可以根据不同的性能要求分类，例如：

（1）按使用场所不同来分可分为户内型入侵探测器、户外型入侵探测器、周界入侵探测器和重点物体防盗探测器等。

（2）按探测原理不同来分可分为雷达式微波探测器、微波墙式探测器、主动式红外探测器、被动式红外探测器、开关式探测器、超声波探测器、声控探测器、振动探测器、玻璃破碎探测器、电漏感应式探测器、电容变化探测器、微波-被动红外双技术探测器、超声波-被动红外双技术探测器等。

（3）按警戒范围来分可分为点控制型探测器、线控制型探测器、面控制型探测器及空间控制型探测器。

探测器种类如表 1-1 所示。

表 1-1　探测器种类表

警戒范围	探测器种类
点控制型	开关式探测器
线控制型	主动红外探测器、激光式探测器、光纤式周界探测器
面控制型	振动探测器、声控-振动双技术玻璃破碎探测器
空间控制型	雷达式微波探测器、微波墙式探测器、被动红外探测器、超声波探测器、声控探测器、视频探测器、微波-被动红外双技术探测器、超声波-被动红外双技术探测器、声控型单技术玻璃破碎探测器、次声波-玻璃破碎高频声响双技术玻璃破碎探测器、泄漏电缆探测器、振动电缆探测器、电场感应式探测器、电容变化式探测器

（4）按工作方式来分可分为以下两类：

主动式探测器：在工作时，探测器本身要向防范现场不断发出某种形式的能量，如红外光、超声波和微波等能量。

被动式探测器：在工作时，探测器本身不需要向防范现场发出能量，而是依靠直接接收被探测目标本身发出或产生的某种形式的能量，如振动、红外能量等。

三、传输通道

1. 多线制传输模式

如图 1-2 所示，各警戒防区内的入侵探测器通过多芯电缆与报警控制主机之间采用一对一的物理连接方式。该模式可根据控制器的输入端口辨别防区地址；部分遭破坏时，其他部分仍能正常工作。但是工程布线和维修麻烦，不利于扩容。

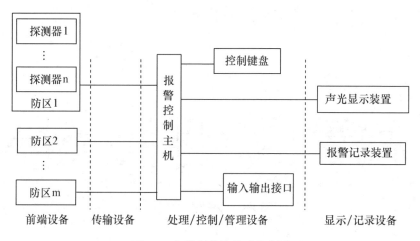

图 1-2　多线制传输模式示意图

2. 总线制传输模式

如图 1-3 所示，各警戒防区的入侵探测器通过其相应的地址模块及报警总线传输设备与报警控制主机相联。探测器与报警控制器之间的所有信号均沿公共线（总线）传输。探测器实行统一编码，当输出报警信号的同时地址码信号也一同输出。

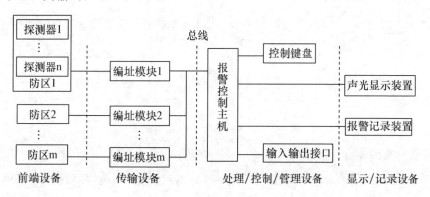

图 1-3　总线制传输模式示意图

3. 无线模式

如图 1-4 所示，各警戒防区的入侵探测器通过其相应的前端无线发射设备、无线中继设备（视传输距离选用）和后端无线接收设备与报警控制主机相联。

采用无线传输方式，探测器布设灵活、方便，施工简单，特别适用于不宜现场布线或现场布线困难的场所。

当前的无线传输一种是利用全国无线电管理委员会分配给报警系统的专用频率，另一种是借用现有的无线通信网络。

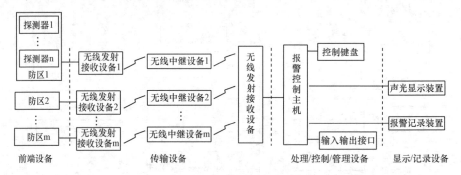

图 1-4　无线模式示意图

4. 公共网络传输模式

如图 1-5 所示，各警戒防区的入侵探测器通过公共网络传输系统与报警控制主机相连。公共网络可以是有线网络、无线网络，也可以是它们的组合，是一种颇具发展的传输方式。

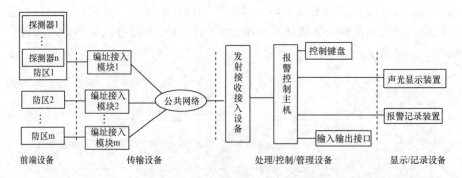

图 1-5　公共网络传输模式示意图

5. 混合传输

在实际应用的入侵报警系统中，更多的是几种模式的组合使用，即以上模式的任意组合即混合模式。

四、报警控制主机

1. 报警主机的功能

报警主机的功能如图 1-6 所示，报警控制主机也称为报警控制通信机，是接收来自探测器的电信号后，判断有无警情的神经中枢，报警控制主机由信号处理和报警控制装置组成。报警信号处理是对信号中传来的探测电信号进行处理，判断电信号中"有"或"无"情况，输出相应的判断信号。若探测电信号中含有入侵者入侵信号时，则信号处理器发出报警信号，报警装置发出声或光报警，引起工作人员的警觉。

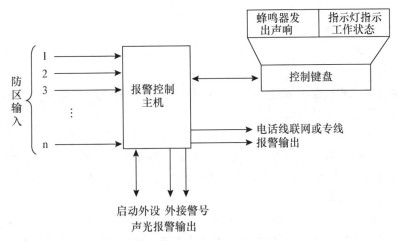

图 1-6　报警控制主机的功能

报警控制主机是入侵报警系统的核心，在《防盗报警控制器通用技术条件》（GB 12663—2001）中，将报警控制主机的防护级别从低到高分成 A、B、C 三等，其中 C 级功能最全。报警主机的形式有盒式、壁挂式和台式三种。

报警控制主机能直接或间接接收来自入侵探测器发出的报警信号，发出声光报警并能指示入侵发生的部位。声光报警信号应能保持到手动复位，复位后，如果再有入侵报警信号输入时，应能重新发出声光报警信号。

报警控制主机能对控制的系统进行自检，检查系统各个部分的工作状态是否处于正常工作状态。入侵报警控制主机应有防破坏功能，当连接入侵探测器和控制器的传输线发生断路、短路或并接其他负载时应能发出声、光报警信号。报警信号应能保持到引起报警的原因排除后，才能实现复位；而在该报警信号存在期间，如有其他入侵信号输入，仍能发生相应的报警信息。

入侵报警控制主机应有较宽的电源适应范围，当主电源电压变化为±15% 时，不需调整仍能正常工作。入侵报警主机应有备用电源。当主电源断电时能自动转换到备用电源上，而当主电源恢复后又能自动转换到主电源上。转换时控制器仍能正常工作，不产生误报。

入侵报警主机的机壳应有门锁或锁控装置，机壳上除密码按键及灯光指示外，所有影响功能的操作机构均应放在箱体之内。

由于入侵探测器有时会产生误报，对某些重要部位的监控，通常采用声控和视频加以复核。根据用户的管理机制及对报警的要求，可组成独立的警戒小系统、区域互连互防的区域警戒入侵报警系统和大规模的集中入侵报警系统。

入侵报警控制主机除具备上述功能外，还应具备以下功能：

（1）防拆功能

防止打开外壳进行破坏，一般应 24 小时保持有效。

（2）给入侵探测器供电功能

一般通过中间的扩展模块向与之连接的探测器提供常规直流工作电压。

（3）布防和撤防功能

直接输入式控制器应能对任一入侵探测器设置警戒（布防）和解除警戒（撤防），并能显示相应部位。

（4）布防延时功能

如果布防时操作人员尚未退出探测区域，那么就要求报警主机能够自动延时一段时间，等操作人员离开后布防才生效，这是报警主机的布防延时功能。

（5）报警联动功能

遇有报警时，报警主机的编程输出端可通过继电器接点闭合执行相应的动作，将报警信号经通信线路以自动或人工拨号方式向上级部门或保安公司转发，以便快速沟通信息或组网，特别是重点报警部位应与视频监控系统联动，自动切换到该报警部位的图像画面，自动录像。

（6）多防区的扩展

为实现区域一定规模范围内的探测器的连接，一般可以通过多防区扩展模块、多防区小型控制键盘进行系统多防区的扩展，如图 1-7 所示。

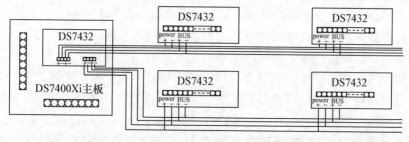

图 1-7　控制器通过多个扩展模块进行多防区连接

（7）多样的输出

控制器一般带有辅助输出总线接口，可接继电器输出模块等外围设备，可实现防区报警与输出一对一、多对一、一对多等多种报警/输出关系。

（8）允许多个分控

作为区域管理的报警主机，常常需要把监控中心的管理信号分流，在值班中心、控制中心、有关领导办公室等处安装分控键盘，一般常有多个分控容量预留，连接情况如图1-8所示。

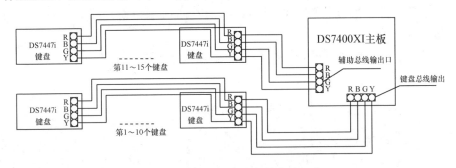

图1-8 多个分控与主机的连接示意

2. 安防系统中的防区定义与设定

所谓防区，是指入侵探测器的警戒区域，且有多种类型。一般情况下，安防系统的防区类型可归纳为下面3类：

（1）不可撤防防区（24小时防区）：即24小时均处于警戒状态下的防区。任何时候触发都有效。如安装紧急按钮、消防烟雾传感器和有害气体传感器等警戒的区域。

（2）可撤防不延时防区（立即防区）：家庭成员回家后可撤防，离家时布防；一旦触发立即有效。如安装防入侵的红外线传感器、窗磁传感器等的警戒区域。

（3）可撤防延时防区（延时防区）：家庭成员回家后可撤防，离家时布防；当触发后延时一段时间才有效，在这段时间内可撤防。如防入侵的门磁传感器。

布防是指启动报警系统，使入侵探测器进入警戒状态。布防通常有常规布防、外出布防、留守布防、紧急布防等几种形式。常规布防是将所有防区立即处于布防状态；外出布防是人员欲外出时设置，报警系统经过一段事先设定的时间后所有防区进入布防状态；留守布防允许人员留在部分防区活动而不报警（留守防区需事先设定），而其余防区进入布防状态；紧急布防是在紧急状态下不管系统是否开启，即直接进入布防状态的布防。

旁路指把某防区暂时停止使用（不布防）。

撤防是使入侵探测器退出警戒状态或指消除刚才的警示信号，使之恢复正常的准备状态。其中比较特殊的撤防为胁迫撤防，它主要用于被人挟持，强迫关闭报警系统时，系统在无声状态下自动电话报警。

入侵报警系统每一防区接入口有 3 种状态：

（1）有阻值（如 $10k\Omega$）：正常情况。就是在传感器的输出端口并接或串接一个电阻来实现。

（2）短路：触发报警。传感器动作后在防区端口对地短路，触发主机报警。

（3）开路：被剪断报警。当剪断传感器端口和防区端口的连线，防区端口就形成开路，触发主机报警。

五、入侵报警系统的主要功能指标

1. 基本功能

（1）探测报警。入侵报警系统应对探测区内的入侵行为进行准确、实时的探测，并发出报警信号。

（2）显示，入侵报警系统应能对下列状态和发生的时间给出指示：

- 正常；
- 测试；
- 报警；
- 被拆卸；
- 设置警戒（布防）/解除警戒（撤防）状态；
- 故障；
- 掉电、欠压；
- 传输系统失效。

（3）控制，入侵报警系统应能对下列控制功能进行设置：

- 即时防区和延时防区（24 小时、无声）；
- 全部或部分探测回路设置警戒（布防）/解除警戒（撤防）；
- 向远程中心传输信息或取消信息；
- 向辅助装置发激励信号（联动）；
- 系统试验应在系统的正常运转受到最小影响下进行。

（4）记录和查询，入侵报警系统应能对下列事件记录和事后查询：

- 显示功能列出的所有事件；
- 控制功能列出的所有编程设置；

- 操作人员姓名及开、关机时间；
- 警情处理结果；
- 维修。

（5）报警传输系统应具有自检、巡检功能。

（6）多样通信接口。入侵报警系统应具有与远程中心进行有线和/无线通信的接口，并能对通信状态的故障进行监控。

（7）电源适用范围、功耗：当电源电压在额定值的±10％范围内变化时，入侵探测器及报警主机不需调整仍能正常工作，且性能指标应符合要求。入侵探测器及报警主机在警戒状态和报警状态的功耗应符合产品标准的规定。

（8）稳定性要求：入侵报警系统在正常气候环境下，连续工作7天不应出现误报警和漏报警。

2. 探测范围

探测范围即探测器所防范的区域，又称工作范围。

例如，某一被动红外探测器的探测范围为一立体扇形空间区域。表示成：探测距离≥15m；水平视场角120°；垂直视场角43°。

3. 探测灵敏度

探测灵敏度是指探测器对防范现场物理量变化的响应能力。在实际工程中，探测灵敏度的调整非常重要。由于灵敏度会受设备使用时间、环境变化等因素的影响，应定期测试并调整，使系统保持最佳工作状态。

4. 可靠性

可靠性是指在规定的条件下、规定的时间内产品（系统）完成规定功能的能力。

（1）平均无故障工作时间（MTBF）

某类产品出现两次故障时间间隔的平均值，称为平均无故障工作时间。

入侵探测器设计的平均无故障工作时间至少为 60 000h；防盗报警主机平均无故障工作时间分为Ⅰ、Ⅱ、Ⅲ三级，产品指标不应低于Ⅰ级要求。

Ⅰ级：5 000h；　　　　Ⅱ Ⅲ级 20 000h；　　　　Ⅲ级：60 000h

（2）系统的首次故障时间

安防系统用首次故障时间来表征其可靠性。系统验收后的首次故障时间应大于3个月。

5. 探测率和漏报率

探测率与漏报率的和为1。这就是说探测率越高，漏报率越低。

六、入侵报警系统布线要求

1. 电缆敷设时，应按安全防范工程技术规范要求实施，多芯电缆的最小弯曲半径应大于其外径的 6 倍,同轴电缆的最小弯曲半径应大于其外径的 15 倍。

2. 电缆沿支架或在线槽内敷设时,应在下列部位牢固固定:电缆垂直排列或倾斜坡度超过 45°的每一个支架上;电缆水平排列倾斜度不超过 45°时,在每隔 1~2 个支架上;在引入接线盒及分线箱前 150~300mm 处。

3. 明敷设的信号线路与具有强磁场、强电场的电气设备之间的净距离,宜大于 1.5m,当采用屏蔽线缆或穿金属保护管或在金属封闭线槽内敷设时,宜大于 0.8m。

4. 导线在管内或线槽内不应有接头和扭结,导线的接头应在接线盒内焊接或用端子连接。

5. 光缆敷设时的最小弯曲半径应大于光缆外径的 20 倍。光缆敷设后,应检查光纤有无损伤,确认无损伤后再续接。光缆的接续点和终端点应做永久性标志。

6. 前端探测器至报警主机之间一般采用 RVV2×0.3(信号线)以及 RVV4×0.3(2 芯信号+2 芯电源)的线缆,而报警主机与终端安保中心之间一般采用的也是 2 芯信号线,至于用屏蔽线或者双绞线还是普通护套线,就需要根据各种不同品牌产品的要求来定,线径的粗细则根据报警主机与中心的距离和质量来定,但首先要确定安保中心的位置和每个报警主机的距离,最远距离不能超过各种品牌规定的长度,否则就不符合总线的要求了;在整个报警区域比较大,总线肯定不符合要求的条件下,可以将报警区分成若干区域,每个区域内确定分控中心的安装位置,确保该区域内总线符合要求,并确定总管理中心位置和分管理中心位置,确定分控中心到总管理中心的通信方式。

7. 报警主机电源一般采用本地取电而非控制室集中供电,线路较短,一般采用 RVV2×0.5 以上规格即可,依据实际线路损耗配置。周界报警和其他公共区域报警设备的供电一般采用集中供电模式,线路较长的一般采用 RVV2×1.0 以上规格,依据实际线路损耗配置。所有电源的接地需统一。

8. 不同性质的报警(如周界报警、公共区域报警总线和住户报警总线分开)不宜用同一路总线,分线盒安装位置要易于操作,采用优质的分线接口处理总线与总线的连接,方便维修及调试;建议总线和其他线路分管走线,总线走弱电桥架需按弱电标准和其他线路保持距离。

七、入侵报警系统的安装注意事项

1. 如果报警探头的 12V 电由报警主机供给,需要通过探头数量计算功耗，不要使主机超负荷工作。另外由于 12V 直流电远距离传输时带来的压降影响，传输线不可以太细和太远，要保证探头端所获得的电压足够大。

2. 各类探测器的安装，应根据所选产品的特性、警戒范围要求和环境影响等确定设备的安装点（位置和高度）。

3. 周界入侵探测器的安装，应能保证防区交叉，避免盲区，并应考虑使用环境的影响。

4. 探测器底座和支架应固定牢固；导线连接应牢固可靠，外接部分不得外露，并留有适当余量；紧急按钮的安装位置应隐蔽，便于操作。

5. 如果距离比较远，那么探头的电源最好就近供给，以免线路损耗导致探测器不能正常工作。由于红外探测器对热源敏感，所以在安装时应尽量避免对着通风口、暖气、火炉、冷冻设备的散热器；微波探测器对活动物体敏感，安装时不能对着窗帘、风扇、水管等，以免发生误报。

6. 探测器都有环境要求，安装时要考虑是在室内还是在室外，如果在室外是否要加防水外壳，以免损坏探测器。

7. 在报警主机和探测器内，一般都有防拆开关。为了防止恶意破坏，在安装调试时，应把防拆开关也连接到报警回路中。

8. 报警系统连好后，首先通电测试，由系统操作员更改必要的进入、退出延时时间、防区报警模式，测试警号、警灯是否正常。有条件最好进行模拟实验，保证各个防区正常工作。

9. 在日常操作中，特别是布防时，要确定防区指示灯不闪烁（防区内无人）再布防，一般不要强制布防，否则很容易报警（报警主机不能分辨是工作人员还是盗贼，只要有活动物体，就会报警）。

任务一　简单紧急报警按钮的安装与调试

一、任务目标

掌握紧急报警按钮的结构原理，熟悉紧急报警按钮的安装与调试方法。

二、任务内容

当在银行、家庭、机关、工厂等场合出现入室抢劫、盗窃等险情或其他异常情况时，往往需要采用人工操作来实现紧急报警。这时，就可采用紧急报警按钮开关实现报警功能。安装紧急按钮，一旦发生紧急情况，可向保安中心快速求救。

三、设备、器材

H0-01 紧急报警按钮	1 个
二芯线缆	若干
闪光报警灯	1 个
直流 12V 电源	1 个

四、设备安装原理与连线图

紧急报警按钮属于开关式探测器。开关式探测器通常属于点控制型探测器，通过各种类型开关接点的闭合或断开状态触发电路报警。触发报警控制主机发出报警信号的方式一般有两种：一种是短路报警方式（开关接点的闭合）；另一种是开路报警方式（开关接点的断开）。

（一）常用的开关式传感器

常用的开关式传感器有紧急报警开关、微动开关、磁控开关、压力垫或用金属丝、金属条、金属箔等来代用的多种类型的开关。它们可以将压力、磁场力或位移等物理量的变化转换为电压或电流的变化。

1. 紧急报警开关

紧急报警按钮宜安装在隐蔽处，一般安装在墙上，安装高度为底边距地1.4m。在有紧急情况时按下按钮报警，复位时需要专用钥匙。一般接两根信号线就可以。如图 1-9 所示。

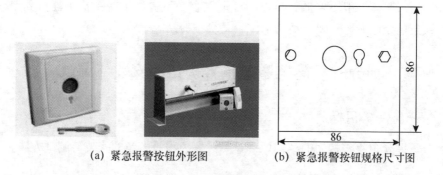

(a) 紧急报警按钮外形图　　　　(b) 紧急报警按钮规格尺寸图

图 1-9　紧急报警按钮

2. 微动开关

这种开关做成一个整体部件，需要靠外部的作用力通过传动部件带动，将内部簧片的接点接通或断开，从而发出报警信号。如图 1-10 所示。

图 1-10 微动开关外形图

最简单的一种是如图 1-11（a）所示的两个接点的按钮开关。只要按钮被压下，A、B 两点间即可接通，压力去除，A、B 两点间断开。

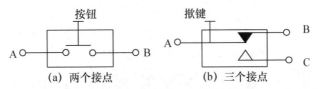

(a) 两个接点 (b) 三个接点

图 1-11 微动开关工作原理

还有如图 1-11（b）所示的三个接点的揿键开关。A、B 两点间为常闭接触；A、C 两点间为常开。

微动开关的优点是：结构简单、安装方便、价格便宜、防震性能好、触点可承受较大的电流，而且可以安装在金属物体上。

缺点是抗腐蚀性及动作灵敏程度不如磁控开关。

3. 磁控开关

磁控开关是由永久磁铁块及干簧管（又称磁簧管或磁控管）两部分组成的。磁控开关封装的外形图如图 1-12 所示。干簧管是一个内部充有惰性气体（如氮气）的玻璃管，其内装有两个金属簧片，形成触点 A 和 B，如图 1-13 所示。

(a) 嵌入式 (b) 表面安装式 (c) 金属帘专用

图 1-12 磁控开关外形图

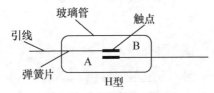

图 1-13 磁控开关原理图

当需要用磁控开关去警戒多个门、窗时，可采用图 1-14 所示的串联方式。

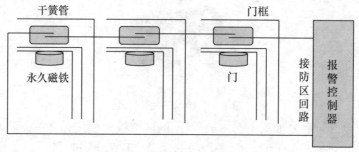

图 1-14　磁控开关的串联使用

4．压力垫

压力垫外形如图 1-15 所示。压力垫由两条平行放置的具有弹性的金属带构成，中间有几处用很薄的绝缘材料（如泡沫塑料）将两块金属条支撑着绝缘隔开，如图 1-16 所示。两块金属条分别接到报警电路中，相当于一个接点断开的开关。压力垫通常放在窗户、楼梯和保险柜周围的地毯下面。当入侵者踏上地毯时，人体的压力会使两根金属带相通，使终端电阻被短路，从而触发报警。

图 1-15　压力垫外形

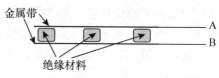

图 1-16　压力垫

5．带有开关的防抢钱夹

从外表上看，它就是一个很平常的可以夹钞票的钱夹子，如图 1-17 所示。

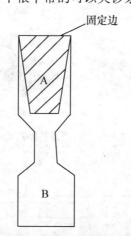

图 1-17　带有开关的防抢钱夹

6．用金属丝、金属条、导电性薄膜等导电体的断裂来代替开关

其工作原理是利用上述物体原先的导电导通性，当断裂时相当于不导电，即产生了开关的变化状态，所以可以作为简单的开关。

（二）设备安装与连线

紧急报警按钮可以分为破玻璃式防盗报警按钮、钥匙开启式防盗报警按钮两种。破玻璃式防盗报警按钮的安装方法如图 1-18 所示。钥匙开启式防盗报警按钮安装方法如图 1-19 所示。

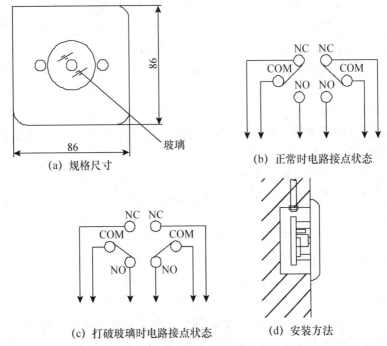

图 1-18　破玻璃式防盗报警按钮安装方法

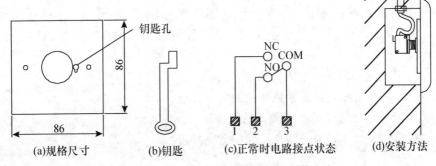

图 1-19　钥匙开启式防盗报警按钮安装方法

1. 安装说明

(1) 安装前首先应检查安装位置墙面或固定件，安装面应坚实、不疏松。若安装面不够坚实，在施工过程中必须采取加固措施。

(2) 将报警按钮从包装盒内取出，检查器件是否完好，用万用表电阻档或蜂鸣器档测量 NC、NO 和 C 各端子的导通性是否完好；拧下报警按钮面盖固定螺钉，拆开报警按钮，将按钮及拆下的螺钉放入包装盒妥善保管。

(3) 检查建筑施工预留安装盒与报警按钮是否匹配，若匹配，将报警按钮底盒安装孔与预留盒安装孔对正，直接用螺钉将报警按钮底盒固定在预留盒上即可；若不匹配，先在预留盒上安装过渡底板，然后用螺钉将报警按钮底盒固定在过渡底板上；若未预留安装盒，将报警按钮底盒与安装面贴平摆正，用记号笔安装盒底安装孔位置做好标记，再用冲击钻在安装孔标记处打孔（水泥墙、砖墙是用不小于 $\varnothing6$ 的冲击钻透，金属构件上使用不小于 $\varnothing3.2$ 的钻头钻孔并用适当的丝锥攻螺纹，使用机制螺钉安装，在其他质地疏松的墙壁上安装时应采取加固措施）。

(4) 将适宜的塑料胀管塞入，使塑料胀管入钉孔与墙面平齐。

(5) 将报警按钮安装盒固定孔与墙面安装孔对正，用适宜的自攻螺钉将安装盒牢固固定。

(6) 将紧急报警按钮的连接线缆从安装盒的过线孔穿入，根据入侵报警控制主机要求连接信号线缆。

(7) 将按钮及盖面按原位装入，并将固定螺钉拧紧。

注意： 紧急报警按钮宜安装在隐蔽处，墙面安装时底边距地面高度为 1.4m；安装应牢固，不得倾斜。紧急报警按钮应有自锁功能，需用专用钥匙复位。布线应尽量隐蔽。

2. 连线说明

下面以 H0-01 钥匙开启式防盗报警按钮为例，说明设备连线。H0-01 开盖后的内部图如图 1-20 所示，引脚图如图 1-21 所示。NO 表示常开，NC 表示常闭，C 表示公共端。紧急报警开关的安装图如图 1-22 所示。

1. 紧急按钮的常开接点输出原理验证

按图 1-23 接线，验证紧急按钮的常开接点。

2. 紧急按钮的常闭接点输出原理验证

按图 1-24 接线，验证紧急按钮的常闭接点。

图 1-20　H0-01 的内部图

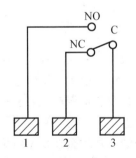

图 1-21　H0-01 的引脚图

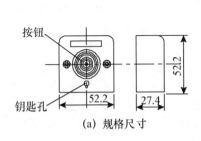

(a)　规格尺寸

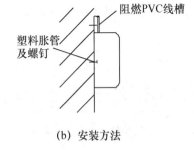

(b)　安装方法

图 1-22　紧急报警开关安装方法图

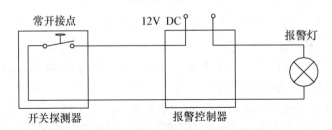

图 1-23　常开接点输出原理图

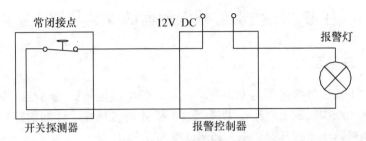

图 1-24　常闭接点输出原理图

五、任务步骤

1. 根据任务要求列出所需工具，领取实验器材（包括实验工具和元器件）。
2. 分组，以组为单位进行课程练习。
3. 将紧急报警按钮安装在指定位置上，参照图 1-23 和图 1-24，用电源、警灯等构建成一个简单的入侵报警检测电路。
4. 经老师检查接线正确后，通电（注意：一定要检查，防止损坏实验器材）。
5. 调试，使电路能够正常工作，在出现紧急情况时，可以报警。要求使用万用表测量紧急报警按钮输出端子的状态（断开、闭合），填写在表 1-2 中。

表 1-2　常开常闭接点与公共端的关系表

电路状态	NO 与 C 之间	NC 与 C 之间
正常		
报警		

6. 写出设备安装调试说明书。

六、习题

1. 紧急报警按钮常开接点输出时，其开关状态与警戒状态和报警状态是什么关系？报警灯是如何对应的？
2. 紧急报警按钮常闭接点输出时，其开关状态与警戒状态和报警状态是什么关系？报警灯是如何对应的？
3. 解释紧急按钮必须有自锁功能的原因。
4. 说明为什么紧急按钮开关探测器不要工作电源。

任务二　主动红外探测器的安装与调试

一、任务目标

通过主动红外探测器的安装与调试，能较全面地掌握主动红外探测器的工作原理和结构组成及产品技术说明书所描述的各项技术性能指标和电气特性，并能够熟练掌握其安装工艺和调试技术。

二、任务内容

根据相应型号主动红外探测器的安装注意事项，对某一具体型号探测器进行安装和调试，并验证探测器的性能与技术指标。

三、设备、器材

ABU-60 主动红外探测器	1 对
安装支架	1 对
二芯缆与六芯线缆	若干
闪光报警灯	1 个
直流 12V 电源	1 个

四、设备安装原理与连线图

（一）主动红外探测器介绍

主动式红外探测器属于线控型光电对射探测器的范畴，这类探测器总是由一个光电发射端和一个光电接收端组成，发射端发出光束，接收端接收光束，以光束遮断原理实施探测目的。

主动式红外探测器是由红外发射器、红外接收器、信息处理器三部分组成。如图 1-25 所示，红外发射器作为发射端从警戒区域的一侧发出红外光束投射到另一侧的接收端——红外接收器上，当有目标遮挡红外光束时，接收器接收不到红外光束信号，信息处理器就会发出报警信号。多光束主动红外探测器的探测范围可以形成一个面，安装在窗户、围墙和重要出入口等周界，也可采用反射式主动红外探测器，如图 1-26 所示，形成面状警戒区域。

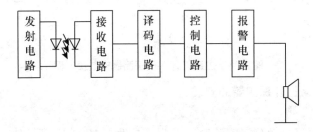

图 1-25　遮断式主动红外探测器框图

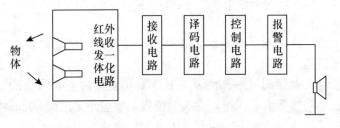

图 1-26　反射式主动红外探测器框图

主动红外入侵探测器安装图与安装位置图如图 1-27 和图 1-28 所示。

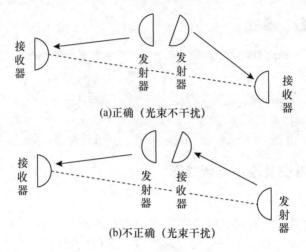

图 1-27　主动红外入侵探测器安装图

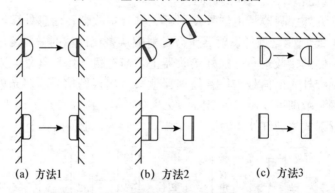

图 1-28　主动红外入侵探测器安装位置图

（二）主动红外探测器的安装

1. 安装规范

（1）主动红外探测器安装时，接收端与发射端之间不得有遮挡物。

（2）主动红外探测器接收端与发射端安装高度应基本保持在同一水平面上，以方便设备调试和保证防范效果。

（3）主动红外探测器在高温、强光直射等环境下使用时，应采取适当的防晒、遮阳措施。

（4）设置在地面周界的探测器，其主要功能是防备人的非法通行，为了防止宠物、小动物等引起误报，探头的位置一般应距离地面 50cm 以上。遮光时间应调整到较快的位置上，对非法入侵作出快速反应。

（5）设置在围墙上的探测器，其主要功能是防备人为的恶意翻越，所以安装方式有顶上安装和侧面安装两种均可。顶上安装探测器的位置应高出栅栏、围墙顶部 20cm，以减少在墙上活动的小鸟、小猫等引起误报。

（6）侧面安装则是将探头安装在栅栏、围墙靠近顶部的侧面，一般是作墙壁式安装，安装于外侧的居多。这种方式能避开小鸟、小猫的活动干扰。

（7）用于窗户防护时，探测器的底边高出窗台的距离不得大于 20cm。

（8）安装在弧形或者不规则围墙、栅栏上的探测器，其探测斜线距围墙、栅栏弧沿的最大弦高不能大于 15～20cm；弦沿最大弦高超过 20cm 时必须增加探测器数量来分割。

每一种方式都有他们自己的优点或缺陷，用户应根据自己建筑物的特点和防盗要求加以选用。

另外，主动红外探测器都要求安装支架稳定牢固，不应该有摇晃现象，否则可能导致探测器误报警，同时探测范围内不应该有遮挡的树枝、杂草等，以免引起太多的误报。对于某些复杂、形状多变的区域难以成形，要考虑探测区域的直线化。

2. 安装方法

红外对射探测器的安装方式主要有以下两种：

（1）支柱式安装：比较流行的支柱有圆形和方形两种，早期比较流行的是圆形截面支柱，现在的情况正好反过来了，方形支柱在工程界越来越流行。主要是探测器安装在方形支柱上没有转动、不易移动。除此之外，有广泛的不锈钢、合金、铝合金型材可供选择也是它的优势之一。在工程上的另外一种做法是选用角钢作为支柱，如果不能保证走线有效地穿管暗敷，让线路裸露在空中，这种方法是不能取的。

支柱的形状可以是"1"字形、"Z"字形或者弯曲的，由建筑物的特点及防盗要求而定，关键点在于支柱的固定必须坚实牢固，没有移位或摇晃，以利于安装和设防、减少误报。支柱安装方法如图 1-29 所示。根据探测器的警戒范围确定适当的安装高度，用随机附带的管卡或定制的抱箍、螺钉加带平垫片和弹簧垫圈，将探测器底板固定在立柱上，并保证底板与立柱支架紧固连接。

（2）墙壁式安装：现在防盗市场上处于技术前沿的主动红外线探测器制造商能够提供水平 180°全方位转角仰俯 20°以上转角的红外线探测器，如 FOCUS 的 HA、ABT、ABF 系列产品，可以支持探测器在建筑物外壁或围墙、栅栏上直接安装。

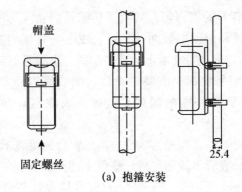

帽盖

固定螺丝

(a) 抱箍安装

25.4

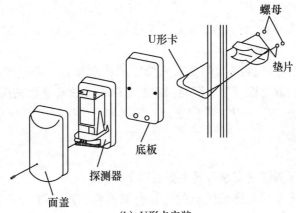

螺母

U形卡

垫片

底板

探测器

面盖

(b) U形卡安装

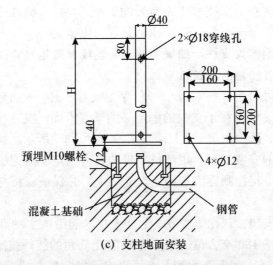

Ø40

2×Ø18穿线孔

80

H

200

160

160

200

40

预埋M10螺栓

12

4×Ø12

混凝土基础

钢管

(c) 支柱地面安装

图1-29 主动红外线探测器柱装方法

墙壁式安装方法 1：将上盖底部固定螺丝松开，后将上盖取出；将本体与金属基座板固定螺丝松开，然后将本体自金属基座板向分离开；用自攻螺丝将金属基板定于墙壁上；将帽盖盖上。如图 1-30 所示。

墙壁式安装方法 2：将探测器底板固定孔与安装支架安装孔对正，并将导线从底板过线孔穿出，用适宜的自攻螺钉将底板牢固固定。如图 1-31 所示。

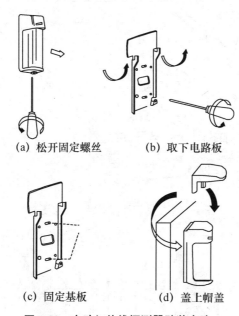

(a) 松开固定螺丝　　　　(b) 取下电路板

(c) 固定基板　　　　(d) 盖上帽盖

图 1-30　主动红外线探测器壁装方法 1

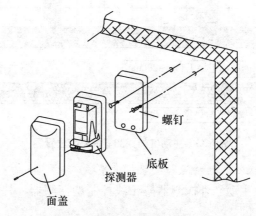

图 1-31　主动红外线探测器壁装方法 2

3. 主动红外探测器用于周界防范

由于主动红外探测器近年来被广泛应用于机关、工厂、住宅小区等处的围墙和栏栅等对周界侵入进行防范。主动红外探测器用于周界的分区布置图与安装位置图如图 1-32 和图 1-33 所示。

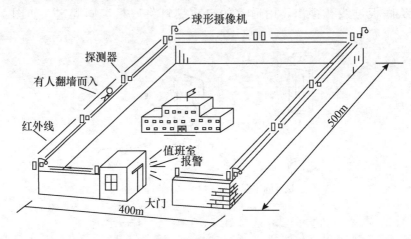

图 1-32　主动红外探测器分区布置图

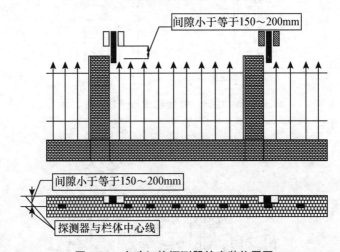

图 1-33　主动红外探测器的安装位置图

4. 主动红外探测器的特点与安装注意事项

(1) 单一光束主动红外探测器属于线控制型探测器，其控制范围为一线状分布的狭长的空间。

(2) 主动式红外探测器的监控距离较远，可长达百米以上。

(3) 探测器具有体积小、重量轻、耗电省、操作安装简便、价格低廉等优点。

（4）由于光学系统的透镜表面裸露在空气之中，所以极易被尘埃等杂物所污染。

（5）由主动式红外探测器所构成的警戒线或警戒网可因环境不同随意配置，使用起来灵活方便。

（6）线路绝对不能明敷，必须穿管暗设，这是探测器工作安全性的最起码的要求。

（7）安装在围墙上的探测器，其射线距墙沿的最远水平距离不能大于30m，这一点在围墙以弧形拐弯的地方需特别注意。

（8）配线接好后，请用万用表的电阻档测试探头的电源端，确定没有短路故障后方可接通电源进行调试。

5．主动红外对射探测器的工程调试

（1）发射端光轴调整

打开探头的外罩，把眼睛对准瞄准器，观察瞄准器内影像的情况，探头的光学镜片可以直接用手在180°范围内左右调整，用螺丝刀调节镜片下方的上下调整螺丝，镜片系统有上下12°的调整范围，反复调整使瞄准器中对方探测器的影像落入中央位置。

在调整过程中注意不要遮住了光轴，以免影响调整工作。

发射端光轴的调整对防区的感度性能影响很大，应一定要按照正确步骤仔细反复调整。

（2）接收端光轴调整

①按照和"发射端光轴调整"一样的方法对接收端的光轴进行初步调整。此时接收端上红色警戒指示灯熄灭，绿色指示灯长亮，而且无闪烁现象，表示套头光轴重合正常，发射端、接收端功能正常。

②接收端上有两个小孔，上面分别标有"＋"和"－"，用于测试接收端所感受的红外光束强度，其值用电压来表示，称为感光电压。将万用表的测试表笔（红"＋"、黑"－"）插入测量接收端的感光电压。反复调整镜片系统使感光电压值达到最大值。这样探头的工作状态达到了最佳状态。

注意事项： 四光束探测器有两组光学系统，需要分别遮住接收端的上、下镜片，调整至上、下感光电压值一致为止。较古老的四光束探测器两组光学系统是分开调节，由于涉及发射器和接收器两个探头共4个光学系统的相对应关系，调节起来相当困难，需要特别仔细调节，处理不当就会出现误报或者防护死区。ABF四光束探测器已把两个部分整合为一体调节，工程施工容易多了。

（3）遮光时间调整

在接收端上设有遮光时间调节钮，一般探测器的遮光时间在$50\sim500\text{m/s}$间可调，探测器在出厂时，工厂里将探测器的遮光时间调节到一个标准位置上，在通常情况下，这个位置是一种比较适中的状态，都考虑了环境情况和探头自身的特点，所以没有特殊的原因，也无须调节遮光时间。如果因设防的原因可以调节遮光时间，以适应环境的变化。一般而言，遮光时间短，探头敏感性就快，但对于像飘落的树叶、飞过的小鸟等的敏感度也强，误报警的可能性增多。遮光时间长，探头的敏感性降低，漏报的可能性增多。工程师应根据设防的实际需要调整遮光的时间。

（三）设备连线

下面以富科斯公司的 ABU-60 主动红外探测器为例，说明设备的接线端子。

拆下固定螺丝取下外罩。主动红外探测器发射端与接收端的外形如图 1-34 所示。接线端子如图 1-35 所示。

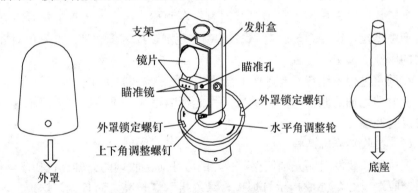

图 1-34　主动红外探测器的外形图

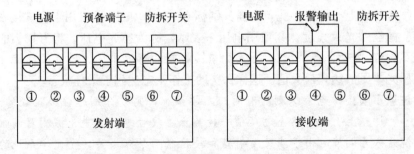

图 1-35　主动红外探测器端子配线图

ABU-60 主动红外探测器建议安装尺寸如图 1-36 所示。

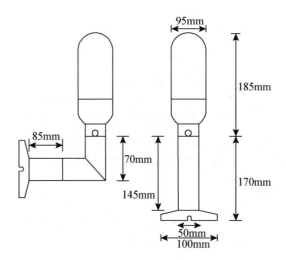

图 1-36　主动红外探测器安装尺寸图

1. 主动红外探测器常开接点输出原理验证

按照图 1-37 接线，验证常开接点输出报警功能。

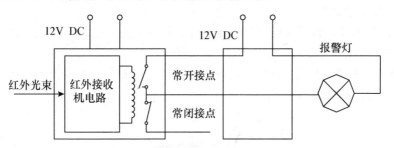

图 1-37　常开接点输出原理图

2. 主动红外探测器常闭接点输出原理验证

按照图 1-38 接线，验证常闭接点输出报警功能。

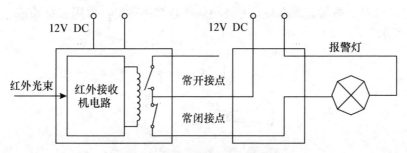

图 1-38　常闭接点输出原理图

3. 主动红外探测器常闭/防拆接点串联输出原理

按照图 1-39 接线，验证防拆接点输出报警功能。

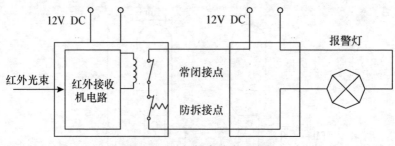

图 1-39 防拆接点输出原理图

五、任务步骤

1. 参照图 1-37、图 1-38 和图 1-39，用主动线外探测器和警灯构成一个最简单的报警电路，并列出材料与工具清单。

2. 领取实验器材。

3. 拆开主动线外探测器接收机外壳，辨认常开接线端子、常闭接线端子、接收机防拆接线端子、接收机电源端子、光轴测试端子、遮挡时间调节钮、工作指示灯等。

4. 拆开主动线外探测器发射机外壳，辨认发射机防拆接线端子、发射机电源端子、工作指示灯。

5. 确定安装高度，将附带的取付型纸贴在将要安装的位置上，按其孔位打孔，如图 1-40 所示。

图 1-40 打孔

6. 选择合适的套筒组装，并将导向从套筒中穿出，再用螺钉锁定，如图 1-41 所示。

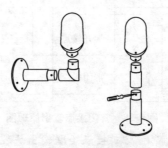

图 1-41 安装套筒

7. 将发射机与接收机端的线缆通过底座的引线槽引出，压接在探测器的接线端子上，将多余的线缆盘回盒内，如图 1-42 所示。

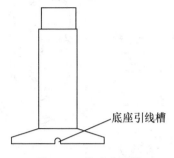

图 1-42　从底座引线

8. 把探测器固定在墙上或相应的位置上，如图 1-43 所示。

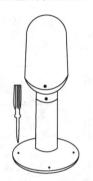

图 1-43　安装探测器

9. 目测发射、接收器是否位于同一水平线上；用一吊线锤，测试一下发射、接收器是否同时垂直。调整方法如下：

①打开探头的外罩，把眼睛对准瞄准器，观察瞄准器内影像的情况，调整上下角调整螺钉及水平调整轮，如图 1-44 所示。探头的光学镜片可以直接用手在 180°范围内左右调整，用螺丝刀调节镜片下方的上下调整螺丝，镜片系统有上下 12°的调整范围，反复调整使瞄准器中对方探测器的影像落入中央位置。在调整过程中注意不要遮住了光轴，以免影响调整工作。

②看接收器上信号强度灯逐级点亮，且全度点亮，无闪烁现象，表示套头光轴重合正常，发射器、接收器功能正常。

③接收器上有两个小孔，上面分别标有"＋"和"－"，用于测试接收器所感受的红外线强度，其值用电压来表示，称为感光电压。将万用表的测试表笔（红"＋"、黑"－"）插入测量接收端的感光电压。反复调整镜片系统

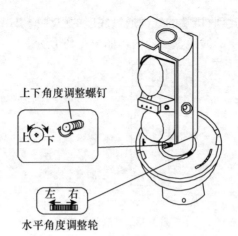

上下角度调整螺钉

上 下

左 右

水平角度调整轮

图 1-44　主动红外探测器内部结构图

使感光电压值达到最大值。正常工作输出电压要大于 1.2V，一般越大越好。如图 1-45 所示。

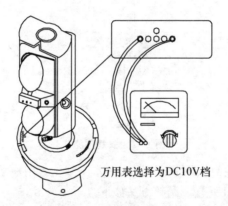

万用表选择为DC10V档

图 1-45　万用表测感光电压

10. 完成接线，检查无误，闭合探测器外壳，闭合电源开关。然后，人为阻断红外线，观察闪光报警灯的变化。

11. 改变遮光时间调节钮，观察闪光报警灯的响应速度。

调试过程遇到的常见故障及原因对策如表 1-3 所示。

12. 写出设备安装报告书。

表 1-3　主动红外探测器常见故障及原因对策

故障	故障原因	对策
发射端指示灯不亮	电源电压不适合（断线、短路等）	检查电源配线
接收端指示灯不亮	电源电压不适合（断线、短路等）	检查电源配线

续表

故障	故障原因	对策
光线被遮断，受光器的报警指示灯不亮	1. 因反射或其他投光器的光线进入受光器 2. 两条光束没有同时被切断 3. 遮光时间设定过短	1. 除去反射物体或变更光轴方向 2. 同时遮断两束光 3. 延长遮光时间
遮断光线后，受光器报警指示灯亮，但无警报信号输出	1. 配线断路或短路 2. 接点接触不良	1. 检查配线和接点 2. 重新接好配线
接收端的报警指示灯亮	1. 光轴不重合 2. 投、受光器之间有障碍物 3. 外罩被污染物污染	1. 重新调整光轴 2. 清除障碍物 3. 清洗外罩
经常误报	1. 配线不良 2. 电源供电电压不能达到 13V 或以上 3. 投、受光器之间的潜在障碍物受风雨影响而显现出来遮挡光束。 4. 安装基础不稳定 5. 光轴重合精度不够 6. 其他移动物体遮光 7. 反应时间过快 8. 未盖外壳时第七级指示灯未亮	1. 检查配线 2. 检查电源 3. 去除障碍物或变更设置场所 4. 选择基础牢固的场所 5. 重新调校光轴 6. 调整遮光时间或变更安装场所 7. 重新调整遮光时间 8. 重新调校好光轴，使接受信号达到最佳

六、习题

1. 简述入侵探测器的种类。
2. 红外接收机和红外发射机的接线内容有什么无别？
3. 为什么要校准光轴？
4. 简述校准光轴的过程。
5. 为什么要进行遮挡时间调整？
6. 简述遮挡时间调整位置与探测器灵敏度的关系。

任务三　被动红外探测器的安装与调试

一、任务目标

通过被动红外探测器的安装与调试，能全面地掌握被动红外探测器的工作原理与结构组成，以及产品技术说明书所描述的各项技术性能指标和电气特性，并能够熟练地掌握安装工艺和调试技术。

二、任务内容

根据安防工程技术规范和产品技术说明书要求对某一型号探测器进行安装与调试，并验证探测器功能特性和技术指标。

三、设备、器材

DS940T-CHI 探测器　　　　1 个
二芯线缆　　　　　　　　若干
闪光报警灯　　　　　　　1 个
直流 12V 电源　　　　　　1 个

四、设备安装原理与连线图

（一）被动式红外探测器

被动式红外探测器由热释电传感器、菲涅尔透镜与信号处理电路组成。它本身不发出红外线，而是依靠接收以动物体自身发出的红外能量来报警。探测器有一定的探测角度，安装时需特别注意，安装位置尽量隐蔽，且不应被遮挡。探测器不应正对热源，以防误报警。图 1-46 是被动式红外探测器电路原理框图。图 1-47 是被动式红外探测器探测区域图。

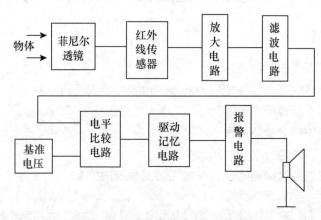

图 1-46　被动式红外探测器框图

一般被动红外探测器的最佳安装高度为 2.1～2.5m，如果是防宠物型的探测器，那么它对安装高度的要求会更高。视场有效区与安装高度有关，如果装得太高，下视盲区会加大，如果太低又可能造成远处位置探测不到，所以实际应用中需要进行步测调整。不同类型被动红外探测器安装要求也不同，比如说同属于被动红外原理的幕帘探测器，如果需要安装在窗户上，这时的安装高度就是离窗台上面 25cm，如果太高，人就可以从探测器下面钻过去，如果距离太低就有可能从上面跨过去。被动红外的原理是监测温差，当外界温度在 37℃ 左右时基本失灵，所以不要安装在靠近热源的地方。另外需要注意的就是避开通气孔、空调、暖气片等能够改变环境温度的流动性区域，也要注意中间的遮蔽物（哪怕是透明的例如玻璃）的遮挡。还有要避免电扇、晒挂的衣物、窗帘等容易移动的物体。动物活动频繁的地方也应该避免，如果实际需要又难以避免的话，那么特别注意要选用防宠物型的探测器。

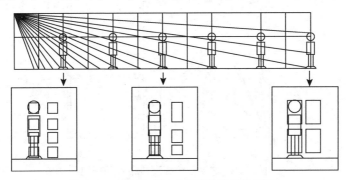

图 1-47　被动红外入侵探测器探测区域图

（二）被动红外探测器的安装与调试

1. 安装原则

（1）被动红外探测器对垂直于探测区方向的人体运动最敏感（如图 1-48 所示）。布置时应利用这个特性以达到最佳效果，同时还要注意其探测范围和水平视角，安装时要防止死角。安装高度由工程设计规范确定。被动红外探测器的布置方法与布置示例分别如图 1-49 和图 1-50 所示。

（2）顶装被动红外探测器应安装在重点防范部位正上方的屋顶，其探测范围应满足探测区边缘至被警戒目标边缘大于 5m 的要求。顶装被动红外探测器安装方法如图 1-51 所示。

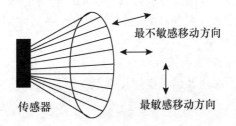

图 1-48　被动红外探测器探测入侵的敏感方向

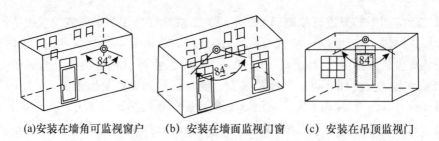

(a)安装在墙角可监视窗户　　(b) 安装在墙面监视门窗　　(c) 安装在吊顶监视门

图 1-49　被动红外探测器的布置方法

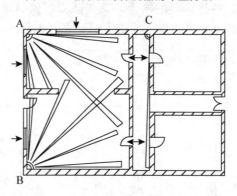

图 1-50　被动红外探测器布置示例图

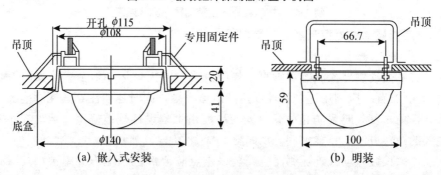

(a) 嵌入式安装　　　　　　　　　(b) 明装

图 1-51　顶装被动红外探测器安装方法

（3）壁挂式被动红外探测器应让其视场轴线和可能入侵方向成 90°角，以获得最大灵敏度。挂壁式被动红外入侵探测器规格尺寸图与安装示意图分别如图 1-52 和图 1-53 所示。

2. 被动式红外探测器的安装注意事项

（1）被动式红外探测器属于空间控制型探测器。

（2）由于红外线的穿透性能较差，在监控区域内不应有障碍物，否则会造成探测"盲区"。

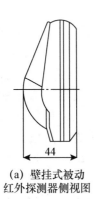
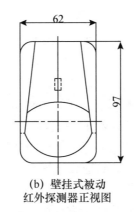

（a）壁挂式被动　　　　（b）壁挂式被动　　　　（c）壁挂式被动
红外探测器侧视图　　　红外探测器正视图　　　红外探测器俯视图

图 1-52　挂壁式被动红外入侵探测器规格尺寸

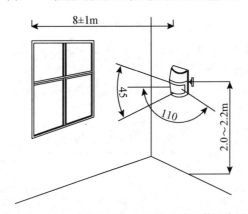

图 1-53　挂壁式被动红外入侵探测器安装示意图

（3）为了防止误报警，不应将被动式红外探测器探头对准任何温度会快速改变的物体，特别是发热体。

（4）应使探测器具有最大的警戒范围，使可能的入侵者都能处于红外警戒的光束范围之内；并使入侵者的活动有利于横向穿越光束带区，这样可以提高探测的灵敏度。

（5）壁挂式的被动式红外探测器需安装在离地面约 2～3m 的墙壁上。

（6）在同一室内安装数个被动式红外探测器时，也不会产生相互之间的干扰。

（7）注意保护菲涅耳透镜。

（8）室外、太阳直射处、冷热气流下、空调通风口、吊扇等转动的物体下、热源附近、窗户及未绝缘的墙壁、有宠物的地方应避免安装，切勿将探测器对着动物可爬上的楼梯等。

3. 被动红外探测器的步测调试

被动红外探测器的步测调试主要调试探测器的最远探测距离、探测角度、最大探测宽度、下视死角区。

（1）调试前的准备

①安装后及每年应对探测器定期进行步测。探测器在通电后2分钟内自检和初始化，在这期间内探头不会有任何反应，请等待2分钟后再进行步测。且在2秒内无探测到移动，红色LED停止闪烁时，探测器则作好了测试准备。保护区内无运动物体时，LED应处于熄灭状态。如果LED亮起，则重新检查保护区内影响的干扰因素。

②被动红外灵敏度选择跳线的原则如下：跳线在STD针时为标准型，在INT针时为加强型。

标准型：此设定可最大限度地防止误报，用于恶劣的环境及防宠物环境。

加强型：此设定下，只需遮盖一小部分保护区即可报警。正常环境下使用此设定，可提高探测性能。

③根据探测器变色LED灯（双鉴探测器具备）的显示，判断可能存在的报警和监察故障，如表1-4所示。

表1-4　LED灯现象

LED	原因
红	探测器报警
红灯闪亮	通电后的预热期间

（2）步测并调整被动红外探测范围

①装上外壳。

②通电后，至少等2分钟，再开始步测。

③步行通过探测范围的最远端，然后，向探测器靠近，测试几次。从保护区外开始步测，观察LED灯。触发红灯的位置为被动红外探测范围的边界。

④从相反方向进行步测，以确定两边的周界。应使探测中心指向被保护区的中心。

注：左右移动透镜窗，探测范围可水平移动±10°。

⑤从距探测器3~6m处，慢慢地举起手臂，并伸入探测区，标注被动红外报警的下部边界。重复上述做法，以确定其上部边界。探测区中心不应向上倾斜。

注：如果不能获得理想的探测距离，则应上下调整探测范围（−10°~+2°），

以确保探测器的指向不会太高或太低。调整时拧紧调节螺钉，上下移动电路板，上移时被动红外视场区向下移。

⑥调整后拧紧螺钉。

（三）设备安装、连线与调试

1. 设备安装原则

（1）安装前根据安装部位的不同，检查安装部位的建筑结构、材料状况，壁装探测器安装的墙壁应坚实、不疏松；甄别需安装探测器的吊顶的材质、坚固情况，若吊顶不够坚实，在施工过程中应采取加固措施。

（2）检查被动红外探测器支架安装情况，支架本身应结构合理、强度足以保证探测器的安装要求，支架安装应牢固、端正，位置合理。

（3）将被动红外探测器从包装盒内取出，拆开探测器，取下安装底板，并将取下的探测器电路板放入包装盒内妥善保管。

（4）安装探测器底板，吸顶安装时，应在安装设备的位置用适宜的钻头在吊顶上开出线孔，将探测器底板与吊顶贴平，用记号笔按照安装孔位做好标记，根据吊顶出线孔位置在探测器底板上做标记，并用适宜的钻头在探测器底板上开进线孔，并用适当长度的螺钉将探测器底板固定在吊顶上。

壁挂式安装时将探测器底板与支架安装面居中贴平，用记号笔按照支架安装孔位置做好标记，根据支架安装孔的孔径大小使用适当的钻头在探测器底板上开安装孔。用适当长度的沉头机制螺钉将探测器底板固定在支架上。

（5）在探测器底板内用绝缘胶布或绝缘垫将安装螺钉钉头覆盖，检查确认安装螺钉钉头的绝缘情况，确保不会搭接电路板造成短路。

（6）将探测器电路板按原位固定在底板上，并将探测器连接线缆引入。

（7）根据探测器接线说明书连接电源线缆，确保探测器电源正负极的连线正确。

（8）根据入侵报警控制主机的要求连接信号线缆。

（9）将探测器面盖盖好，并将紧固螺钉拧紧。

2. 设备连线

下面以 BOSCH 公司的 DS940T-CHI 被动红外探测器为例，说明设备的接线端子。

取下外壳，向内按下卡扣，取下电路板，如图 1-54 所示。被动红外探测器的接线端子如图 1-55 所示。

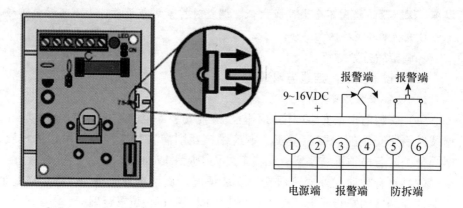

图 1-54　被动红外探测器电路板　　　　图 1-55　接线端子图

3．安装调试

（1）把起子插入防拆开关，取下外壳，如图 1-56 所示。

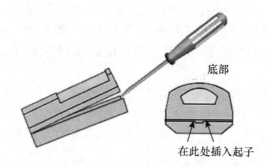

图 1-56　拆开探测器

（2）向内按下卡扣，取下电路板，如图 1-57 所示。

图 1-57　取下电路板

（3）选择安装位置。将探测器安装在侵入者最可能通过的地方，如图 1-58 所示。

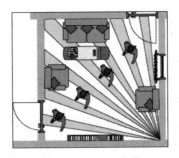

图 1-58 选择安装位置

（4）应避免安装在图 1-59 所示的位置。

(a) 冷热气流下　　(b) 窗户及　　　(c) 室外
　　　　　　　　未绝缘的墙壁

(d) 空调通风口　　(e) 转动的物体下　　(f) 太阳直射处

图 1-59 避免的安装位置

（5）安装高度：探测器的安装高度为距离地面 7.5～9 英尺（2.25～2.7m）。如图 1-60 所示。

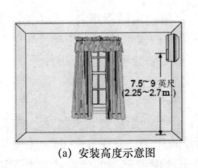

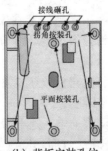

(a) 安装高度示意图　　　　　(b) 背板安装孔位

图 1-60 安装高度

(6) 接线。

按图接线拧下垂直调节螺丝，取下电路板。按照图 1-51 接线。将导线穿过导线入口，布线期间应确保导线没有通电。

接线端子 1 和 2 间的电源限制在 9～16VDC。装置与电源间应使用♯22AWG（0.8mm）的电线。

接线端子 3 和 4 间接常闭盗警回路。探测器报警时此回路将形成开路。

接线端子 5 和 6 连接防拆电路。移开外罩时此回路将形成开路。不要将多余的电线绕在探测器内。

(7) 选择灵敏度和 LED 灯。

LED 跳线位置如图 1-61 所示。选择时，将短帽放在标有 S 的跳线上时，则为标准型。放在标有 I 的跳线上时则为增强型。不使用小短帽时，灵敏度则为预设的中等型。

不使用 LED 灯时，将短路帽插在上面两个插针上。使用 LED 灯时，则插在下面两个插针上。

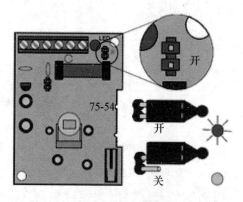

图 1-61　LED 跳线

(8) 固定底座。

将底座牢固地安装在安装平面上，仅使用随附螺钉，以免损坏电路板。不要把螺钉拧得太紧，因为在初次安装时位置可能不太正确。用随附的海绵封住导线入口。

(9) 将电路板重新装回外罩内。

(10) 步测。

给探测器通电。通电后至少等两钟，再开始步测。步测时，横穿探测区。触发报警 LED 灯时，则确定为探测区的边缘。从两个方向对探测器进行步测，以确定探测边界。如果达不到预定的探测范围的话，试着上下调整探测区，使它不要太高或太低。向上移动电路板会使探测区下移。定位后，拧紧垂直调节螺钉。左右旋转透镜可使探测区水平移动±10°。

五、任务步骤

1. 用被动线外探测器和警灯构成一个最简单的报警电路，并列出材料与工具清单。

2. 领取实验器材。

3. 打开前盖。

4. 取下印刷电路板，将后盖右方的搭钩向外扳，然后轻轻取下印刷电路板。

5. 安装探测器，小心地凿穿后盖上的安装/进线预制孔，并将后盖固定于预定的位置。确保所保护的区域处于探测器的直视范围内。

6. 接线，按照图1-55接线。

7. 合上前盖，将电路板装回后盖后，合上前盖。

8. 步测，调试。

注意: 通电后至少等待2分钟，再开始步测。在覆盖区域的远端任何方向穿过，你的走动都会引发LED指示灯亮起2～3秒。从相反方向进行步测，以确定两边的周界，应使探测器中心指向被保护区的中心。离探测器3～6m处，慢慢举起手臂，并伸入探测区，标注被动红外探测器报警的下部边界，重复上述作法，以确定其上部边界。探测区中心不应向左右倾斜，如果不能获得理想的探测距离，则应左右调整探测范围，以确保探测器的指向不会偏左或偏右。

9. 书写安装调试说明书。

六、习题

1. 简述被动红外探测器的工作原理。

2. 请列举5～6个被动红外探测器的品牌与产品系列号。

任务四　双技术探测器的安装与调试

一、任务目标

通过双技术探测器的安装与调试，能够全面掌握双技术探测器的工作原理与结构组成，以及产品说明书所描述的各项技术性能指标和电气特性，并能够熟练掌握安装工艺和调试技术。

二、任务内容

根据安防工程技术规范和产品说明书技术要求，对某一具体型号双技术探测器进行安装与调试，并验证该探测器的功能特性与技术指标。

三、设备、器材

DT-700 探测器	1 个
二芯线缆	若干
闪光报警灯	1 个
直流 12V 电源	1 个

四、设备安装原理与连线图

（一）双技术探测器介绍

双技术探测器又称为双鉴器或复合式探测器。它是将两种探测技术结合在一起，以"相与"的关系来触发报警，即只有当两种探测器同时或者相继在短暂的时间内都探测到目标时，才可发出报警信号。

人们对几种不同的探测技术进行了多种不同组合方式的试验，如超声波-微波双技术探测器、双被动红外双技术探测器、微波-被动红外双技术探测器、超声波-被动红外双技术探测器、玻璃破碎声响-振动双技术探测器等，并对几种双技术探测器的误报率进行了比较，如表 1-5 所示。

表 1-5　几种探测器误报率的比较

报警器种类	单技术探测器				双技术探测器			
	超声波	微波	声控	被动-红外	超声波-被动红外	被动红外-被动红外	超声-波	微波-被动红外
误报率	421				271			1
可信度	最低				中等			最高

由表中看出，其中以微波-被动红外双技术探测器的误报率为最低，比其他几种类型的双技术探测器的误报率可降低约 270 倍，比采用各种单技术探测器的误报率可降低约 421 倍。实践证明，把微波与被动红外两种探测技术加以组合，是最为理想的一种组合方式。因此，获得了广泛的应用。

此外，玻璃破碎双技术探测器也是应用较多的一种双鉴器。

下面主要说明微波-被动红外双技术探测器的工作原理与安装步骤。

1. 微波-被动红外双技术探测器的工作原理

微波-被动红外双技术探测器实际上是将这两种探测技术的探测器封装在一个壳体内，并将两个探测器的输出信号共同送到"与门"电路去触发报警。"与门"电路的特点是：当两个输入端同时为1（高电平）时，其输出才为1（高电平）。即只有当两种探测技术的传感器都探测到移动的人体目标时，才可触发报警。其外形如图 1-62 所示，其基本组成如图 1-63 所示。

图 1-62　微波-被动红外探测器外形图

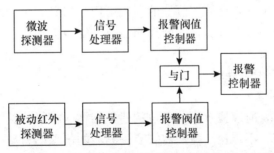

图 1-63　微波-被动红外双技术探测器的基本组成图

2. 微波-被动红外双技术探测器的安装使用要点

（1）安装时，要兼顾两种探测器的灵敏度，使其达到最佳状态。

（2）微波探测器受物体的振动（如门、窗的抖动等）影响比较大，往往因此会发生误报警，而被动红外探测器受温度的变化影响比较大，也容易引发误报警，而双鉴探测器集两者可集两者为一体，取长补短，具有对环境干扰有较强的抑制作用，因而对安装环境的要求不十分严格，通常只要按照使用说明书的要求进行安装即可满足要求。

（3）探测器应避免安装在如下的位置：室外，太阳光下，冷热气流下，转动的物体下，热源附近，空调通风口，窗户及未封闭的墙等处。探测区域的上部为非防宠物区域，不要将探测器直对着宠物可能爬上的地方。

（4）探测器安装高度为距离地面 1.8 ～ 2.4m，建议安装高度为 2.0m，将被动红外的角度调至 +2°～ -10°。

（5）使用随附螺钉安装，以免损坏电路板。不要把螺钉拧得太紧，因为在初次安装时，位置可能不太正确，需再次调整。

（6）电路板要卡入底座，使槽口卡口稍成一直线。

（7）接线：不许把多余导线卷入探测器中，接线完毕后才能通电。

3. 微波-被动红外双技术探测器的安装方法

安装微波和被动红外双技术探测器时，要求在警戒范围内将两种探测的灵敏度尽可能保持均衡。微波探测器一般对沿轴向移动的物体最敏感，而被动红外探测器则对横向切割探测区的人体最敏感，因此，为使这两种探测器都处于较敏感状态，在安装微波-被动红外双技术探测器时，宜使探测器轴线与保护对象的方向成 45°夹角为好。

探测器的安装可用塑料胀管和螺钉固定在墙上或顶板上，安装高度通常为 2.4m，具体高度由工程设计确定。管线暗配可选用 ⌀20 钢管及接线盒，明配可选用阻燃 PVC 线槽等。微波-被动红外双技术探测器采用顶装方式安装在吊顶上时，探测视角为 360°，安装高度为 2.2～5m，配管可选用 ⌀20 电线管，接线盒敷设在吊顶内，连接探测器的导线可用金属软管保护。安装时要与相关专业配合在吊顶板上开孔，安装探测器时先安装支架固定在吊顶上，然后进行探测器的安装。

（二）设备安装与连线

1. 设备安装原则

（1）设备安装前应检查安装部位的建筑结构、材料状况，壁装探测器安装的墙壁应坚实、不疏松，甄别需安装探测器的吊顶的材质、坚固情况，若吊顶不够坚实，在施工过程中应采取加固措施。

（2）检查双技术探测器支架安装情况，支架本身应结构合理、强度足以保证探测器的安装要求，支架安装应牢固、端正，位置合理。

（3）将探测器从包装盒内取出，拆开探测器，取下安装底板，并将取下的探测器电路板放入包装盒妥善保管。

（4）安装探测器底板。根据安装位置不同，可分为壁挂式和吸顶式安装两种，壁挂式安装时将探测器底板与支架安装面具中贴平，用记号笔安装支架安装孔位置做好标记；根据支架安装孔的孔径大小使用适当的钻头在探测器底板上开安装孔；用适当长度的沉头机制螺钉将探测器底板固定在支架上。吸顶安装时，在安装设备的位置用适宜的钻头在吊顶上开出线孔，将探测器底板与吊顶贴平,用记号笔按照底板安装孔位做好标记;根据吊顶出线孔位置在探测器底板上做好标记,并用适宜的钻头在探测器面板上开进线孔后,用适当长度的螺钉将探测器底板固定在吊顶上。

(5) 在探测器底板内用绝缘胶布或绝缘垫将安装螺钉钉头覆盖,检查确认安装螺钉钉头的绝缘情况,确保不会搭接电路板造成短路。

(6) 将探测器电路板按原位固定在底板上,并将探测器连接线缆引入。

(7) 根据探测器接线说明书连接电源线缆,并确保探测器电源正负极的连线正确。

(8) 根据入侵报警主机要求连接信号线缆。

(9) 将探测器面盖盖好,并将紧固螺钉拧紧。

2. 设备连线

下面以福科斯公司的 DT-700 微波-被动红外双技术探测器为例,说明设备的接线端子。

探测器的接线端子如图 1-64 所示。指示灯状态如表 1-6 所示。

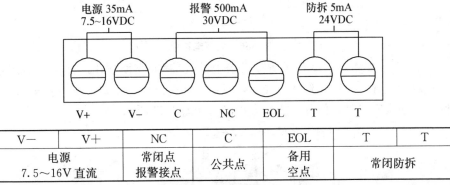

V−	V+	NC	C	EOL	T	T
电源 7.5~16V 直流		常闭点 报警接点	公共点	备用 空点	常闭防拆	

表 1-64 接线端子图

表 1-6 指示灯状态

指示灯颜色	状态
橙色	MV 报警
绿色	PIR 报警
红色	报警输出

五、任务步骤

1. 用 DT-700 探测器和警灯构成一个最简单的报警电路,并列出材料与工具清单。

2. 领取实验器材。

3. 打开前盖,用起子插入探测器上方的小孔,并压下搭钩即可打开前盖。如图 1-65 所示。

图 1-65　开启探测器

4. 向内按下卡扣，取下电路板，如图 1-66 所示。

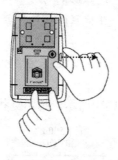

图 1-66　取下电路板

5. 安装探测器，小心地凿穿后盖上的安装/进线预制孔，并将后盖固定于预定的位置。使用随附螺钉安装，以免损坏电路板。不要把螺钉拧得太紧，因为在初次安装时，位置可能不太正确。如图 1-67 所示。

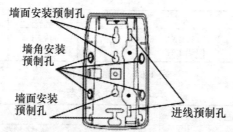

墙面安装预制孔
墙角安装预制孔
墙面安装预制孔
进线预制孔

图 1-67　安装孔位置图

注意：当探测器的安装高度为 2.3m 时，探测器的探测范围最大，请确保希望保护的区域位于探测器的直视范围之内。如果红外或微波被挡，探测器将无法报警，同时应避开运转的机器、日光灯、冷热源等。

6. 按照图 1-64 接线。

7. 把电路板卡入底座，使槽口与卡口梢成一直线。

8. 装好探测器，不许把多余导线卷入探测器中。探测器接线完毕后，将印刷电路板安装在后盖上，并合上前盖。

9. 通电，对探测器进行步测。

探测器刚通电时，系统进入自动检测状态，红灯闪烁约 10 秒后熄灭，探测器正式进入正常工作状态后方能步测。

(1) 步测并调整被动红外探测范围步骤

①打开外壳，把微波调到最小。

②装上外壳。

③通电后，至少等 10 秒，再开始步测。

④步行通过探测范围的最远端，然后，向探测器靠近，测试几次。从保护区外开始步测，观察 LED 灯。先触发绿灯的位置为被动红外探测范围的边界。(如果黄色的微波 LED 先触发，则由首先被触发的红灯来确定)。

⑤从相反方向进行步测，以确定两边的周界。应使探测中心指向被保护区的中心。

注： 左右移动透镜窗，探测范围可水平移动±10°。

⑥从距探测器 3～6m 处，慢慢地举起手臂，并伸入探测区，标注被动红外报警的下部边界。重复上述做法，以确定其上部边界。探测区中心不应向上倾斜。

注： 如果不能获得理想的探测距离，则应上下调整探测范围 (−10°～+2°)，以确保探测器的指向不会太高或太低。调整时拧紧调节螺钉，上下移动电路板，上移时被动红外辐射区向下移。

⑦调整后拧紧螺钉。

(2) 步测并调整微波探测范围步骤

注： 在重装外罩之后，应等待 1 分钟，这样，探测器的微波部分就会稳定下来；在下列步测的每个步骤间，至少应间隔 10 秒钟，这两点很重要。

①进行步测前，LED 应处于熄灭状态。

②跨越探测范围的最远端，进行步测。从保护区外开始步测，观察 LED 灯。先触发黄灯的位置为微波探测范围的边界。(如果绿色的被动红外 LED 先触发，则由首先被触发的红灯来确定)。

③如果不能达到应有的探测范围，应调节微波调节旋钮，如图 1-68 所示，增大微波的探测范围。反复多次，直至达到理想探测范围的最远端。不要把微波调得过大。否则，探测器则会探测到探测范围以外的运动物体。

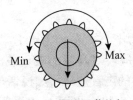

图 1-68　微波调节旋钮

④全方位步测，以确定整个探测范围。步测间至少等待 10 秒。

（3）步测并调整探测器的探测范围步骤

①步测前，红色或变色 LED 应为熄灭状态。

②全方位步测以确定探测周界。绿灯或黄灯先触发后，LED 红灯首次亮时表示探测器报警。

10. 写出设备安装报告书。

六、习题

1. 什么是双技术探测器？

2. 探测器的核心是什么？

3. 双技术探测器有什么好处？列举三种典型的双技术探测器产品。

任务五　玻璃破碎探测器的安装与调试

一、任务目标

通过玻璃破碎探测器的安装与调试，能够全面掌握玻璃破碎探测器的工作原理与结构组成，以及产品说明书所描述的各项技术性能指标和电气特性，并能够熟练掌握安装工艺和调试技术。

二、任务内容

根据安防工程技术规范和产品说明书技术要求，对某一具体型号玻璃破碎探测器进行安装与调试，并验证该探测器的功能特性与技术指标。

三、设备、器材

DS1101　　　　　　　1个

二芯线缆　　　　　　若干

闪光报警灯　　　　　1个

直流 12V 电源　　　　1个

四、设备安装原理与连线图

（一）工作原理

玻璃破碎探测器是专门用来探测外边敲打玻璃使之破碎的一种探测器，它利用压电陶瓷片的压电效应，对高频的玻璃破碎声音（10～15kHz）进行有效检测，而对 10kHz 以下的声音信号（如说话，走路等）有较强的抑制作用，当入侵者打碎玻璃试图作案时，即可发出报警信号。

　　玻璃探测器按照工作原理的不同，大致分为两类：声控型的单技术玻璃破碎探测器和振动型双技术玻璃破碎探测器。声控型单技术玻璃破碎探测器实际上是一种具有选频作用的具有特殊用途的声控入侵探测器，可将玻璃破碎时产生的高频信号取出加以处理作为报警信号；另一类是复合玻璃破碎探测器，包括声控和振动型、次声波和玻璃破碎高频声响型。声控和振动型是将声控与振动探测技术组合在一起，只有同时探测到玻璃破碎时发出的高频声音信号和敲击玻璃引起的振动，才输出报警信号。次声波和玻璃破碎高频声响型探测器是将次声波探测技术和玻璃破碎高频声响探测技术组合到一起，只能同时探测敲击玻璃和玻璃破碎时发出的高频声响信号和引起的次声波信号才触发报警。

　　玻璃破碎探测器是通过粘贴在玻璃内侧进行安装的，玻璃破碎探测器要尽量靠近所要保护的玻璃，尽量远离干扰源，如尖锐的金属撞击声、铃声、汽笛的啸叫声等，减少误报警。玻璃破碎探测器规格尺寸图如图 1-69 所示。安装如图 1-70 所示。

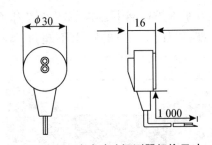

图 1-69　玻璃破碎探测器规格尺寸

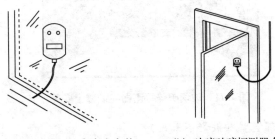

(a) 玻璃破碎探测器在窗上安装　　　(b) 玻璃破碎探测器在门上安装

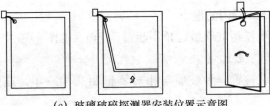

(c) 玻璃破碎探测器安装位置示意图

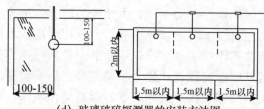

（d）玻璃破碎探测器的安装方法图

图 1-70　玻璃破碎探测器的安装图

（二）安装位置的选择

玻璃破碎探测器一般可以安装在墙壁、天花板、玻璃上。

1. 安装在相对墙壁

玻璃破碎探测器安装在相对的墙壁上时，要注意以下几点问题：

（1）探测器及玻璃之间无任何物体。

（2）不许把探测器安装在距被保护玻璃所在墙壁或坚硬的回音墙壁 1.5m 以内的地方。

（3）探测器应安装在被保护玻璃中心的±30°范围内（见图 1-71 中 B 线）。

（4）确保探测器距玻璃任何一角的距离不超过 7.6m（见图 1-72 中 A 线）。

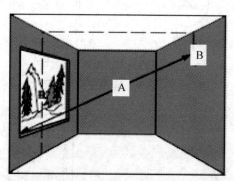

图 1-71　玻璃破碎探测器在墙壁上安装

2. 安装在相邻墙壁（最好不采用）

（1）探测器及玻璃之间无任何物体。

（2）墙壁 1.5m 以内的地方。

（3）确保探测器距玻璃最远角不超过 7.6m（见图 1-72 中 A 线）。

3. 安装在天花板上

（1）推荐安装位置应为玻璃与相对墙壁距离的一半，或探测距离的 2/3 中较小的一个。

图 1-72　玻璃破碎探测器安装在相邻墙壁

（2）探测器及玻璃之间无任何物体。

（3）也可安装于吊顶上。

（4）确保探测器距玻璃任何一角的距离不超过 7.6m（见图 1-73 中 A 线）。

（5）探测器应安装在被保护玻璃中心的±30°范围内（见图 1-73 中 B 线）。

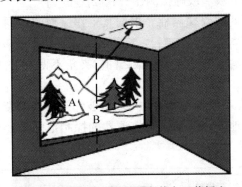

图 1-73　玻璃破碎探测器安装在天花板上

4. 安装在玻璃上

粘贴在玻璃面上的玻璃破碎探测器有导电簧片式、水银开关式、压电检测式、声响式等，探测器的外壳需要用胶黏合剂黏附在被防范玻璃的内侧。

5. 安装多个探测器

（1）在某些场所，必须安装多个探测器来保护较大的玻璃。一般情况下，如果玻璃的一边大于 6.1m，则应使用多个探测器。

（2）将探测器正对着每 6.1m 玻璃的中心。

（3）探测器间应排列整齐，且间隔不超过 6.1m（见图 1-74 中 B 线）。

（4）确保每个探测器距其相对应的 6.1m 玻璃任意角不能超过 7.6m（见图 1-74 中 A 线）。

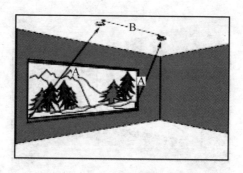

图 1-74　安装多个玻璃破碎探测器

（三）安装注意事项

（1）玻璃破碎探测器适用于一切需要警戒玻璃防碎的场所。

（2）安装时应将声电传感器正对着警戒的主要方向。

（3）安装时要尽量靠近所要保护的玻璃，尽可能地远离噪声干扰源，以减少误报警。

（4）不同种类的玻璃破碎探测器安装位置不一样。

不同种类的玻璃破碎探测器，根据其工作原理的不同，有的需要安装在窗框旁边（一般距离框 5cm 左右），有的可以安装在靠近玻璃附近的墙壁或天花板上，但要求玻璃与墙壁或天花板之间的夹角不得大于 90°，以免降低其探测力。

次声波-玻璃破碎高频声响双鉴式玻璃破碎探测器安装方式比较简易，可以安装在室内任何地方，只需满足探测器的探测范围半径要求即可。其安放位置如图 1-75 所示。

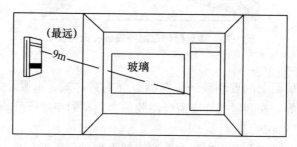

图 1-75　玻璃破碎探测器的安装位置

（5）也可以用一个玻璃破碎探测器来保护多面玻璃窗。

（6）窗帘、百页窗或其他遮盖物会部分吸收玻璃破碎时发出的能量。

（7）探测器不要装在通风口或换气扇的前面，也不要靠近门铃，以确保工作可靠性。

（8）专用的玻璃破碎仿真器可对探测灵敏度进行调试和检验。

（9）目前的探测器还将玻璃破碎探测器与磁控开关或者被动红外探测器组合在一起，做成复合型的双鉴器，提高可靠性。

（四）安装与测试

1. 测试安装位置

（1）测试时，探测器的外壳不取下。

（2）使用双面胶带暂时安装上探测器。

（3）用9V电池给探测器供电。

（4）通电后，探测器将进入测试模式5分钟。探测器的LED灯将闪亮10秒，表明它已进入测试模式。在5分钟末，LED灯将再次闪亮10秒，表明测试将结束。装置断电再通电即可再启动测试模式。

2. 安装探测器

（1）拆下探测器，取下安装底板。

（2）安装探测器底板。根据安装位置不同，安装方式有吸顶、墙面和玻璃表面安装。在确定了安装位置之后，若是吸顶、墙面安装，则将探测器底座与安装面贴平摆正，用记号笔按照底板安装孔位置做好标记，用冲击钻在安装孔标记处打孔，将适宜的塑料胀管塞入，使塑料胀管入钉孔与墙面平齐，将探测器底板固定孔与顶板、墙面安装孔对正，用适宜的自攻螺钉将底板牢固固定。若是玻璃表面安装，则先根据探测器类型、探测范围及被保护玻璃的大小拟定安装位置，用无水乙醇将探测器底板、玻璃内侧拟定安装位置擦拭干净，在探测器底板涂抹透明玻璃胶或其他黏合剂，将探测器正对安装位置粘贴在玻璃上压紧压实，并调正探测器，带玻璃胶或黏合剂固化后，确保探测器牢固粘贴在玻璃上。

（3）引入、连接线缆。在探测器底板内用绝缘胶布或绝缘垫将安装螺钉钉头覆盖，检查确认安装螺钉钉头的绝缘情况，确保不会搭接电路板造成短路。

（4）将探测器电路板按原位固定在底板上，并将探测器连接线缆引入。

（5）根据探测器接线说明书连接电源线缆，并确保探测器电源正负极的连线正确。

（6）根据入侵报警主机要求连接信号线缆。

（7）将探测器面盖盖好，并将紧固螺钉拧紧。

3. 注意事项

（1）与被测玻璃最远要小于7m。

（2）安装前应使用专用测试仪进行模拟测试，确定安装位置符合防护要求后方可打孔或粘贴。

（3）玻璃所在空间相对封闭。

（4）被保护玻璃及探测器之间不能有障碍物。

（5）不能把探测器安装在距被保护玻璃所在墙壁或坚硬回音壁 1.5m 以内的地方。

（6）不能把探测器安装在距冷、暖气流出口处 0.6m 以内的地方，把探测器安装在尽可能远的地方。如果进出口的气流直接吹到探测器，应另选其他位置，并使用环境测试工具来校验和确认好的安装位置。

（7）最佳安装位置是距玻璃 3～6m 的位置，与玻璃中心对齐。安装在天花板或被保护玻璃对面的墙壁上。不可超出最大距离。

（8）探测器应安装在被保护玻璃中心的±30°范围内。

（9）在某些地方，因为使用地毯、窗帘、植物及其他吸音材料，将会缩短探测距离，应使用璃破碎测试仪校验各种安装情形下的探测距离。

（10）玻璃破碎探测器仅用作周界保护，还应由动态探测器作为后盾同时使用。

（11）玻璃破碎探测器用于探测玻璃被打碎的情形，但它不会探测子弹穿孔、自然破裂（无撞击）及卸下玻璃等情形。

（12）玻璃破碎探测器的调试一般只能使用玻璃破碎测试器，但玻璃测试器也只能发出高频端信号，因此通过探测器上的发光二极管的显示来说明探测器是否有效。

（五）设备连线

下面以 BOSCH 公司的 DS1110 探测器为例，说明设备的接线端子。用起子插入防拆开关，取下外壳，探测器电路板如图 1-76 所示。探测器的接线端子如图 1-77 所示。

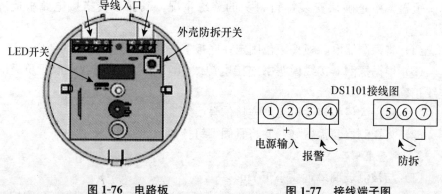

图 1-76 电路板   图 1-77 接线端子图

五、任务步骤

1. 用 DS1101 探测器和警灯构成一个最简单的报警电路，并列出材料与工具清单。

2. 领取实验器材。

3. 对安装位置进行选择。

4. 对安装位置进行测试。

5. 打开前盖。用起子插入探测器上方的小孔，并压下搭钩即可打开前盖。

6. 安装探测器，小心地凿穿后盖上的安装/进线预制孔，并将后盖固定于预定的位置。使用随附螺钉安装，以免损坏电路板。不要把螺钉拧得太紧，因为在初次安装时，位置可能不太正确。

7. 按照原理图接线。

8. 装好探测器，不许把多余导线卷入探测器中。探测器接线完毕后将印刷电路板装好后盖上并合上前盖。

9. 通电，对探测器进行测试。

10. 写出设备安装报告书。

六、习题

1. 简述玻璃破碎探测器的分类。

2. 简述玻璃破碎探测器的工作原理。

任务六　振动探测器的安装与调试

一、任务目标

通过振动探测器的安装与调试，能够全面掌握振动探测器的工作原理与结构组成，以及产品说明书所描述的各项技术性能指标和电气特性，并能够熟练掌握安装工艺和调试技术。

二、任务内容

根据安防工程技术规范和产品说明书技术要求，对某一具体型号振动探测器进行安装与调试，并验证该探测器的功能特性与技术指标。

三、设备、器材

MD-2016 探测器　　　　　　1 个
二芯线缆　　　　　　　　　若干

闪光报警灯　　　　　　　　1 个
直流 12V 电源　　　　　　　1 个

四、设备安装原理与连线图

（一）振动探测器基本概念

振动探测器一般用于银行系统，如金库、ATM 自动取款机等。振动探测器是感应被测物体振动的频率、振动周期与振动幅度，当物体在受到冲击时，其连续的冲击频率或短暂的大的能量冲击（如爆炸）都将被感测到，并产生报警输出。

（二）振动探测器安装方法

振动探测器的安装如图 1-78 所示，其安装方式分为墙面安装与暗埋安装两种。

1. 拆开探测器，取下安装盒

将探测器从包装盒内取出，拧下探测器面盖固定螺钉，拆开探测器，取下安装盒，并将探测器电路板小心取下并放入包装盒妥善保管。

2. 墙面安装

（1）将探测器安装盒与安装面贴平摆正，用记号笔按照盒底安装孔位置做好标记。

（2）用冲击钻在安装孔标记处打孔（水泥墙、砖墙使用不小于 ∅6 的冲击钻头，金属构件上使用不小于 ∅3.2 的钻头钻孔并用适当的丝锥攻螺纹，使用机制螺钉安装，在其他质地疏松墙壁上安装时必须采取加固措施）。

（3）将适宜的塑料胀管带入，是塑料胀管入钉孔与墙面平齐。

（4）将探测器安装盒固定孔与墙面安装孔对正，用适宜的自攻螺钉将底板牢固固定。

3. 暗埋安装

根据探测器类型、探测范围、被保护面情况拟定安装位置，若被保护面建筑施工已预留暗埋安装盒，将探测器紧固安装在预留盒内，将探测器与分析仪之间的连接线缆可靠连接，再用水泥或其他填充材料将探测器填紧压实即可。

若被保护面建筑施工时没有预留暗埋安装盒，需根据探测器外形尺寸在被保护面剔凿安装槽，将探测器紧固安装在槽内，将探测器与分析仪之间的连接线缆可靠连接，再用水泥或其他填充材料将探测器填紧压实，并将安装位置恢复原状。

4. 引线、连接线缆

（1）将探测器连接线缆从盒底过线孔穿入。

（2）将探测器电路板按原位固定在安装盒内。

（3）根据探测器接线说明书连接电源线缆，并确保探测器电源正负极的连线正确。

（4）根据入侵报警主机要求连接信号线缆。

（5）将探测器面盖盖好，并将紧固螺钉拧紧。

5. 注意事项

（1）振动探测器应安装在被保护面的垂直中线位置，安装数量根据被保护面的面积和探测器防护范围确定。

（2）探测器必须与安装面紧固连接，以减少振动源至探测器之间的信号衰减。

（3）振动探测器要尽量远离振动源，以减少误报警。

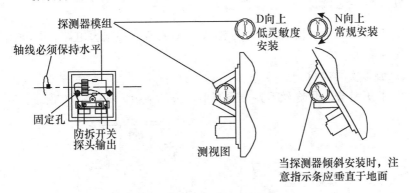

图 1-78　振动探测器安装示意图

（三）振动探测器连线说明

振动探测器接线端子如图 1-79 所示。

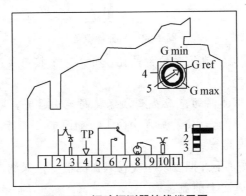

图 1-79　振动探测器接线端子图

1.2. 12 VDC

3. 发光二极管指示灯

4. 积分器电平

5. 常闭（NC）

6. 常开（NO）

7. 公共端（C）

8.9. 防拆

10. 测试控制端

11. 备用

使用注意事项：

1. 不使用测试功能（预设置）。

2. 内部测试＝在 1 和 2 之间放置跳线。

3. 功能测试＝在 2 和 3 之间插上测试发射器 TT1500。

4. 在测试控制端接通 0V 电压可启动功能测试和内部测试。

（四）振动探测器设备调试

振动探测器的报警试验很简单，安装好后，接通电源，用螺丝刀轻轻地在探测器的外壳上连续划 20 秒，就可以产生报警信号。

五、任务步骤

1. 用 MD-2016 探测器和警灯构成一个最简单的报警电路，并列出材料与工具清单。

2. 领取实验器材。

3. 打开外壳，用螺丝刀打开探测器后方的盖板。如图 1-80 所示。

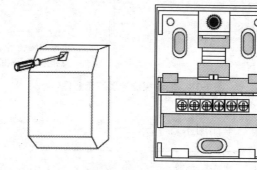

图 1-80　打开探测器

4. 标识钻孔点，并在安装位置钻孔。插入三个胶钉，并用三个螺丝将基座固定在安装位置。

注意：安装时探测器的感应头必须保持与地面垂直，即感应头上的箭头符号必须与地面成 90°角，使箭头方向向上，如图 1-81 所示。

5. 按照图 1-82 接线。

6. 装好探测器，不许把多余导线卷入探测器中。探测器接线完毕后将印刷电路板装好后盖并合上前盖。

7. 通电，对探测器进行调试。

注意：根据安装环境，适当调节振动次数和有效脉冲间隔时间，以降低误报或提高灵敏度。对于振动频繁的环境，如公路边的墙体，应适当调高振动次数且调小有效间隔时间，相对安静的环境，则相反。

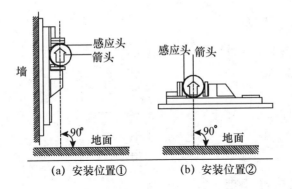

图 1-81　安装位置

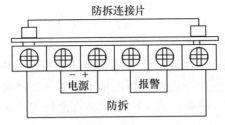

图 1-82　接线端子图

8. 调试成功后，写出设备安装报告书。

六、习题

1. 简述振动探测器的应用场合。

2. 举例说明在珠宝柜台安装振动探测器时，如何选择安装位置，应该注意什么问题。

任务七　微波与超声波探测器的安装与调试

一、任务目标

通过微波与超声波探测器的安装与调试，能够全面掌握微波超声波探测器的工作原理与结构组成，以及产品说明书所描述的各项技术性能指标和电气特性，并能够熟练掌握安装工艺和调试技术。

二、任务内容

根据安防工程技术规范和产品说明书技术要求，对某一具体型号微波探测器或超声波探测器进行安装与调试，并验证该探测器的功能特性与技术指标。

三、设备、器材

微波探测器 PSM2002   1 个

超声波探测器   1 个

二芯线缆   若干

闪光报警灯   1 个

直流 12V 电源   1 个

电源线   1 根

四、设备安装原理

1. 微波探测器安装

微波探测器可安装在木柜内或墙壁内，以利于伪装。图 1-83 是微波探测器的工作原理图。微波探测器的灵敏度很高，安装时，尽量不要对着门、窗，以免室外活动物体引起误报警。微波探测器的探头不能正对着大型金属物体或有色金属镀层的物体，不能对准可能活动的物体，不能对准荧光灯等气体放电光源，以免引起误报警。图 1-84 是微波探测器探测区域。图 1-85 是微波探测器的安装方法。

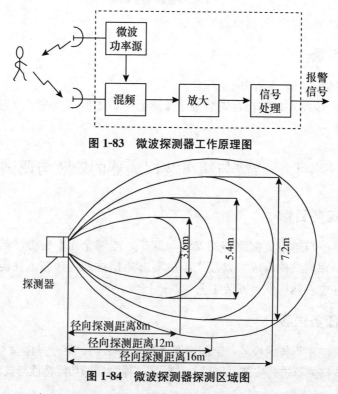

图 1-83　微波探测器工作原理图

图 1-84　微波探测器探测区域图

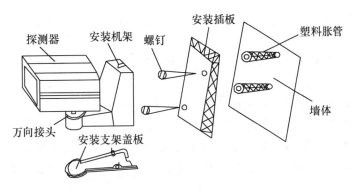

图 1-85　微波探测器安装方法

具体的安装步骤如下：

（1）检查安装部位墙壁建筑结构

检查安装部位墙壁建筑结构，探测器安装的墙壁应坚实、不疏松。

（2）取下探测器底板

将微波探测器从包装盒内取出，拧下安装支架盖板螺钉，将安装底板从支架插槽内抽出，将探测器及拆下的盖板、螺钉等放入包装盒内妥善保管。探测器拆开后如图 1-86 所示。

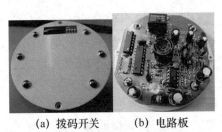

　　（a）拨码开关　　　（b）电路板

图 1-86　微波探测器电路图

（3）安装探测器底板

①将探测器安装底板与安装面贴平摆正，用记号笔按照底板安装孔位置做好标记。

②用冲击钻在安装孔标记处打孔（水泥墙、砖墙使用不小于⌀6 的冲击钻头，金属构件上使用不小于⌀3.2 的钻头并用适当的丝锥螺纹，使用机制螺钉安装，在其他质地疏松的墙壁上安装时应采取加固措施）。

③将适宜的塑料胀管塞入，塑料胀管入钉孔与墙面平齐。

④将探测器底板固定孔与墙面安装孔对正，用自攻螺钉将底板牢固固定。

（4）引入、连接线缆

①将设备连接线缆从底板过线孔穿出。

②拧下探测器底盖固定螺钉，打开探测器底盖，将导线引至探测器接线端子排。

③根据探测器接线说明书连接电源线缆，并确保探测器电源正、负极的连线正确。

④根据入侵报警控制主机要求连接信号线缆。

（5）组装、调整探测器

将探测器支架插槽与已安装好的底板对正，插入；将安装支架盖板用螺钉拧紧，将探测器底盖盖好，并将固定螺钉拧紧，根据微波探测器警戒范围初步调整探测器方向和角度。

2. 安装注意事项

（1）在同一防范区域内不宜安装多个微波探测器，若必须在同一防范区域内安装2个以上微波探测器时，应尽量安装在同一平面上或采用不同频率的探测器。

（2）微波探测器安装位置应尽量远离门、窗。

（3）微波探测器不得安装在容易引起振动的墙壁或其他固定件上。

（4）微波探测器不得对正高大的金属柜、金属门窗安装。

3. 超声波探测器的安装

安装超声波探测器时，要使发射角对准入侵者最有可能进入的场所，以提高探测的灵敏度。超声波探测器易受风和流动空气的影响，安装时不要靠近空调、排风扇和暖气设备，控制区内不应有大量的空气流动，还应注意不要有家具、设备等阻挡超声波探而形成探测盲区。墙壁隔音要好，以免室外干扰源引起误报警。图1-87是超声波探测器的安装位置示意图，图1-88是超声波探测器的安装方法。安装步骤同微波探测器。

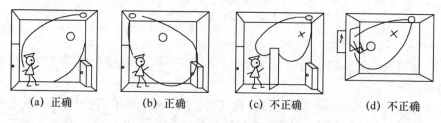

(a) 正确　　(b) 正确　　(c) 不正确　　(d) 不正确

图1-87　超声波探测器的安装位置示意图

五、任务步骤

1. 用微波探测器或超声波探测器和警灯构成一个最简单的报警电路，并列出材料与工具清单。

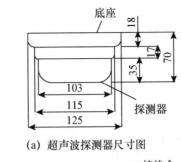

(a) 超声波探测器尺寸图

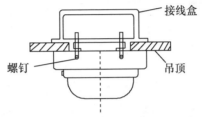

(b) 超声波探测器安装示意图

图 1-88　超声波探测器的安装方法

2. 领取实验器材。

3. 打开外壳，用螺丝刀打开探测器后方的盖板。

4. 安装探测器。

5. 按照原理图接线。

6. 装好探测器，不许把多余导线卷入探测器中。探测器接线完毕后将印刷电路板装好后盖并合上前盖。

7. 通电，对探测器进行调试。

8. 调试成功后，写出设备安装报告书。

六、习题

1. 简述微波探测器的应用场合。

2. 简述微波探测器安装时应注意的事项。

任务八　报警主机的安装、编程与调试

一、任务目标

通过报警主机的安装与调试，能够全面掌握报警主机的工作原理与结构组成，以及产品说明书所描述的各项技术性能指标和电气特性，并能够熟练掌握其安装工艺、编程调试技术。

通过某一具体型号报警主机的安装和调试，学会报警主机的安装编程调试方法。

二、任务内容

使用 3 种入侵探测器和报警主机 CC408 实现一个简单家庭入侵报警系统，为家庭设置一路紧急报警按钮，为保险柜选择振动探测器，另外再自主选择一种被动或双技术探测器。

三、设备、器材

CC408 报警主机	1 台
紧急报警按钮 H0-01	1 个
DS820	1 个
DS1525	1 个
DS920i-CHI	1 个
控制箱	1 个
蓄电池	1 个
线材	若干
闪光报警灯	1 个
直流 12V 电源	1 个
工具包	1 套
电阻	8 个

四、设备安装原理与连线图

（一）CC408 报警主机

CC408 是博世公司生产的一款带 2 个分区的 8 防区防盗报警主机。编程数据储存在不易丢失信息的 EPROM 储存器中。即使在全部电源丢失期间，也可保留所有相关的配置和用户数据。系统设置可编，编程方式是先输入地址码，然后输入要改变的数据。

编程 CC408 控制主机有以下几种方法：

- 系统键盘编程
- 手提式编程器
- Alarm Link 编程软件

这里主要介绍系统键盘编程方式。

1. 键盘的指示灯

（1）防区指示灯

防区指示灯用于显示各个防区状态。如表 1-7 所示。

表 1-7　防区指示灯

指示灯	说明
亮起	防区未准备好布防
熄灭	防区已准备好布防
快速闪亮（每 0.25 秒变换一次）	防区在报警
慢速闪亮（每 1 秒变换一次）	防区被手动旁路

（2）AWAY 指示灯

AWAY 指示灯用于显示系统正常布防，如表 1-8 所示。在处于安装员编程模式或使用主码功能时，AWAY 指示灯还将与 STAY 指示灯一同闪亮。

表 1-8　AWAY 指示灯

指示灯	说明
亮起	系统为正常布防
熄灭	系统不是正常布防

（3）STAY 指示灯

STAY 指示灯用于显示系统处于周界布防状态 1 或 2，如表 1-9 所示。在处于安装员编程模式或使用主码功能时，STAY 指示灯还将与 AWAY 指示灯一同闪亮。

表 1-9　STAY 指示灯

指示灯	说明
亮起	在周界布防状态 1 或 2 下布防系统
熄灭	系统没有在周界布防状态下布防
闪亮	防区旁路模式，或正在设置周界布防状态 2 下的防区
每 3 分钟一次	日间报警状态开/关指示灯

（4）MAINS 指示灯

MAINS 指示灯用于显示系统的交流电供电是否正常，如表 1-10 所示。

表 1-10　MAINS 指示灯

指示灯	说明
亮起	交流电正常
闪亮	交流电中断

在编程数字 10～15（如安装员编程模式或主码功能）时，MAINS 指示灯将亮起。MAINS 指示灯代表数字 10＋亮起的防区灯号码，如表 1-11 所示。

（5）FAULT 指示灯

FAULT 指示灯用于显示系统已探测到故障，如表 1-12 所示。

每次探测到新的系统故障时（如 FAULT 指示灯闪亮），键盘将会每分钟鸣叫一次。按一次 AWAY 键，将会确认故障（如 FAULT 指示灯亮起），取消鸣叫。

表 1-11　数据指示

数据数值	防区1指示灯	防区2指示灯	防区3指示灯	防区4指示灯	防区5指示灯	防区6指示灯	防区7指示灯	防区8指示灯	MAINS指示灯
0									
1	√								
2		√							
3			√						
4				√					
5					√				
6						√			
7							√		
8								√	
9	√							√	
10									√
11	√								√
12		√							√
13			√						√
14				√					√
15					√				√

表 1-12 FAULT 指示灯

指示灯	说明
亮起	有系统故障需要排除
熄灭	系统正常，无故障
闪亮	有系统故障等待确认

（6）声音提示

一般情况下，键盘会发出如表 1-13 所示的声音提示。

2. 防区类型设置

CC408 总共可以接 8 个防区，防区类型如表 1-14 所示。每个防区有 7 位地址组成，各位地址表示的意思如图 1-89 所示。1 个地址对应一个数据。因此 CC408 的防区地址总共有 56 位地址，为 267～322。

3. 输出设置

CC408 有 5 个可编程输出口，一般常用的为继电器输出。每一种可编程输出占 6 位地址，每位地址的意思表示如图 1-90 所示。每个地址对应 1 个数据，代表不同的意思。CC408 输出设置地址从 368～397。

表 1-13 声音提示

指示灯	说明
一声短鸣	按动了一个键盘按键；或在周界布防状态 1 或 2 下布防时，退出时间已到
两声短鸣	系统已接受了您的密码
三声短鸣	所需功能已执行
一声长鸣	正常布防的时间已到；或所需操作被拒绝或已失败
每秒一声短鸣	步测模式已激活或出现自动布防前的提示
每两秒一声短鸣	电话监测模式已激活

表 1-14 防区类型

数码	防区类型	数码	防区类型
0	即时防区	8	24 小时胁持防区
1	传递防区	9	24 小时防拆报警防区
2	延时 1 防区	10	备用
3	延时 2 防区	11	钥匙开关防区
4	备用	12	24 小时盗警防区
5	备用	13	24 小时火警防区
6	24 小时救护防区	14	门铃防区
7	24 小时紧急防区	15	未使用

地址 防区#01 (默认设置=延时防区1)	267 2 防区类型	268 0 防区脉冲计数	269 0 防区脉冲计数时间	270 1 防区选项1	271 14 防区选项2	272 1 报告代码	273 1 拨号器选项
地址 防区#02 (默认设置=传递防区)	274 1 防区类型	275 0 防区脉冲计数	276 0 防区脉冲计数时间	277 1 防区选项1	278 14 防区选项2	279 1 报告代码	280 1 拨号器选项
地址 防区#03 (默认设置=传递防区)	281 1 防区类型	282 0 防区脉冲计数	283 0 防区脉冲计数时间	284 1 防区选项1	285 14 防区选项2	286 1 报告代码	287 1 拨号器选项
地址 防区#04 (默认设置=传递防区)	288 1 防区类型	289 0 防区脉冲计数	290 0 防区脉冲计数时间	291 1 防区选项1	292 14 防区选项2	293 1 报告代码	294 1 拨号器选项
地址 防区#05 (默认设置=传递防区)	295 0 防区类型	296 0 防区脉冲计数	297 0 防区脉冲计数时间	298 1 防区选项1	299 14 防区选项2	300 1 报告代码	301 1 拨号器选项
地址 防区#06 (默认设置=传递防区)	302 0 防区类型	303 0 防区脉冲计数	304 0 防区脉冲计数时间	305 1 防区选项1	306 14 防区选项2	307 1 报告代码	308 1 拨号器选项
地址 防区#07 (默认设置=传递防区)	309 0 防区类型	310 0 防区脉冲计数	311 0 防区脉冲计数时间	312 1 防区选项1	313 14 防区选项2	314 1 报告代码	315 1 拨号器选项
地址 防区#08 (默认设置=传递防区)	316 9 防区类型	317 0 防区脉冲计数	318 0 防区脉冲计数时间	319 1 防区选项1	320 12 防区选项2	321 1 报告代码	322 1 拨号器选项

图 1-89 防区地址说明

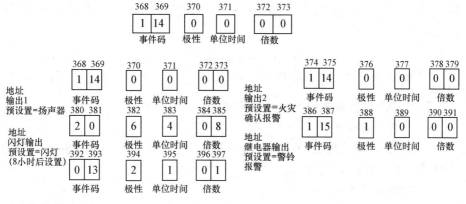

单位时间：

选项	说明
1	200 毫秒
2	1 秒钟
3	1 分钟
4	1 小时

倍数：输入数为 01～99

图 1-90　输出设置地址信息

4. 进入延时与退出延时设置

（1）进入延时时间的设置

进入延时时间是指系统布防时，若延时防区被触发后，在进入延时时间内，若系统撤防则不报警，若系统不撤防，则在延时时间结束后系统将发出报警。CC408 进入延时时间有两个，分别是进入延时时间 1 和进入延时时间 2。进入延时时间 1 对应的是防区类型中的进入延时 1 防区，进入延时时间 2 对应的是防区类型中的进入延时 2 防区，两个延时时间设置方法是一样的。进入延时时间 1 对应的编程地址为 398 和 399。进入延时时间 2 对应的编程地址为 400 和 401。

地址 398 和 399　　　　地址 398＝单位增加值为 1 秒（0～15 秒）　　　| 4 | 1 |
进入延时间 1　　　　　地址 399＝单位增加值为 16 秒（0～240 秒）

地址 400 和 401　　　　地址 400＝单位增加值为 1 秒（0～15 秒）　　　| 8 | 2 |
进入延时时间 2　　　　地址 401＝单位增加值为 16 秒（0～240 秒）

（2）退出延时时间的设置

退出延时时间是指系统开始进入布防，但还没有正式进入布防状态的这段延时，这段时间内如触发探测器，系统不会报警。退出延时时间对应的编程地址为 402 与 403。

| 地址 402 和 403 | 地址 402＝单位增加值为 1 秒（0～15 秒） | 12 | 3 |
| 退出延时时间 | 地址 403＝单位增加值为 16 秒（0～240 秒） | | |

（二）CC408 报警主机的安装与调试

1. 检查安装位置

检查控制器安装位置的墙面、管线路由情况，尽量选择坚固的墙面和便于敷设线管、线槽的安装位置。

2. 安装报警主机

（1）根据控制器的安装高度与安装孔距的要求，用记号笔在墙面或其他固定件上做标记。

（2）根据前端设备与控制器连接的线管线槽敷设位置、管径、线槽规格及拟定的控制器安装位置，使用相应规格的金属开孔器在控制器机箱上钻线管连接孔或使用砂轮锯开线槽连接口。

（3）控制机箱钻孔或切口后，将边缘毛刺清理干净，使用锉刀将切口打磨平滑。

（4）用冲击钻在安装孔标记处打孔。

（5）将不下于∅6 的膨胀螺栓塞入打好的安装孔，使膨胀螺栓涨管与墙面平齐。

（6）将报警前端控制器机箱固定孔与已安装的膨胀螺栓对正，将机箱挂在螺栓上，调整控制器位置至平直并紧贴墙面，将平垫与弹簧垫圈套入螺栓，旋紧螺母或机制螺钉。

3. 引入、连接线缆

将前端设备的线管线槽与控制器紧固连接，将连接线缆引入控制器，按照报警前端控制器接线图、前端设备接线表等技术文件的要求连接线缆。

4. 注意事项

（1）报警控制器墙面安装时，机箱底边距地面高度为 1.4m。

（2）在报警控制器机箱钻孔或开槽时，尽可能把箱内电路板拆下以防止金属碎屑掉落在电路板上造成短路，电路板无法拆卸时，应采取妥善的防护措施。

（3）控制器应配置锁具，安装完成后应锁闭。

（4）在室外安装时，需要在机箱外再加装防水保护箱。

（5）控制箱的交流电应不经开关引入，如要用开关，则应安装在控制箱里面，交流电源线应单独穿管走线，严禁与其他导线穿在同一管内。

（6）控制箱的引线，从控制箱至大棚一段要求用铁管加以保护，铁管与控制箱要用双螺帽连接。

（三）设备连线说明

1. 双 EOL 电阻接线图（8 个防盗防区）

双 EOL 电阻接线图如图 1-91 所示。

2. 双 EOL 电阻接线图（8 个防盗防区）

双 EOL 电阻接线图如图 1-92 所示。

3. CC408 接线图

CC408 接线图如图 1-93 所示。

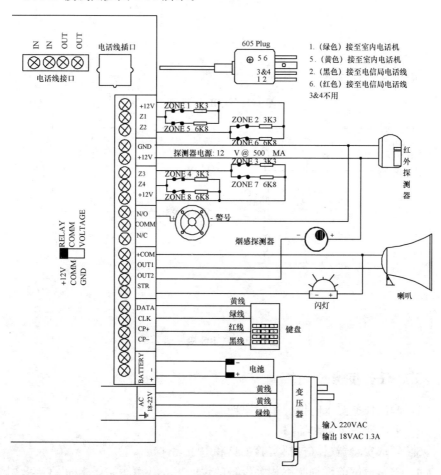

图 1-91 双 EOL 电阻接线图

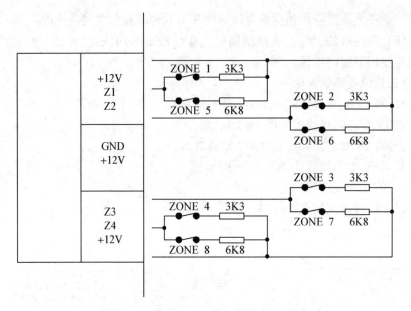

图 1-92　EOL 接线图

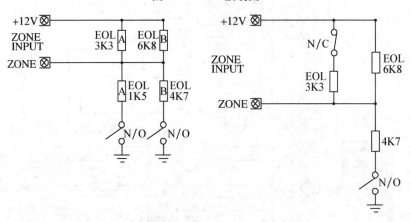

图 1-93　CC408 接线图

五、任务步骤

1. 画出任务要求的报警系统原理图。

2. 列出所需工具和器材。

3. 领取实验器材（包括实验工具和电子元件）。

4. 安装调试前详细阅读相关设备的说明书，并填写附录 I 的 CC408 引导文中的表格。

5. 将各实验部件按照安装指南接线。把 DS820 接在 1 防区，紧急报警按钮接在 3 防区，DS1525 或 DS920i-CHI 接在 2 防区，检查接线情况。

6. 经教师检查接线正确后，通电（注意：一定要检查，防止损坏实验器材）。查看各个探测器工作指示灯，判断各探测器是否正常工作。

7. 进入编程。设置防区 1 为传递防区，防区 2 为延时 1 防区，防区 3 为 24 小时防区，并填写表 1-15。

8. 设置警铃报警输出时间为 5 秒。

9. 设置电话报警输出为 5 秒。

10. 设置退出时间为 5 秒。

11. 设置延时 1 时间为 35 秒。

12. 退出编程。

13. 对主机进行布/撤防。

14. 调试入侵报警系统。人为设置报警信号，试验整个系统的报警功能，确保系统能够正常工作。

15. 改变报警主机的软件设置，进行不同的报警设置，直到熟练掌握报警系统。防区设置参数填入表 1-15 中。

表 1-15　编程设置

序号	项目	DS1525（DS920i-CHI）	DS820	H0-01
第一次	所属防区			
	防区类型			
	延时时间			
	警铃报警输出时间			
	退出时间			
第二次	所属防区			
	防区类型			
	延时时间			
	警铃报警输出时间			
	退出时间			

六、习题

1. 如何测试探测器的常开常闭？

2. CC408 如何区分探测器所在的防区？

3. 为什么要设置不同的防区类型？

4. 报警主机防区模块、联动模块、指示灯模块的地址是如何分布的？

学习情境二　视频监控系统设备安装与调试

【学习目标】

进一步学习掌握视频监控系统及系统中前后端设备、传输设备的工作原理，熟练掌握视频监控系统中各设备操作使用方法、施工安装工艺和调试技术，能根据安全防范工程技术规范和工程设计要求，完成系统设备施工、安装与调试任务。

【学习内容】

学习《安全防范工程技术规范》与视频监控系统相关的国家与行业标准，根据系统设计文件实施系统前后端设备与传输部分的安装与调试、检测系统中各项设备的工程安装质量与性能技术指标。

【预备知识】

一、视频监控系统的基本组成

视频监视系统主要由前端设备、传输系统、后端设备三部分组成，如图2-1所示。前端设备主要由摄像机、云台及辅助设备构成。后端设备主要是控制显示设备。前、后端设备通过多种形式的传输方式连接。

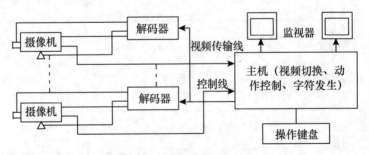

图 2-1　视频监控系统结构图

（一）摄像部分

摄像部分包括摄像机、镜头、云台、防护罩和支架，属于系统的前端设备。

1. 摄像机

摄像机是系统的原始信号源，安装在监视场所，其视场角应能覆盖被监视区的各个部位。摄像机通过传感器将现场的图像信息转变为电信号，经放大、处理后，通过有线电缆传输到监控室的监视器上还原为图像。为了调整摄像机的监视方位，可将摄像机安装在云台上。

目前广泛应用的 CCD 摄像机，具有环境照度低、寿命长、重量轻、体积小等特点，可以适应强光源，它的性能指标主要有分辨率、最小照度、扫描制式、供电方式等。

摄像机的分类一般根据摄像机的性能、功能、成像颜色等进行分类。

（1）按性能分类

①普通摄像机：工作于室内正常照明或室外白天。正常工作所需照度为 1～3Lx。

②暗光摄像机：工作于室内无正常照明的环境下。正常工作所需照度为 0.1Lx 左右。

③微光摄像机：工作于室外月光或星光下。正常工作所需照度为 0.01Lx 以下。

④红外摄像机：工作于室内、室外无照明的场所。采用红外灯照明，在没有光线的情况下也可以成像。

参考环境照度如下：

夏日阳光下：100 000Lx；阴天室外：10 000Lx。

视频台演播室：1 000Lx；距 60W 台灯 60cm 桌面：300Lx。

室内日光灯：100Lx；黄昏室内：10Lx。

20cm 处烛光：10～15Lx；夜间路灯：0.1Lx。

（2）按图像颜色分类

彩色摄像机：能显示图像颜色，灵敏度和清晰度比黑白摄像机低。适用于景物细部辨别，如辨别衣着或景物的颜色。

黑白摄像机：灵敏度和清晰度高，适用于光线不充足地区及夜间无法安装照明设备的区域，当仅需监视景物的位置或移动时，可选用黑白摄像机。

（3）按使用环境分类

①室内摄像机：摄像机外部无防护装置，对使用环境有要求。

②室外摄像机：在摄像机外安装有防护罩，内设降温风扇、遮阳伞、加热器、雨刷等，以适应环境温、湿度的变化。

（4）按结构组成分类

①固定式摄像机：监视固定目标，如图 2-2 所示。

图 2-2　固定式摄像机

②可旋转式摄像机：带旋转云台，可上下左右旋转，如图 2-3 所示。

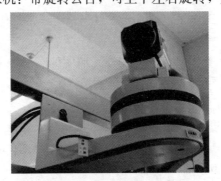

图 2-3　可旋转式摄像机

③球形摄像机：可做 360°水平旋转，90°垂直旋转，如图 2-4 所示。

图 2-4　球形摄像机

④半球式摄像机：吸顶安装，可做上下左右旋转，如图2-5所示。

图2-5　半球式摄像机

（5）按扫描制式分类

①PAL制：PAL制又称为帕尔制，是英文 Phase Alteration Line 的缩写，意思是逐行到相。PAL制电视的供电频率为50Hz，场频为每秒50场，帧频为每秒25帧，扫描线为625行，图像信号带宽分别为4.2、5.5、5.6MHz等。

②NTSC制：中国采用隔行扫描（PAL）制式（黑白为CCIR），标准为625行，50场。日本是NTSC制式，525行60场（黑白为EIA）。

2. 镜头

镜头与CCD摄像机配合，可以将远距离目标成像在摄像机的CCD靶面上。镜头在选用时，其尺寸和安装方式必须与摄像机镜头尺寸和安装方式一致。

1）镜头特性

镜头的特性有许多种，因此，只有正确了解各种镜头的特性，才能更加灵活地选择镜头。

（1）固定光圈定焦镜头

固定光圈定焦镜头是相对较为简单的一种镜头，该镜头上只有一个可手动调整的对焦调整环（环上标有若干距离参考值），左右旋转该环可使成像在CCD靶面上的图像最为清晰，此时在监视器屏幕上得到图像也最为清晰。

由于是固定光圈镜头，因此在镜头上没有光圈调整环，也就是说该镜头的光圈是不可调整的，因而进入镜头的光通量是不能通过简单地改变镜头因素而改变的，而只能通过改变被摄现场的光照度来调整，如增减被摄现场的照明灯光等。这种镜头一般应用于光照度比较均匀的场合，如室内全天以灯光照明为主的场合，在其他场合则需与带有自动电子快门功能的CCD摄像机合用（当然，目前市面上绝大多数的CCD摄像机均带有自动电子快门功能），通过电子快门的调整来模拟光通量的改变。

（2）手动光圈定焦镜头

手动光圈定焦镜头比固定光圈定焦镜头增加了光圈调整环，其光圈调整范围一般可从 F1.2 或 F1.4 到全关闭，能很方便地适应被摄现场的光照度，然而由于光圈的调整是通过手动人为地进行的，一旦摄像机安装完毕，位置固定下来，再频繁地调整光圈就不那么容易了，因此，这种镜头一般也是应用于光照度比较均匀的场合，而在其他场合则也需与带有自动电子快门功能的 CCD 摄像机合用，如早晚与中午、晴天与阴天等光照度变化比较大的场合，通过电子快门的调整来模拟光通量的改变。

（3）自动光圈定焦镜头

自动光圈定焦镜头在结构上有了比较大的改变，它相当于在手动光圈定焦镜头的光圈调整环上增加一个由齿轮啮合传动的微型电动机，通过镜头内微型电动机的正反向转动，改变光圈的大小。自动光圈镜头又分为含放大器（视频驱动型）与不含放大器（直流驱动型）两种规格。

（4）手动变焦镜头

顾名思义，手动变焦镜头的焦距是可变的，它有一个焦距调整环，可以在一定范围内调整镜头的焦距，其变比一般为 2～3 倍，焦距一般在 3.6～8mm。在实际工程应用中，通过手动调节镜头的变焦环，可以方便地选择监视现场的视场角。

对于多数电视监控系统工程来说，当摄像机安装位置固定下来后，再频繁地手动变焦是很不方便的，因此，工程完工后，手动变焦镜头的焦距一般很少再去调整，而仅仅起到定焦镜头的作用。因而手动变焦镜头一般用在要求较为严格而用定焦镜头又不易满足要求的场合。这种镜头受到工程人员的青睐，因为在施工调试过程中使用这种镜头，通过在一定范围内调节焦距，一般总可以找到一个使用户满意的观测范围（不用反复更换不同焦距的镜头），这一点在室外施工中显得尤为方便。

（5）自动光圈电动变焦镜头

此种镜头与前述的自动光圈定焦镜头相比另外增加了两台微型电动机，其中一个电动机与镜头的变焦环啮合，当其受控而转动时可改变镜头的焦距（Zoom）；另一个电动机与镜头的对焦环啮合，当其受控而转动时可完成镜头的对焦（Focus）。由于该镜头增加了两个可遥控调整的功能，因而此种镜头也称作电动两可变镜头。

自动光圈电动变焦镜头一般引出两组多芯线，其中一组为自动光圈控制线，其原理和接法与前述的自动光圈定焦镜头的控制线完全相同；另一组为控制镜头变焦及对焦的控制线，一般与云台镜头控制器及解码器相连。当操作远程控制室内云台镜头控制器及解码器的变焦或对焦按钮时，将会在此变焦或对焦的控制线上施加一个或正或负的直流电压，该电压加在相应的微型电动机上，使镜头完成变焦及对焦调整功能。

2）镜头的分类

镜头的分类如表 2-1 所示。

表 2-1　镜头的分类表

以外形功能分	以尺寸大小分	以光圈分	以变焦类型分	以焦距长短分
球面镜头	1″25mm	自动光圈	电动变焦	长焦距镜头
非球面镜头	1/2″3mm	手动光圈	手动变焦	标准镜头
针孔镜头	1/3″8.5mm	固定光圈	固定焦距	广角镜头
鱼眼镜头	2/3″17mm			

（1）以镜头安装方式分类

所有的摄像机镜头均是螺纹口的，CCD 摄像机的镜头安装有两种工业标准，即 C 安装座和 CS 安装座。两者螺纹部分相同，但两者从镜头到感光表面的距离不同。

C 安装座：从镜头安装基准面到焦点的距离是 17.526mm。

CS 安装座：特种 C 安装，此时应将摄像机前部的垫圈取下再安装镜头。其镜头安装基准面到焦点的距离是 12.5mm。如果要将一个 C 安装座镜头安装到一个 CS 安装座摄像机上时，则需要使用镜头转换器。

所有的摄像机镜头均是螺纹口的，均为 1 英寸 32 牙，直径为 1 英寸，C 安装座和 CS 安装座两者螺纹部分相同，但两者从镜头到感光表面的距离不同。C 式安装座从基准面到焦点的距离为 17.562mm，比 CS 式距离 CCD 靶面多一个专用接圈的长度，CS 式距焦点距离为 12.5mm。如果没有接圈，镜头与摄像头就不能正常聚焦，图像变得模糊不清。所以在安装镜头前，先看一看摄像头和镜头是不是同一种接口方式，如果不是，就需要根据具体情况增减接圈。有的摄像头不用接圈，而采用后像调节环（如松下产品），调节时，用螺丝刀拧松调节环上的螺丝，转动调节环，此时 CCD 靶面会相对安装基座向后（前）运动，也起到接圈的作用。另外（如 SONY，JVC）采用的方式类似后像调节环，它的固定螺丝一般在摄像机的侧面。拧松后，调节顶端的一个齿轮，也可以使图像清晰而不用加减接圈。

（2）以摄像机镜头规格分类

摄像机镜头规格应视摄像机的 CCD 尺寸而定，两者应相对应。即：摄像机的 CCD 靶面大小为 1/2 英寸时，镜头应选 1/2 英寸；摄像机的 CCD 靶面大小为 1/3 英寸时，镜头应选 1/3 英寸；摄像机的 CCD 靶面大小为 1/4 英寸时，镜头应选 1/4 英寸。

如果镜头尺寸与摄像机 CCD 靶面尺寸不一致时，观察角度将不符合设计要求，或者发生画面在焦点以外等问题。

（3）以镜头光圈分类

镜头有手动光圈（manualiris）和自动光圈（autoiris）之分，配合摄像机使用，手动光圈镜头适合于亮度不变的应用场合，自动光圈镜头因亮度变更时其光圈亦作自动调整，故适用亮度变化的场合。自动光圈镜头有两类：一类是将一个视频信号及电源从摄像机输送到透镜来控制镜头上的光圈，称为视频输入型，另一类则利用摄像机上的直流电压来直接控制光圈，称为 DC 输入型。

自动光圈镜头上的 ALC（自动镜头控制）调整用于设定测光系统，可以整个画面的平均亮度，也可以画面中最亮部分（峰值）来设定基准信号强度，供自动光圈调整使用。一般而言，ALC 已在出厂时经过设定，可不作调整，但是对于拍摄景物中包含有一个亮度极高的目标时，明亮目标物之影像可能会造成"白电平削波"现象，而使得全部屏幕变成白色，此时可以调节 ALC 来变换画面。

另外，自动光圈镜头装有光圈环，转动光圈环时，通过镜头的光通量会发生变化，光通量即光圈，一般用 F 表示，其取值为镜头焦距与镜头通光口径之比，用 f 表示焦距，D 表示镜头实际有效口径，即 $F=f/D$，F 值越小，则光圈越大。

采用自动光圈镜头，对于下列应用情况是理想的选择，它们是：在诸如太阳光直射等非常亮的情况下，用自动光圈镜头可有较宽的动态范围。要求在整个视野有良好的聚焦时，用自动光圈镜头有比固定光圈镜头更大的景深。要求在亮光上因光信号导致的模糊最小时，应使用自动光圈镜头。

（4）以镜头视场大小分类

①标准镜头：视角 30°左右，在 1/2 英寸 CCD 摄像机中，标准镜头焦距定为 12mm；在 1/3 英寸 CCD 摄像机中，标准镜头焦距定为 8mm。

②广角镜头：视角 90°以上，焦距可小于几毫米，可提供较宽广的视景。

③远摄镜头：视角 20°以内，焦距可达几米甚至几十米，此镜头可在远距离情况下将拍摄的物体影像放大，但使观察范围变小。

④变倍镜头（zoomlens）：也称为伸缩镜头，有手动变倍镜头和电动变倍镜头两类。

⑤可变焦点镜头（vari-focuslens）：它介于标准镜头与广角镜头之间，焦距连续可变，即可将远距离物体放大，同时又可提供一个宽广视景，使监视范围增加。变焦镜头可通过设置自动聚焦于最小焦距和最大焦距两个位置，

但是从最小焦距到最大焦距之间的聚焦，则需通过手动聚焦实现。

⑥针孔镜头：镜头直径几毫米，可隐蔽安装。

（5）以镜头焦距长短分类

①短焦距镜头：因入射角较宽，可提供一个较宽广的视野。

②中焦距镜头：标准镜头，焦距的长度视 CCD 的尺寸而定。

③长焦距镜头：因入射角较狭窄，故仅能提供狭窄视景，适用于长距离监视。

④变焦距镜头：通常为电动式，可作广角、标准或远望等镜头使用。

3）镜头选择依据

（1）成像尺寸

应与摄像机 CCD 靶面尺寸相一致，如前所述，有 1 英寸、2/3 英寸、1/2 英寸、1/3 英寸、1/4 英寸、1/5 英寸等规格。

（2）分辨率

描述镜头成像质量的内在指标是镜头的光学传递函数与畸变，但对用户而言，需要了解的仅仅是镜头的空间分辨率，以每毫米能够分辨的黑白条纹数为计量单位，计算公式为：镜头分辨率用 N 表示，$N=180/$画幅格式的高度。由于摄像机 CCD 靶面大小已经标准化，如 1/2 英寸摄像机，其靶面为宽 6.4mm×高 4.8mm，1/3 英寸摄像机为宽 4.8mm×高 3.6mm。因此对 1/2 英寸格式的 CCD 靶面，镜头的最低分辨率应为 38 对线/毫米，对 1/3 英寸格式摄像机，镜头的分辨率应大于 50 对线，摄像机的靶面越小，对镜头的分辨率越高。

（3）光照条件

镜头的通光量以镜头的焦距和通光孔径的比值来衡量，以 F 为标记，每个镜头上均标有其最大的 F 值，通光量与 F 值的平方成反比关系，F 值越小，则光圈越大。所以应根据被监控部分的光线变化程度来选择用手动光圈还是用自动光圈镜头。

手动光圈镜头，它适用于光照相对稳定的条件下，手动光圈由数片金属薄片构成。光通量靠镜头外径上的一个环调节，旋转此圈可使光圈收小或放大。在照明条件变化大的环境中，或不是用来监视某个固定目标，应采用自动光圈镜头。比如在户外或人工照明经常开关的地方，自动光圈镜头的光圈动作由马达驱动，马达受控于摄像机的视频信号。手动光圈镜头和自动光圈镜头又有定焦距（光圈）镜头、手动光圈镜头、自动光圈镜头和电动变焦距镜头之分。

定焦距（光圈）镜头，一般与电子快门摄像机配套，适用于监视室内某个固定目标的场所。定焦距镜头一般又分为长焦距镜头、中焦距镜头和短焦

安防设备安装与系统调试

距镜头。中焦距镜头是焦距与成像尺寸相近的镜头；焦距小于成像尺寸的称为短距镜头，短焦距镜头又称广角镜头，该镜头的焦距通常是 28mm 以下的镜头；短焦距镜头主要用于环境照明条件差，监视范围要求宽的场合。焦距大于成像尺寸的称为长焦距镜头，长焦距镜头又称望远镜头，这类镜头的焦距一般在 150mm 以上，主要用于监视室外较远处的景物。

手动光圈镜头，可与电子快门摄像机配套，在各种光线下均可使用。自动光圈镜头（EF）可与任何 CCD 摄像机配套，在各种光线下均可使用，特别适用于被监视表面亮度变化大、范围较广的场所。为了避免引起光晕现象和烧坏靶面，一般都配自动光圈镜头。

电动变焦距镜头，可与任何 CCD 摄像机配套，在各种光线下均可使用；变焦距镜头是通过遥控装置来进行光对焦、光圈开度、改变焦距大小的。

3. 云台

云台用于摄像机和支撑物之间的连接，安装在摄像机支撑物上，它能上下左右自由旋转，从而实现摄像机的定点监视和扫描全景观察。一般情况下，云台是用支架固定在室内（外）墙壁、天花板或者电线杆上，其作用是通过室内控制器，将控制电压通过多芯电缆直接加到云台内的低速大扭矩电动机上，以驱动台面上的摄像机在水平或者任意方向上旋转，达到增加摄像机/镜头的空间可视范围的目的。图 2-6 为室外一体化云台外观图。常见云台如图2-7 所示。

防护罩
云台

图 2-6　一体化云台外观

(a) 水平云台　　(b) 全方位云台　　(c) 内置解码全方位云台　　(d) 室外全方位云台（侧截）

图 2-7　各种云台图

云台一般有以下几种分类：

（1）按使用环境分类

按使用环境分类主要分为室内型和室外型，主要区别是室外型密封性能好，防水、防尘，负载大。为了防止驱动电机遭受雨水或潮湿的侵蚀，室外全方位云台一般都具有密封防雨功能。

（2）按安装方式分类

按安装方式分类主要分为侧装和吊装，就是把云台安装在天花板上还是安装在墙壁上。

（3）按外形分类

按外形分类主要分为普通型和球型。球型云台是把云台安置在一个半球形、球形防护罩中，除了防止灰尘干扰图像外，还隐蔽、美观、快速。

（4）按云台工作方式分类

按云台工作方式分类主要分为固定云台和电动云台。固定云台适用于监视范围不大的情况，在固定云台上安装好摄像机后可调整摄像机的水平和俯仰的角度，达到最佳的工作姿态后只要锁定调整机构就可以了。

电动云台适用于对大范围进行扫描监视，它可以扩大摄像机的监控范围。

（5）按转动方向分类

按转动方向分类主要分为水平旋转云台和全方位云台。水平旋转云台只能左右旋转，而全方位云台既能做左右旋转还可做上下旋转。

在挑选云台时要考虑安装环境、安装方式、工作电压、负载大小，也要考虑性能价格比和外型是否美观等因素。

4．防护罩

摄像机防护罩是为了保护摄像机在有灰尘、雨水、高低温等情况下正常使用的防护装置。常见防护罩如图 2-8 所示。

(a) 室内/外微型防护罩　　　　(b) 全天候防护罩

图 2-8　防护罩图

摄像机防护罩一般可以分为以下几类。

1）室内防护罩

防护罩的主要功能是用于摄像机的密封防尘，并有一定的安全防护、隐蔽作用。

2）室外防护罩

护罩具有防热防晒、防冷除霜、防雨防尘等功能，有的还配有刮水器、喷淋器、排风扇、加热板、防雨器等设备，可以更好地保护摄像设备。

（1）防热防晒

室外防护罩附有遮阳罩，室外防护罩的散热通常采用轴流风扇强迫对流冷却方式，由温度继电器进行自动控制。温度继电器的温控点在 35℃ 左右，当防护罩的内部温度高于温控点时，继电器触点导通，轴流风扇工作；当防护罩内的温度低于温控点时，继电器触点断开，轴流风扇停止工作。

（2）防冷除霜

室外防护罩在低温状态下采用电热丝或半导体加热器加热，由温度继电器进行自动控制。温度继电器的温控点在 5℃ 左右，当防护罩内温度低于温控点时，继电器触点导通，加热器通电加热；当防护罩内温度高于温控点时，继电器触点断开，加热器停止加热。室外防护罩的防护玻璃可采用除霜玻璃。除霜玻璃是在光学玻璃上蒸镀一层导电镀膜，导电镀膜通电后产生热量，可以除霜和防凝露。

（3）防水防尘

护罩通常配有刮水器和喷淋器设备。刮水器在下雨时除去防护玻璃上的雨珠，喷淋器可除去防护玻璃上的尘土。为了防雨淋需要有更强的密封性，在各机械连接处和出线口都采用防渗水橡胶带密封。

室外防护罩密封性能一定要好，保证雨水不能进入防护罩内部侵蚀摄像机。使用前最好能做一次淋雨水模拟试验，淋雨的角度为 45° 和 90°，罩内不能有漏水、渗水现象。挑选防护罩时先看整体结构，安装孔越少越利于防水，再看内部线路是否便于连接，最后还要考虑外观、安装座、重量等。

3）防爆防护罩

在化工厂、油田、煤矿等易燃、易爆场所进行视频监控时必须使用防爆型防护罩。这种防护罩的筒身及前脸玻璃均采用高抗冲击材料制成，并具有良好的密封性。可保证在爆炸发生时仍能对现场情况进行正常的见识。

5．支架

有摄像机支架与云台支架两种，如图 2-9 和图 2-10 所示。

图 2-9　摄像机支架

(a) 豪华中型铝材
云台支架（不带活动头）

(b) 豪华中型铝材
云台支架（带活动头）

(c) 室外重型云台支架

(d) 小型云台支架

图 2-10　云台支架

6．解码器

解码器的主要作用是接收控制中心的系统主机送来的编码控制信号，并进行解码，解码器功能是把主机的控制码转换成控制动作的命令信号，再去控制摄像机及其辅助设备的各种动作（如镜头的变倍、云台的转动等）。

解码器分为室内型和室外型，室外型有一个防水箱，要做好防水处理，在进线口处应用防水胶封好。

解码器到云台、镜头的联接线不要太长，因为控制镜头的电压为直流12V 左右，传输距离太远则压降太大，会导致镜头不能控制。

解码器具有自检功能，即不需要远端主机的控制，解码器在通信正确时，通信指示灯应闪亮。

（二）传输部分

传输部分是系统的图像信号和控制信号通道。传输系统一方面将前端的摄像机、监听头、报警探测器或数据传感器捕获的视/音频信号及各种探测数据传往中心端；另一方面将中心端的各种控制指令传往前端多功能解码器。因此，传输系统应该是双方向的。但在大多数情况下，传输系统都是通过不同的单方向传输介质来实现的，如用同轴电缆传输视频信号，而用 2 芯屏蔽线传输反向控制信号。在视频监控系统中，主要信号有两种：

①电视信号：从系统前端摄像机输出的视频信号流向控制中心。

②控制信号：从控制中心流向前端的摄像机（包括镜头）、云台等受控对象。流向前端的控制信号一般是通过设置在前端的解码器解码后再输送到前端受控对象和云台。

视频信号的传输方式主要有以下几种。

1. 视频基带传输方式

各摄像机安装位置离监控中心较近，即几百米以内时采用视频基带传送方式。该方式的特点是从摄像机至控制台之间传输的电视图像信号，完全是视频信号（可以是模拟信号也可以是数字信号，以下统称为基带信号）。信号通过有线（电缆、同轴电缆、双绞线等）直接传输。

优点：传输系统简单；在一定距离范围内，失真小；附加噪声低（系统信噪比高）；不必增加诸如调制器、解调器等附加设备。应用很广泛，目前绝大多数视频监控系统都采用这种传输方式。

缺点：易受线路衰减失真及外界干扰的影响，传输距离不能太远；一般为 $300\sim500\mathrm{m}$，加入电缆补偿措施后，最远也不宜超过 $2\,000\mathrm{m}$。一根电缆（视频同轴电缆）只能传送一路电视信号。

2. 视频频带传输方式

各摄像机安装位置距离监控中心较远时，采用频带有线传输方式。

该方式的特点是将基带信号变换成频带信号，借助频带传输，把通信链路分解成两个或更多的信道，即信道复用。频带传输均可采用有线或无线方式进行。

优点：

①传输距离很远；

②传输过程中产生的失真小，较适合远距离传送彩色图像信号；

③一条传输线可以同时传送多路图像信号；

④可有效地克服传输中引入的 $0\sim6\mathrm{MHz}$ 范围内的干扰，包括工频干扰等现象。

缺点：需增加调制器、混合器、线路宽带放大器、解调器等传输部件，这些传输部件将带来不同程度的信号失真，并容易产生交扰调制等干扰信号；同时，当远端摄像机不在同一方向时（即相对分散时），也需要多条传输线将信号传送至某一相对集中的地点后，再经混合器混合后用一条电缆线传送至控制中心，这会使传输系统的造价升高。另外，在某些广播电视信号较强的地区还可能会与广播电视信号或有线电视台信号产生互相干扰等（在使用时，应避开当地广播电视的频道，不能选用当地广播电视频道用于传输电视监控信号）。

3. 视频平衡传输方式

视频平衡传输方式是把摄像机输出的视频信号由发射机变换为一正一负的差分信号，经远距离传输后，在传输过程中产生的幅频及相频失真，通过接收端的合成会自动消除；在传输中产生的其他噪声信号及干扰信号也因一正一负的原因，在合成时被抵消掉。正因如此，传输线采用普通双绞线即可满足要求，这无疑减少了传输系统的造价（与电缆相比）。特别是当传输距离很远时，所用的发射机及接收机的价格比电缆线价格要低得多，所以该方式比较适合远距离视频传输的方式。

平衡传输方式具有如下明显优势：

①传输距离远，传输质量高。由于平衡视频收发器中采用了先进的处理技术，极好地补偿了双绞线对视频信号幅度的衰减以及不同频率间的衰减差，保持了原始图像的亮度、色彩及实时性。在传输距离达到 2 km 或更远时，图像信号基本无失真。如采用中继方式，传输距离会更远。

②布线方便，线缆利用率高。一根双绞线电缆有 4 对双绞线，可以同时传输视频信号、控制信号或其他通信信号，互不干扰。

③抗干扰能力强。双绞线能有效抑制共模干扰，即使在强干扰环境下，双绞线也能传送极好的图像信号。

④可靠性高，使用方便。利用双绞线传输视频信号，在前端配置视频发射器，在后端配置视频接收器，接收器可做成 4 路、8 路或 16 路集成式，以方便安装及管理。

⑤价格便宜，取材方便。

4. 光缆传输方式

光缆传输是指用光缆来传输电视信号，其传输介质是光纤。

光缆传输的主要优点如下：

①损耗低，传输距离长。光纤的无中继传输距离在 20km 以上，因此可实现长距离的信号传输。

②传输容量大。一根多芯光缆可传输几百路摄像机信号。

③传输质量高，没有电磁辐射，也不受其他外界电磁场干扰。

④体积小，重量轻，使用寿命大大超过电缆。

5. 无线传输方式

（1）微波传输

微波是指波长为 1mm～1m 或频率为 300MHz～300GHz 范围内的电磁波。微波传输是利用微波频段的电磁波来传输电视信号，即通过微波发射机将电视信号转换成微波波段的信号，并利用定向发射天线发射出去。如图

2-11 所示。

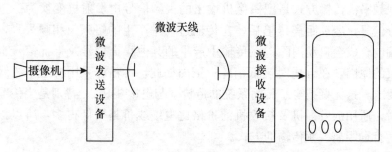

图 2-11　微波传输系统的工作示意图

（2）射频开路传输

在电视监控系统中，当传输距离很远又同时传送多路图像信号时，有时也采用射频传输方式，也就是将视频图像信号经调制器调制到某一射频频道上通过天线进行传送。

射频开路传输设备的工作频率一般在数十至数百兆赫兹。视频信号在传输时先经发射机调制、滤波、放大后变化成射频信号经发射天线发射出去，无线接收机将射频信号解调、滤波后变成原来的视频信号送给监视器。如图 2-12 所示。

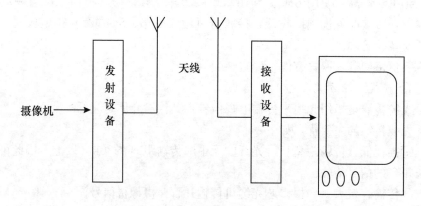

图 2-12　射频开路传输系统的工作示意图

射频开路传输的优点如下：

①避免了低频干扰，信号失真小。

②传输距离较远，可以同时传送多路射频图像信号。

③可有效地克服传输中引入的 0～6MHz 范围内的干扰和地环路造成的工频干扰等现象。

射频开路传输的缺点如下：

需增加调制器、混合器、线路宽带放大器、解调器等传输部件，会产生附加干扰等信号；调制传输系统构成复杂，施工和维修工作量较大，以上这些会使传输系统的造价升高。

（三）控制部分

控制部分是整个系统的心脏和大脑，是实现整个系统功能的指挥中心，控制部分主要由总控制台组成。主要功能有：视频信号放大与分配，图像信号的校正与补偿，图像信号的切换，图像信号的记录，摄像机及云台、镜头辅助部件的控制等。

1. 视频放大器

当视频传输距离比较远时，最好采用线径较粗的视频线，同时也可以在线路上增加视频放大器以增强信号强度达到远距离传输目的。视频放大器可以增强视频的亮度、色度和同步信号强度，达到远距离传输目的，但在放大上述信号的同时，线路内干扰信号也会被放大。所以，线路中不宜串接太多的视频放大器，否则在干扰信号被人为放大的同时，会出现饱和现象，导致图像失真。

2. 视频分配器

视频分配器有单输入视频分配器和多输入视频分配器之分。

单输入视频分配器实现一路视频输入、多路视频输出的功能，使之可在图像无扭曲或无清晰度损失情况下观察视频输出。常见的有 1 分 2、1 分 4、1 分 8、1 分 16 等组合。

多输入视频分配器将单输入视频分配器组合为一个整体，以减少单个分配器的数量，减小设备体积、降低造价，提高系统稳定性。常见的有 8 路 1 分 2 和 16 路 1 分 2 等。

3. 视频切换器

切换器有手动、自动切换两种工作方式，能从多路视频信号中选择切换任一路或几路视频信号输出。切换器的输出端接监视器。视频切换器主要有以下几种：

（1）n 选 1 切换器：从 n 路视频信号中任选出一路进行显示或录制。

（2）n 选 m 切换器（$m<n$）：n 为输入的视频信号数，m 为视频切换器的输出信号路数。n 选 m 切换器从 n 路视频信号中任选两路以上信号进行显示或录制，由矩阵切换电路实现，所以又称为矩阵切换器。

（3）微机视频切换器：切换器内置微处理器（CPU），通过键盘实现切换控制，并能处理多路键盘控制切换时的优先级。

4. 画面分割器

将多个摄像机摄取的画面同时显示在一个监视器显示屏幕上的不同位置。画面分割器有 4 分割、9 分割、16 分割几种，可以在一台监视器上同时显示 4、9、16 个摄像机的图像，也可以送到录像机上记录，图像的质量和连续性可以满足大部分要求。分割器除了可以同时显示多路图像外，也可以显示单幅画面，可以叠加时间和字符，设置自动切换，连报警器材等。

5. 控制主机

通常将系统控制单元与视频矩阵切换器集成为一体，实现多路视/音频信号的选择切换（输出到指定的监视器或录像机），并通过通信总线对指定地址的前端设备（云台、电动镜头、雨刷器、照明灯或摄像机电源等）进行各种控制。

矩阵功能就是实现对输入视频图像的切换输出。将视频图像从任意一个输入通道切换到任意一个输出通道显示。一般来讲，一个 $m \times n$ 矩阵：表示它可以同时支持 m 路图像输入和 n 路图像输出。这里需要强调的是必须要做到任意，即任意的一个输入和任意的一个输出。选择视频矩阵主机时首先要确定自己有多少个摄像机需要控制，是不是还会扩充，把现有的和将来有可能扩充的摄像机数目相加，选择控制器的输入路数。

6. 数字硬盘录像机

数字硬盘录像机是一种数字化、智能化、网络化的监控记录设备。以计算机为平台实现监控系统的全部图像处理与控制功能，除了完成多路监视、录像、多画面处理、视频切换、遥控等模拟监控系统能实现的功能外，还具有硬盘存储、快速检索打印、网络传输与控制、密码保护等功能，同时，本身可连接报警探头、警灯，实现报警联动功能，还可进行图像移动侦测、可通过解码器控制云台和镜头、可通过网路传输图像和控制信号等。

（四）显示部分

一般由一台或多台监视器组成，功能是将传送来的图像一一显示出来。在监控系统中，一般都不是一台摄像机对应一台摄像机进行显示的，而是几台摄像机的图像信号用一台监视器轮流切换显示或分割显示。

监视器分为黑白和彩色两种，是视频监控系统的主要终端设备，其性能优劣将对整个系统质量指标产生直接影响。

二、视频监控系统的选型、传输方式与线缆选择

(一) 视频监控系统的选型

根据使用目的不同，视频监控系统的组成形式一般有以下几种方式，用户可以根据实际应用环境进行选择。

1. 单头单尾方式

这是一种最简单的组成方式，如图 2-13 所示。头是指摄像机，尾是指监视器。这种方式一般适用连续监视一个固定目标的场合。

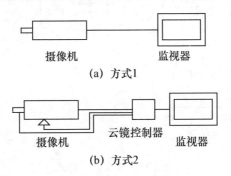

(a) 方式1

(b) 方式2

图 2-13　单头单尾方式

2. 单头多尾方式

由一台摄像机向多个监视点输送图像信号时采用的方式，如图 2-14 所示。这种方式用在多处监视同一个固定目标的场合。

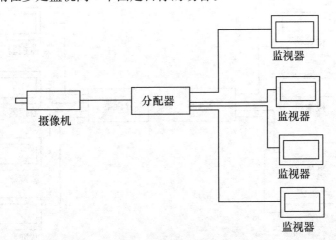

图 2-14　单头多尾方式

3. 多头单尾方式

由多个摄像机与一台监视器组成，用在一处集中监控多个目标的场合，如图 2-15 所示。

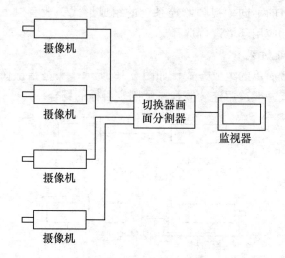

图 2-15　多头单尾方式

4. 多头多尾方式

由多个摄像机与多台监视器组成，一般用在多处监视多个目标的场合，如图 2-16 所示。

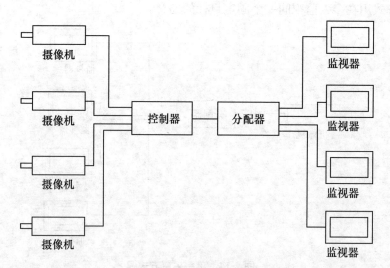

图 2-16　多头多尾方式

（二）传输方式的选择与线缆选择

1. 传输方式的选择

（1）传输信号的分类

传输的信号包括图像信号、控制信号和电源信号。

对于图像信号，要求在图像信号经过传输系统后，不产生明显的噪声以及色度信号和亮度信号的失真，保证清晰度和灰度等级不下降。近距离传输一般选用视频基带传输方式；远距离传输可以选择射频（基带）传输方式和光传输方式。

对于控制信号，根据具体设备要求选用 RS232/485/422 等不同的通信方式。

对于电源信号，有交流电源和直流电源两种，有统一供电和就地取电两种获取方式。

（2）选择传输方式的依据

选择传输方式的依据如下：

①传输距离；

②地理条件；

③摄像机的数量以及分布情况。

（3）传输方式的选择

①传输距离较近时，可采用视频同轴电缆传输方式。当传输的黑白（彩色）电视基带信号，在 5MHz（5.5MHz）点的不平坦度大于 3dB 时，宜加电缆均衡器；当大于 6dB 时，应加电缆均衡放大器。

②传输距离较远，监视点分布范围广，或需进电缆电视网时，宜采用射频同轴电缆传输方式。

③长距离传输或需避免强电磁场干扰的传输，宜采用光缆传输方式。当有防雷要求时，应采用无金属光缆。

④系统的控制信号可采用多芯线直接传输或将遥控信号进行数字编码用电（光）缆进行传输。

2. 传输的线缆选择

视频监控系统的线缆一般可选用的有同轴电缆、电话电缆、光缆、双绞线等。最常用的传输介质是同轴电缆。一般采用专用的 SYV75 欧姆系列同轴电缆，常用型号为 SYV75-5（它对视频信号的无中继传输距离一般为 300～500m）；距离较远时，需采用 SYV75-7、SYV75-9 甚至 SYV75-12 的同轴电缆。

一般情况下，线缆的选用应遵循以下原则：

（1）应根据图像信号采用基带传输还是射频传输，确定选用视频电缆还是射频电缆。

（2）所选用电缆的防护层应适合电缆敷设方式以及使用环境（如环境气候、存在有害物质、干扰源等）。

（3）室外线路，宜选用外导体内径为 9mm 的同轴电缆，采用聚乙烯外套。

（4）室内距离不超过 500m 时，宜选用外导体内径为 7mm 的同轴电缆，且采用防火的聚乙烯外套。

（5）终端机房设备间的连接线，距离较短时，宜选用的外导体内径为 3mm 或 5mm，且具有密编铜网外导体的同轴电缆。

（6）通信总线 RVVP2×1.5。

（7）摄像机电源 RVS2×0.5。

（8）云台电源 RVS5×0.5。

（9）镜头 RVS(4~6)×0.5。

（10）灯光控制 RVS2×1.0。

（11）探头电源 RVS2×1.0。

（12）报警信号输入 RV2×0.5。

（13）解码器电源 RVS2×0.5。

（14）声音监听 RVVP4×0.5。

三、视频监控系统的测试

在不同使用环境下，根据用户的不同监控要求，选择相应性能的摄像机是十分重要的。以下介绍主要性能指标和测试方法，以及采购时应注意的事项。

（一）摄像机的分辨率指标

1. 分辨率

分辨率是衡量摄像机优劣的一个重要参数，指的是当摄像机摄取等间隔排列的黑白相间条纹时，在监视器上人眼能够看到的最大线数；当超过这一线数时，屏幕上就只能看到灰蒙蒙的一片而不能再分辨出黑白相间的线条。清晰度又分为水平分辨率度和垂直分辨率。

2. 测试方法

摄像机拍摄综合测试图，如图 2-17 所示。用目视法观察监视器上图像中心楔上能分辨的最大线数或十组中心清晰度线段能分辨的最大线数。

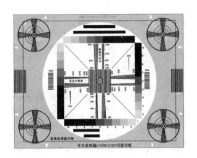

图 2-17　综合测试卡

3. 测试时应注意的问题

（1）要使用成像质量好的镜头，因为镜头的好坏影响最终的测试结果。

（2）显示时，使用黑白监视器时，线数应在 600 线以上；如果使用彩色监视器，要将色饱和度旋钮调至最低，避免色度信号对亮度信号的干扰。

4. 采购时应注意的问题

（1）使用索尼、松下原装摄像机作横向对比，观察两种摄像机在分辨黑白线条组时的差距；原装机的性能指标真实可靠，通过对比，可以对要采购摄像机的清晰度指标得出正确的结论。

（2）购买单板机时，有时配套的镜头成像质量较差，除了要测试中心分辨率外，还要测试 4 个角的分辨率，不能出现模糊和变形；否则，就要更换较好的镜头。

（二）最低照度指标

1. 概念

最低照度指摄像机产生的亮度输出电平，是额定信号幅度值（700mV）一半时被摄物体的最小照度。

2. 测试方法

（1）对比法：将摄像机置于暗室，选择一部名厂的原装摄像机作对比，使用两个同种型号的手动光圈镜头，暗室内装有调压器控制的 220V 白炽灯，以调压器调节电压的高低来调节暗室内灯的明暗，电压可以从 0V 调到 220V，室内光照也可以从最暗调至最亮，将两部摄像机分别对准层次丰富的物体，调低室内的光亮度，直至看不清物体的暗部层次，或者将镜头光圈调小一级作对比，根据名厂的原装摄像机标称的最低照度值推测出待测摄像机的最低照度值。

（2）仪器法：同样在暗室中测试，将摄像机对准十级灰度测试卡，如图 2-18 所示，调低室内的光亮度，直至摄像机输出的视频信号在示波器上的辐度降至 350mV，再用测光表测量测试卡表面的照度值，计算出最低照度。

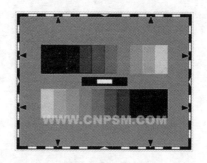

图 2-18　十级灰度测试卡

3. 测试时应注意的问题

最低照度值与下列 4 个因素有关。

（1）镜头的光圈；

（2）光源的色温；

（3）视频信号的幅度；

（4）反射率（目标的反射率和背景）。

只有标明以上 4 个相关条件，测试出的最低照度才是有意义的，不能抛开上述 4 项测试条件而单纯比较某品牌摄像机的照度标称值和另一个品牌摄像机的照度标称值去比较，否则根本不能得出哪部摄像机的低照度特性更好的结论。

4. 采购时应注意的问题

选择低照度摄像机时，标称的最低照度只能作参考，关键还是要根据使用场合的需要选用合适的摄像机。使用测光表测量现场的最低照度。在暗室中模拟现场的光照度环境，选择不同的摄像机试验或使用大口径光圈的镜头，直至灰度测试卡的十级轮廓均分辨清楚。

（三）信噪比与照度的关系

1. 概念

所谓"信噪比"指的是信号电压对于噪声电压的比值，通常用符号 S/N 来表示。信噪比又分为亮度信噪比和色度信噪比。信噪比也是摄像机的一个主要参数。

当摄像机摄取较亮场景时，监视器显示的画面通常比较明快，观察者不易看出画面中的干扰噪点；而当摄像机摄取较暗的场景时，监视器显示的画面就比较昏暗，观察者此时很容易看到画面中雪花状的干扰噪点。摄像机的信噪比越高，干扰噪点对画面的影响就越小。

2. 亮度信噪比的检测方法

(1) 简单判别法

亮度信噪比：将镜头的光圈关闭，或盖上镜头盖，在监视器上观察雪花状的干扰噪点的多少。

色度信噪比：将摄像机对准白平衡测试卡，观察带有颜色的噪声点的多少。

(2) 对比法

将摄像机置于暗室，选择一个名厂的原装摄像机作对比，使用两个同样型号的手动光圈镜头，将待测摄像机和原装摄像机对准黑平衡测试卡，用调光器调节光照度的大小，直至画面上明显出现雪花状的干扰噪点，比较噪声点的密度和大小，估计信噪比的数值。

(3) 仪器法

亮度信噪比是将摄像机对准十级灰度测试卡，调整光圈的大小，使摄像机输出的视频电平达到 350mV，将信号接入视频噪声测量仪，在仪表盘直接读取信噪比的读数。

3. 测试时应注意的问题

①滤波器的选择：一般采用 100kHz 的低通和高通，不采用视频加权曲线。

②要考虑摄像机 AGC 和 r 校正的影响。

4. 采购时应注意的问题

在购买摄像机时，要根据使用地点的光照度条件选择摄像机，使用测光表测量并记录使用场地在监控时段内的不同照度值，回到办公室暗室中模拟使用场地的不同照度值，观察哪一种摄像机的噪声点多，增大镜头的光圈或使用大口径通光量的镜头，或是增加使用地点的灯光亮度，直至监视器上显示的图像质量到可接受的程度，就是适合使用的摄像机。

(四) 自动白平衡和色彩还原的调整

1. 概念

彩色摄像机的色还原性是决定画面质量的主要因素之一。人们把拍摄白色物体时摄像机输出的红、绿、蓝三基色信号电压：VR＝VG＝VB 的现象称为白平衡。

由于太阳光在早上、中午、下午的不同时段内的色温相差很大，各种人造光源的色温也高低不同，彩色摄像机在不同的环境色温下，也应该正确地重现白色，这就需要在连续工作中随时校正白平衡。

白平衡是彩色摄像机的重要参数，好的 CCD 可以很好地还原景物色彩，使物体看起来清晰自然；当摄像机白平衡不佳时，重现图像就会出现偏色现象，使原本不带色彩的景物（如白色的墙壁）也着上颜色。

2. 白平衡的检测方法

（1）目测法

手动白平衡：摄像机的面板开关上标有 3200K、5600K 字样，表明摄像机的白平衡调整是按 3200K 色温和 5600K 色温分别进行设置的。

使用同一色温的人工光源（如卤钨灯或日光灯），摄像机对准白平衡测试卡，在监视器上观察画面是否偏色。

自动白平衡：摄像机分别对准两种不同色温光源照射下的白平衡测试卡，或在摄像机镜头前加装 3200K 和 5600K 色温转换滤色镜。在监视器上观察偏色的白平衡是否能恢复到原来的白色，观察摄像机自动白平衡的转换速度。

（2）仪器法

将摄像机对准标准色温光源箱的彩条测试卡（如图 2-19 所示），将视频输出信号接入到矢量示波器中，观察显示的 6 个光点是否落在规定的矢量点内，通过各个光点的位置和幅度观察出摄像机拍摄的红、绿、蓝、黄、品、青 6 种颜色是否偏色和色饱和度的大小。

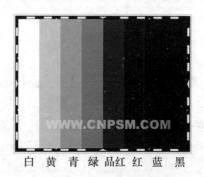

白　黄　青　绿　品红　红　蓝　黑

图 2-19　彩条测试卡

3. 测试时应注意的问题

摄像机白平衡性能，表现为被摄景物在监视器上的色彩还原，这就需要一个前提条件，即监视器不能偏色，否则就无法判定摄像机偏色；使用视频信号测试光碟，向监视器输出一个白场信号，观察荧屏的白色是否偏色。

4. 使用时应注意的问题

选用摄像机时应注意到光源色温的变化和监视器的偏色对显示图像的影响大小，确实影响监控效果了，可以调节监视器上的白平衡调整电路或在摄像机镜头前加装色温调整滤色镜。

应该说，分辨率、最低照度、信噪比和白平衡是摄像机最重要的技术指标，使用时要根据这4项指标，并结合价格高低综合考虑。

任务一　摄像机及辅助设备的安装和调试

一、任务目标

学习镜头、摄像机、云台、支架、解码器等前端设备的结构特点与安装工艺，掌握设备的安装步骤、安装方法和测试调整技术。

二、任务内容

学习视频监控系统前端设备的安装与使用方法，根据镜头、摄像机、云台、支架、解码器等前端设备的安装注意事项，对具体型号设备进行安装和调试。

三、四项子任务

子任务一　镜头的安装与调试

(一) 设备、器材

镜头	1个
电源线	1根
线缆	若干
摄像机	1台
直流12V电源	1个
工具包	1套

(二) 设备安装与调试原理

摄像机镜头是视频监视系统的最关键设备，它的质量（指标）优劣直接影响摄像机的整机指标，因此，摄像机镜头的选择是否恰当既关系到系统质量，又关系到工程造价。

镜头相当于人眼的晶状体，如果没有晶状体，人眼看不到任何物体；如果没有镜头，那么摄像头所输出的图像画面就是白茫茫的一片，这与我们家用摄像机和照相机的原理是一致的。当人眼的肌肉无法将晶状体拉伸至正常位置时，也就是人们常说的近视眼，眼前的景物就变得模糊不清；摄像头与镜头的配合也有类似现象，当图像变得不清楚时，可以调整摄像头的后焦点，改变CCD芯片与镜头基准面的距离（相当于调整人眼晶状体的位置），可以将模糊的图像变得清晰。常用镜头外形如图 2-20 所示。

图 2-20　常用镜头外形图

摄像机应该先配接镜头，才能进行下一步的安装程序。一般根据应用现场的实际情况来选配合适的镜头，如定焦镜头或变焦镜头，固定手动光圈镜头或自动光圈镜头，标准镜头、广角镜头或长焦镜头等。另外，还应注意镜头与摄像机的接口，是 C 型接口还是 CS 型接口。

1. C 型与 CS 型镜头接口

在视频监控系统中使用的镜头是 C 型安装镜头，配有 32 牙螺纹座，为国际标准，此镜头安装部位的口径是 25.4mm，从镜头安装基准面到焦点的距离是 17.526mm。除此之外，大多数摄像机的镜头接口为 CS 型，CS 型图像传感器到镜头之间的距离应为 12.5mm。如图 2-21 所示。

图 2-21　C 型与 CS 型镜头尺寸

提示：用 C 型镜头直接往 CS 型接口摄像机上旋入时极有可能损坏摄像机的 CCD 芯片，要切记这一点，如图 2-22 所示。

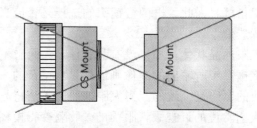

图 2-22　C 型镜头与 CS 接口摄像机

2．装配接口

如图 2-23 所示，把 C 型镜头（如图 2-24 所示）安装到 CS 型接口的摄像机时要增配一个 5mm 厚的接圈（如图 2-25 所示）。把 CS 型镜头（如图 2-26 所示）安装到 CS 型接口的摄像机时不用增配接圈。

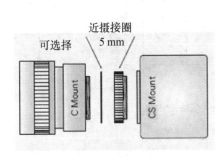

图 2-23　C 型镜头与 CS 接口摄像机之间采用 5mm 垫圈

图 2-24　C 镜头外形图

图 2-25　5mm 的接圈外形图

图 2-26　CS 镜头外形图

镜头装配时请注意以下一些问题：

（1）如果是自动光圈镜头，应将镜头的控制线连接到摄像机的自动光圈接口上。

（2）如果是电动两可变（或三可变）镜头，只需旋转镜头到位而不需校正其平衡状态，要在背焦聚调整完毕后才需最后校正其平衡状态。

（3）如果是自动光圈镜头，对其控制线的接法与电动镜头平衡状态的调整参照其他资料。

3. 常见镜头规格

常见镜头规格尺寸如图 2-27 所示。

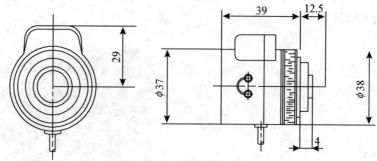

(a) 自动光圈镜头规格尺寸

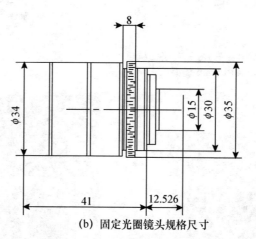

(b) 固定光圈镜头规格尺寸

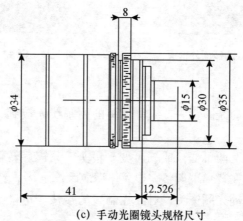

(c) 手动光圈镜头规格尺寸

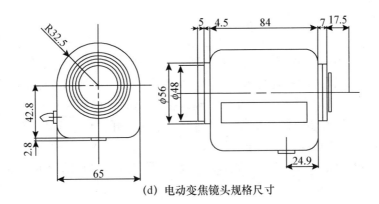

(d) 电动变焦镜头规格尺寸

图 2-27　镜头规格尺寸

4. 镜头选用与安装

镜头选用与安装应遵守以下原则：

（1）摄像机镜头应避免强光直射，保证摄像器件靶面不受损伤。镜头视场内，不得有遮挡监视目标的物体。

（2）摄像机镜头应从光源方向对准监视目标，并应避免逆光安装；当需要逆光安装时，应降低监视区域的对比度。

（3）镜头像面尺寸应与摄像机靶面尺寸相适应。摄取固定目标的摄像机，可选用定焦镜头；在有视角变化的摄像场合，可选用变焦距镜头。

（4）监视目标亮度变化范围高低相差达到 100 倍以上或昼夜使用的摄像机，应选用自动光圈或电动光圈镜头。

（5）当需要遥控时，可选用具有光对焦、光圈开度、变焦距的遥控镜头；电动变焦镜头焦距可以根据需要进行电动控制调整，焦距可以从广角短焦变到长焦，使被摄物体的图像放大或缩小，焦距越长成像越大。

镜头安装示意图如图 2-28 所示。

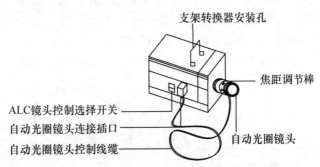

图 2-28　镜头安装示意图

（6）自动光圈镜头的安装步骤如下：

①首先去掉摄像机及镜头的保护盖，然后将镜头对准摄像机上的镜头安装位置，顺时针转动镜头直到将其牢固安装到位。

②然后将镜头的控制线缆方形插头定位销与摄像机侧面的自动光圈插座定位孔对正，插入镜头控制插头并确认插接牢固。将摄像机控制开关置于ALC端。如果安装的镜头是直流控制型，则选择开关置于DC，若是视频控制类型的，则将选择开关置于VIDEO端。

③如果无限大时无法正确地调节对焦，可以拧开调焦圈边上的ADJUST螺丝，通过调节调焦圈来调整焦距。

（7）手动光圈镜头的安装方法。

C型手动镜头的安装方法如下：

①首先拆下设备上的CCD防护盖，用十字螺丝刀拧开调焦圈边上的螺丝，将调焦圈逆时针旋出若干毫米，进行手动镜头聚焦。

②然后用十字螺丝刀拧紧螺丝，将调焦圈固定。

③最后将镜头对准摄像机上的镜头安装位置，顺时针转动镜头直到将其牢固安装到位。

CS型手动镜头的安装方法如下：

①首先拆下设备上的CCD防护盖，用十字螺丝刀拧开调焦圈边上的螺丝，将调焦圈逆时针旋转到底，进行手动镜头聚焦。

②然后用十字螺丝刀拧紧螺丝，将调焦圈固定。

③最后将镜头对准摄像机上的镜头安装位置，顺时针转动镜头直到将其牢固安装到位。

（8）镜头拆卸方法。

镜头拆卸示意图如图2-29所示。操作步骤如下：

①将自动光圈镜头电缆插头从自动光圈镜头连接器上取下。当摄像机为手动光圈镜头时，本步骤省略。

②将镜头按逆时针方向转动，直到拆下镜头。

③最后在已拆卸镜头的摄像机接口上装上CCD防护盖，防止CCD被损坏。

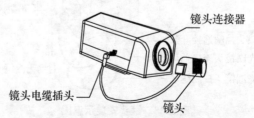

图 2-29　镜头拆卸示意图

（三）任务步骤

1. 根据任务要求列出所需工具，填入表 2-2 中。根据表 2-2 领取实验器材（包括实验工具和电子元件）。

表 2-2　实验设备清单

编号	产品名称	产品型号	单位	数量	备注
1					
2					
3					
4					
5					

2. 分组，以组为单位进行课程练习。

3. 首先去掉摄像机及镜头的保护盖，然后将镜头轻轻旋入摄像机的镜头接口并使之到位。对于自动光圈镜头，还应将镜头的控制线连接到摄像机的自动光圈接口上，对于电动两可变镜头或三可变镜头，只要旋转镜头到位，则暂时不需校正其平衡状态（只有在后焦聚调整完毕后才需要最后校正其平衡状态）。

4. 将摄像机用视频线与监视器连接。

5. 经老师检查接线正确后，通电（注意：一定要检查，防止损坏实验器材）。

6. 镜头光圈及对焦的调整方法及步骤。

（1）关闭摄像机的电子快门及逆光补偿等开关，将摄像机对准欲监视的场景，调整镜头的光圈与对焦环，使监视器上的图像最佳。

（2）如果是在光照度变化比较大的场合，最好配接自动光圈镜头并使摄像机的电子快门开关置于 OFF。如果选用手动光圈，则应将摄像机的电子快门开关置于 ON，并在现场最为明亮（环境光照度最大）时，将镜头光圈尽可能开大，并仍使图像最佳（不能使图像过于发白而过载）。

（3）镜头调整完毕后，装好防护罩并上好支架即可。由于光圈较大，景深范围相对较小，对焦时应尽可能照顾到整个监视现场的清晰度。

（4）当现场照度降低时，电子快门将自动调整为慢速，配合较大的光圈，仍可使图像满意。

提示： 在以上调整过程中，注意光线与镜头光圈的关系。当光线明亮时，应将镜头的光圈尽可能关得比较小，则摄像机的电子快门会自动调在低速，因此仍可以在监视器上形成较好的图像。但当光线变暗时，由于镜头的光圈比较小，而电子快门也已经处于最慢（1/50s），此时的成像将可能一片昏暗。

在以上调整过程中，若不注意在光线明亮时将镜头的光圈尽可能开大，而是关得比较小，则摄像机的电子快门会自动调在低速上，因此仍可以在监视器上形成较好的图像；但当光线变暗时，由于镜头的光圈比较小，而电子快门也已经处于最慢（1/50s）了，此时的成像就可能是昏暗一片了。

7. 调整后焦距。

后焦距也称背焦距，指的是当安装上标准镜头（标准 C/CS 接口镜头）时，能使被摄景物的成像恰好成在 CCD 图像传感器的靶面上，一般摄像机在出厂时，对后焦距都做了适当的调整，因此，在配接定焦镜头的应用场合，一般都不需要调整摄像机的后焦。

在有些应用场合，可能出现当镜头对焦环调整到极限位置时仍不能使图像清晰，此时首先必须确认镜头的接口是否正确。如果确认无误，就需要对摄像机的后焦距进行调整。根据经验，在绝大多数摄像机配接电动变焦镜头的应用场合，往往都需要对摄像机的后焦距进行调整。

后焦距调整的步骤如下：

（1）将镜头正确安装到摄像机上。

（2）将镜头光圈尽可能开到最大（目的是缩小景深范围，以准确找到成像焦点）。

（3）通过变焦距调整（Zoom In）将镜头推至望远（Tele）状态，拍摄 10m 以外的一个物体的特写，再通过调整聚焦（Focus）将特写图像调清晰。

（4）进行与上一步相反的变焦距调整（Zoom Out）将镜头拉回至广角（Wide）状态，此时画面变为包含上述特写物体的全景图像，但此时不能再作聚焦调整（注意：如果此时的图像变模糊也不能调整聚焦），而是准备下一步的后焦调整。

（5）将摄像机前端用于固定后焦调节环的内六角螺钉旋松，并旋转后焦调节环（对没有后焦调节环的摄像机则直接旋转镜头而带动其内置的后焦环），直至画面最清晰为止，然后暂时旋紧内六角螺钉。

（6）重新推镜头到望远状态，看看刚才拍摄的特写物体是否仍然清晰，如不清晰再重复上述第（1）、（2）、（3）步骤。

（7）在望远状态下，如果特写物体已经清楚了，旋紧内六角螺钉，将光圈调整到适当的位置。至此，摄像机和镜头就调试完毕。

8. 调整背焦距。

背焦距是指当安装上标准镜头时，能使被摄景物的成像恰好在 CCD 图像传感器的靶面上。摄像机出厂时，对背焦距都做过调整，故在配接定焦距镜头的应用场合，对摄像机背焦距的调整大多不做要求。

然而，在有些应用场合，当镜头对焦环调整到极限位置时仍可能出现图像不清晰的现象。此时，在明确镜头接口正确无误的情况下，就需要对摄像机的背焦距进行调整。根据经验，在绝大多数摄像机配接电动变焦镜头的应用场合，基本上都需要调整背焦距。

9．调节监视器上的图像呈最佳后，盖好镜头盖。

10．写出设备安装报告书。

（四）习题

1．镜头的作用是什么？有哪些种类？

2．选择镜头的方法有几种？具体的方法如何？

3．在视频监控系统的实际应用中，为什么说在安装调试完后，手动变焦镜头只相当于一个定焦镜头？手动变焦镜头的优点是什么？

子任务二　防护罩与支架的安装与调试

（一）设备、器材

防护罩	1个
支架	1个
线缆	若干
工具包	1套
沉头螺钉与螺母	若干

（二）防护罩与支架的安装

1．防护罩的安装

防护罩的规格尺寸主要如图 2-30 所示。

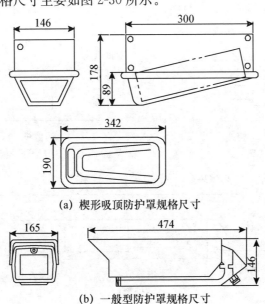

(a) 楔形吸顶防护罩规格尺寸

(b) 一般型防护罩规格尺寸

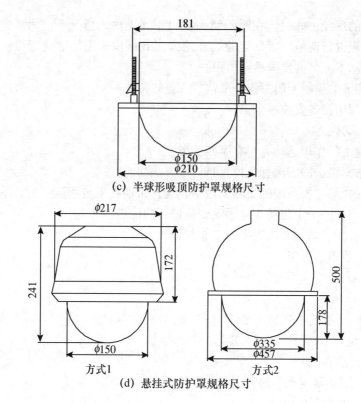

(c) 半球形吸顶防护罩规格尺寸

方式1   方式2

(d) 悬挂式防护罩规格尺寸

图 2-30 防护罩规格尺寸

防护罩的结构如图 2-31 所示。

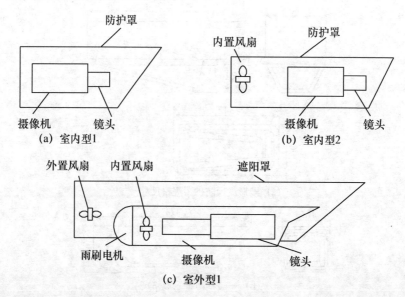

(a) 室内型1   (b) 室内型2

(c) 室外型1

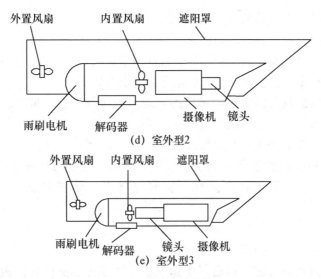

图 2-31　防护罩的结构图

防护罩的安装方法如下：

1）检查安装位置

（1）检查防护罩安装位置的现场情况，防护罩支架安装面应具有足够的强度，安装地点应确保有容纳摄像机防护罩的足够空间，确保防护罩安装完成后能够上下、左右转动，灵活调整摄像机监控范围。防护罩的安装高度以2.5～5m 为宜。

（2）检查防护罩支架安装情况，支架安装应平直，并牢固与安装墙面或其他固定件连接。

（3）检查支架上用于固定防护罩的螺钉与防护罩底座上的螺口是否配套。若螺口与螺钉不匹配，需更换支架上的螺钉。

2）安装防护罩

根据摄像机的安装位置不同，室内防护罩安装方式分为壁装支架安装和吊装支架安装两种。

（1）壁装支架安装室内防护罩

①用螺钉旋具将室内防护罩后盖板的固定螺钉拧下，取下后盖板。

②将防护罩上盖抽出或拧下固定螺钉将上盖取下。

③拧下摄像机固定滑板螺钉，取出固定滑板。

④将防护罩放置在支架安装板上，调整防护罩位置使得防护罩底面安装面与支架安装孔对正。

⑤使用支架上自带的固定螺钉或选配适宜的安装螺钉将室内防护罩底面固定在支架上。

⑥将防护罩上盖装回并用螺钉紧固。

（2）吊装支架安装室内防护罩

①用螺钉旋具将室内防护罩后盖板的固定螺钉拧下，取下后盖板。

②将防护罩上盖抽出或拧下固定螺钉将上盖取下。

③用螺钉旋具将固定防护罩底部安装座的螺钉拧下，将安装座放置在防护罩上盖上面并使安装孔正对，用螺钉紧固。

④将防护罩上盖插回并用螺钉紧固。

⑤将安装在防护罩上盖的安装座螺口与支架上的安装孔对正，用支架自带的固定螺钉或选配适宜的安装螺钉将室内防护罩底面固定在支架上。

⑥将防护罩后盖板装回并用螺钉紧固。

（3）安装室外防护罩

①向上扳起室外防护罩后部锁扣，逆时针旋转半圈松开挂钩，打开防护罩顶盖，气动拉杆可以保持防护罩顶盖始终处于打开状态。

②拧下摄像机固定滑板螺钉，取出固定滑板。

③将防护罩放置在支架安装板上，调整防护罩位置使得防护罩底面固定孔与支架安装孔对正。

④使用支架上自带的固定螺钉或选配适宜的安装螺钉将室外防护罩底面固定在支架上。

（4）安装室外遮阳罩

①向上扳起室外遮阳罩后部锁扣，逆时针旋转半圈松开挂钩，打开防护罩顶盖，气动拉杆可以保持防护罩顶盖始终处于打开状态。

②打开遮阳罩随机安装配件袋，取出遮阳罩安装固定垫柱，将垫柱放置在防护罩上盖外侧，并与防护罩上盖遮阳罩安装孔对正。

③将随机附带的平垫圈套入 M4 螺钉，从防护罩上盖内侧遮阳罩安装孔内穿出并将垫柱固定拧紧。

④关闭防护罩上盖，旋紧锁扣。

⑤将遮阳罩放置在垫柱上，使遮阳罩安装孔与垫柱固定孔对正。

⑥将随机附带的四氟垫套入 M4 螺钉，从遮阳罩外侧将遮阳罩固定在垫柱上并拧紧。

2. 支架的安装

支架用来安装摄像机或内装摄像机的防护罩，所以支架的摄像机安装座必须能调整水平位置和垂直方位。

摄像机支架的规格尺寸如图 2-32 所示。图 2-33 所示是常见支架的安装方式。

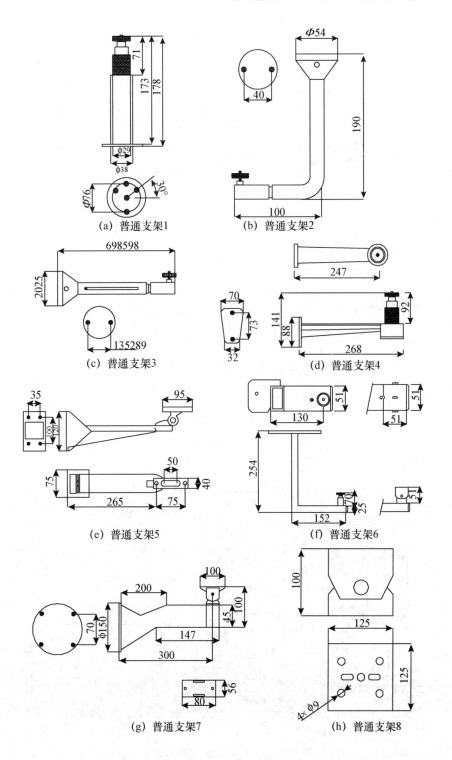

(a) 普通支架1　　　(b) 普通支架2

(c) 普通支架3　　　(d) 普通支架4

(e) 普通支架5　　　(f) 普通支架6

(g) 普通支架7　　　(h) 普通支架8

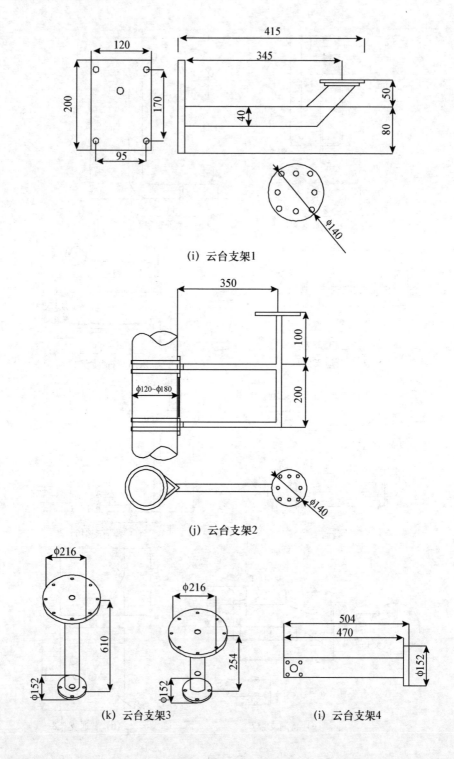

(i) 云台支架1

(j) 云台支架2

(k) 云台支架3

(i) 云台支架4

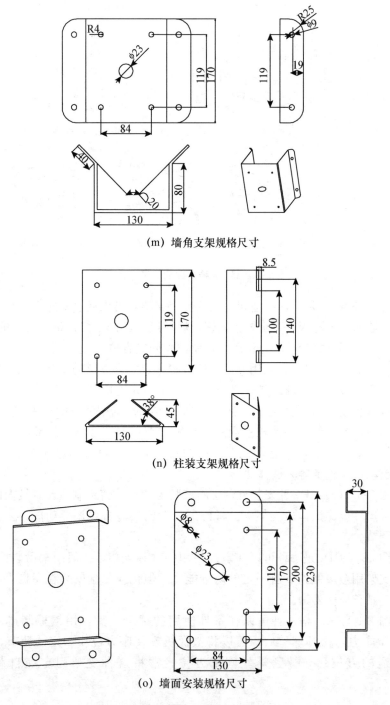

（m）墙角支架规格尺寸

（n）柱装支架规格尺寸

（o）墙面安装规格尺寸

图 2-32　常见摄像机支架的规格尺寸

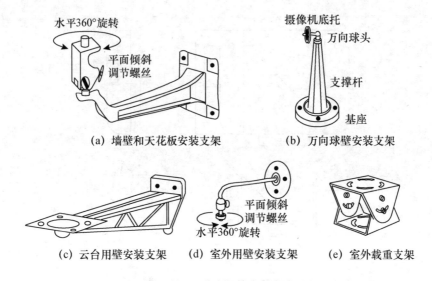

(a) 墙壁和天花板安装支架　　(b) 万向球壁安装支架

(c) 云台用壁安装支架　　(d) 室外用壁安装支架　　(e) 室外载重支架

图 2-33　5 种支架的安装方式

图 2-33（a）是一种墙壁和天花板安装支架，可以通过基座上 4 个安装孔固定在墙壁或天花板上，旋松紧固螺丝后可以自由调节摄像机安装座的水平、垂直方位，调节好合适的方位后，拧紧螺丝固定方位。

图 2-33（b）是一种利用万向球调节水平、垂直方位的壁装支架。摄像机上的螺孔直接与万向球顶端螺丝拧紧，放松中间支撑杆和基座螺纹，万向球可以自由转动，将摄像机调整到合适的方位，拧紧中间支撑杆和基座螺纹，万向球不再能转动，摄像机被固定。必须注意：万向球与其外部的紧固装置要有较大的接触面，才能保证万向球的长期固定；若万向球靠个别点固定，遇有震动，位置就容易被移动。

图 2-33（c）是一种安装云台用的壁装支架，用铸铝制造，有较大的载重能力，尺寸也比摄像机支架大。考虑到云台已具有方位调节功能，云台支架不再调节。

图 2-33（d）是一种可以在室外使用的壁装支架，一般用来吊装摄像机，这种支架用金属制造，有一定的防潮能力，但仍应尽量安装在屋檐下，减少雨淋，延长使用寿命。

图 2-33（e）是一种可以在室外使用的载重支架，用钢板制造，有较大负荷能力，松开螺丝后，可以将摄像机安装座方位作一定的调节，调节好合适的方位后，拧紧螺丝固定方位。常将这种支架固定在自制的基座上。

3. 常见支架的安装方法

1) 壁挂式摄像机支架的安装

(1) 检查支架安装位置

壁挂式摄像机支架如图 2-34 所示。首先根据图样标注找到壁挂式摄像机支架的具体安装位置，然后确认该位置是否具备安装支架的条件，即该位置是否被本系统或其他系统的管路、设备占据；根据图样中摄像机的朝向，在现场以同样的角度观察摄像机的前方是否有障碍物对其监视角度造成阻挡；固定摄像机支架安装后，固定摄像机是否可以在支架上灵活转动方向、有无阻碍等。

图 2-34　壁挂式摄像机支架

(2) 确定安装方法

在确认该位置具备支架安装条件后，检查墙面的材质，选择固定件。安装摄像机的墙面应坚实、牢固。壁挂式摄像机支架在混凝土墙面上安装时可使用塑料胀塞，壁挂式一体化球形摄像机和室外固定摄像机支架在混凝土墙面上安装时，则需要使用金属膨胀螺栓。

如使用金属膨胀螺栓，则墙壁的厚度应足够安装膨胀螺栓，如壁挂安装一体化球形摄像机，墙壁应至少能承受 4 倍球形摄像机的质量。

(3) 检查支架质量

从包装盒中取出壁挂式摄像机支架，检查支架外观是否整洁、光亮，无裂痕、扭曲、掉漆等现象，将生料带放回包装盒，妥善保管，将说明书、合格证统一收存。

(4) 打孔、紧固支架

①混凝土表面安装，将支架安装面与混凝土墙面贴平、摆正位置，用记号笔按照支架安装面的安装孔位在墙面上做出标记。在标记出的位置，采用正确方法打孔、安装塑料胀塞或金属膨胀螺栓。如使用塑料胀塞，对应好安装孔，用自攻螺钉将支架与墙面固定。将十字螺钉旋具抵住自攻螺钉的十字凹槽后，应均匀用力，逐步拧紧。十字螺钉旋具的到头应与自攻螺钉十字凹槽匹配，否则会损伤凹槽，造成滑扣。拧螺钉时，应将各螺钉逐步交叉拧紧。

如使用金属膨胀螺栓，在安装前应先将螺母、弹簧垫圈、垫片等依次拆下，螺栓安好后，将支架按照安装面上的安装孔位套在露出墙面的螺栓根部，再将垫片、弹簧垫圈、螺母等逐一安装在螺栓根部，用扳手紧固。旋紧螺母时，应在各螺母之间交叉进行，逐渐将每个螺母拧紧。支架紧固过程中，应用水平尺找平，如有倾斜，应及时进行调整。

②其他表面安装。如需安装在木质表面，可直接使用自攻螺钉安装，如果木质较厚或木质紧密，可先用比自攻螺钉标称规格小0.5mm左右的钻头钻孔后，再用自攻螺钉将支架紧固。如需安装在金属表面，可使用普通螺钉或自攻螺钉安装，如使用普通螺钉安装，则需要在金属物体表面标出安装孔后，用比丝锥标称规格小0.8mm左右的钻头钻孔，然后用丝锥攻螺纹，攻螺纹完成后，用与丝锥同规格的螺钉将支架紧固。如果金属面较薄，可以用自攻螺钉安装，用比自攻螺钉标称规格小0.5mm左右的钻头钻孔，然后用自攻螺钉直接将支架紧固。

③密封。室外安装的支架在安装完毕后，应用硅胶将支架与墙壁的贴合面密封。

（5）线缆追位

支架安装完毕后，应将线缆定位，为设备安装做准备。首先根据线标找到盘在摄像机前端出线盒附件的摄像机线缆，确定线缆位的路由。根据路由的长度截取包塑金属软管，用马鞍卡、U形卡将包塑金属软管通过锁紧螺母与出线盒相连，用马鞍卡、U形卡将包塑金属软管沿墙面固定。

（6）安装壁挂式摄像机角装支架

在墙角安装支架，应提前根据墙角的角度制作角装支架，如图2-35所示。角装支架的生根平面各使用4个金属膨胀螺栓与墙壁相连，中间平面使用4个金属膨胀螺栓与摄像机支架连接。中间平面的中心有进线孔，线缆从悬空的中间平面的后部进线，穿过线孔进入壁挂式摄像机支架内，从支架安装螺口处穿出。

图2-35 摄像机角装支架

（7）安装壁挂式摄像机柱装支架

如图 2-36 所示，在立柱上安装壁挂式支架，应提前根据立柱的直径制作柱装支架。柱装支架一般由抱箍和支架安装面组成。安装时旋松箍上的螺栓，将箍带的一端拆下来，把箍带包围在立柱的安装位置上，将箍带的一端穿过柱装底座上的条形孔，然后穿入箍套的插孔内，旋紧箍套的锁紧螺栓，将箍带抱紧在立柱上。将电源电缆、通信电缆、视频电缆从柱装底座的中心孔、防水胶垫中心孔、支架中心孔中穿出来，留出足够的接线长度。用 M8 螺丝钉将支架紧固在柱装底座上。安装球机的支柱必须能承受球机、支架及柱装底座重量之和的 4 倍。将电源电缆、通信电缆及视频电缆穿过支架孔，留出足够的接线长度。用 4 个 M8 螺母、垫圈把支架紧固在墙壁上，然后安装摄像机。

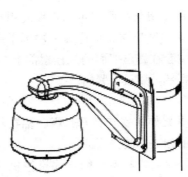

图 2-36　壁挂式摄像机柱装支架安装

2）吸顶式摄像机支架的安装

（1）检查支架安装位置

首先根据图样标注找到吸顶式摄像机支架安装位置，然后确认该位置是否具备安装支架的条件，即该位置是否被本系统或其他系统的管路、设备占据；按照图样中摄像机的朝向，在现场以同样的角度观察摄像机的前方是否有障碍物对其监视角度造成阻挡；固定式摄像机支架安装后，固定摄像机时是否可以在支架上灵活转动，无阻碍等。

（2）确定安装方法

在确定该位置具备支架安装条件后，检查顶面的材质，选择固定件。要求安装吸顶式摄像机的顶面应坚实、牢固。

吸顶式室内固定摄像机支架在混凝土顶面上安装时可以使用塑料膨胀塞；吸顶式一体化球形遥控摄像机和室外固定摄像机支架在混凝土顶面上安装时则需要使用金属膨胀螺栓。

如使用金属膨胀栓，则顶面的厚度应足够安装膨胀螺栓，如吸顶安装一体化球形遥控摄像机，则顶面应至少能承受 4 倍球机的质量。

（3）检查支架品质

从包装盒中取出吸顶式摄像机支架，检查支架的外观是否整洁、光亮、无裂痕、扭曲、掉漆等现象；将生料带放回包装盒，妥善保存；将说明书、合格证统一收存。

（4）打孔、紧固支架

①混凝土顶面安装。

将摄像机支架安装面与混凝土顶面贴平，用记号笔按照支架安装面的安装位置在顶面上作出标记。在标记位置，采用正确的方法打孔，安装塑料膨胀塞或金属膨胀螺栓。如使用塑料膨塞，在将支架安装面与顶面贴平后，对好安装孔，用自攻螺钉将支架与墙面固定。若果使用金属膨胀螺栓，在安装前应先将螺栓上的螺母、弹簧垫圈、垫片等一次拆下。螺栓安装后，将支架按照安装面上的安装孔位套在露出墙面的螺栓根部上，再将垫片、弹簧垫圈、螺母等逐一安装在螺栓根部，用扳手紧固。

②其他顶面安装。

室内固定式摄像机支架如需安装在石膏板、铝扣板、隔栅吊顶上，参照吸顶式报警探测器支架的相关安装方法进行。

由于一体化球形遥控摄像机和室外固定式摄像机（含防护罩）的质量较重，吸顶安装时一般使用金属膨胀螺栓，而不使用承载力较轻的塑料膨胀塞。如果由于安装面材质或其他问题确实不具备安装金属膨胀螺栓条件的，应结合现场实际条件采取特殊的加固措施。

③密封。

室外安装的吸顶摄像机支架在安装完毕后，应用硅胶将支架与顶面的贴合面密封。

（5）线缆定位

吸顶式摄像机支架安装完后，应将线缆定位，为设备安装做准备。首先根据线标找到盘在摄像机前端出线盒附近的摄像机线缆，确定线缆定位的路由。根据路由的长度截取包塑金属软管，并将线缆穿入包塑金属软管，包塑金属软管通过锁紧螺母与出现盒相连。

对于无吊顶的情况，用马鞭卡、U 形卡等将包塑金属软管沿顶面固定；如果是固定式摄像机支架，应将线缆敷设至靠近摄像机安装后防护罩进线口的位置，并留有 1m 左右的余量，待设备安装时根据需要裁减；如果是一体化球形遥控摄像机支架，应将线缆敷设至吸顶支架底座的缺口处，将线缆从缺口穿入，从底座中央传出。

有吊顶时，将包塑金属软管敷设至吊顶内吸顶式摄像机支架的上方，将摄像机线缆通过吊顶上的出线孔，穿入支架内，从摄像机支架的出线孔穿出。

3）安装嵌入式摄像机支架

（1）检查支架安装位置

首先根据图样标注找到嵌入式摄像机支架的安装位置，再次确认该位置是否具备安装支架的条件，即该位置是否被本系统或其他系统的管路、设备占据；按照图样中摄像机的朝向，在现场以同样的角度观察摄像机的前方是否有障碍物对其监视角度造成阻挡；吊顶内的空间是否满足嵌入式摄像机支架的安装要求；吊顶上开洞是否具备条件等。

（2）确定安装方法

在确定该位置具备支架安装条件后，检查顶面的材质，确定开洞使用的工具，确定是否需要在吊顶内设立额外的支撑。安装嵌入式摄像机的顶面应坚实、牢固。如安装嵌入式半球遥控摄像机，顶面应至少能承受 4 倍球机的质量。

（3）检查支架品质

从包装盒中取出嵌入式摄像机支架，检查支架的外观是否整洁、光亮，无裂痕、扭曲、掉漆等现象；将说明书、合格证统一收存。

（4）按照支架尺寸开洞

取出包装内开洞模板，将模板与顶面安装位置贴平，用记号笔按照模板图样在顶面上做出标记。根据吊顶材质，选择不同的工具，按照标记出的位置开洞。

在开洞前应按照标记反复核对吊顶上方的空间条件是否满足支架安装要求，并确认开洞位置不会与吊顶的主龙骨发生交叉。

对于石膏板吊顶使用锯条即可，铝扣板等可使用曲线锯等电动工具。开洞时应随时保证锯条与顶面垂直。开洞过程中如遇到吊顶的辅助龙骨，可以进行切断。

开洞完成后，应使用半圆锉将洞口的毛刺等搓掉，以保证洞口平直、光滑。

如果嵌入式摄像机支架没有配备开洞模板，可以直接将支架的安装面与顶面贴平，用记号笔沿支架的安装面的外轮廓在吊顶上做开洞标记。

（5）固定支架

①安装压块式支架。将压块式摄像机支架嵌入吊顶内，使其法兰面紧贴

吊顶平面，用螺钉旋具旋转锁紧压块（每个支架一般有 2～3 个压块）的长螺栓，使压块逐渐压向吊顶板，同时压块会逐渐向外伸展。最后压块与支架的法兰面一上一下将嵌入式摄像机支架紧固在吊顶上。如果吊顶由于材质单薄等原因，不能直接承受压块压力的，应在吊顶上加装垫片，使压块的压力作用在垫片上，通过垫片和支架的法兰面将支架紧固在吊顶上。

②安装垫板式支架。将垫板式安装的摄像机支架嵌入吊顶内。使其法兰面紧贴吊顶平面。按照支架法兰面的安装孔位，用记号笔在顶面上做出标记，然后卸下支架。先根据支架安装孔的大小以及吊顶的厚度选择需要使用的螺栓，选择与螺栓直径相同的钻头，在安装孔位置开穿透孔。将垫片板放入吊顶内，使垫板上的安装孔与吊顶的穿透孔对齐。使用长螺栓从吊顶内穿过垫板上的安装孔和吊顶的穿透孔，使螺栓端部在吊顶平面下露出。再次将支架潜入吊顶内，使螺栓端部穿过支架法兰面的安装孔。用螺母将嵌入式摄像机支架紧固在吊顶上。

（6）线缆定位

嵌入式摄像机支架安装完后，应将线缆定位，为设备安装做准备。首先根据线标找到盘在摄像机前端出线盒附近的摄像机线缆。根据路由的长度截取包塑金属软管，并将线缆穿入包塑金属软管，包塑金属软管通过锁紧螺母与出现盒相连。将线缆敷设至靠近摄像机支架的上方，将摄像机线缆穿入支架内，线缆在支架内留有 0.5m 左右的余量，待设备安装时根据需要裁减。包塑金属软管通过锁紧螺母与嵌入式支架紧密连接。

4）安装悬挂式摄像机支架

吸顶式一体化球形遥控摄像机支架底座的长度很短，无法满足球形遥控摄像机对监控视角的要求，因此需要安装悬挂式延长支架，即在支架底座上安装悬挂式吊杆。悬挂式吊杆支架按照吊杆的直径大小分为粗杆和细杆，按照吊杆的长度又有长杆和短杆之分。

室外安装的一体化球形遥控摄像机，如壁挂式支架不能满足遥控摄像机对监控视角的要求，则需要安装悬挂式支架。

悬挂式伸展支架的样式很多，主要特点是支架中央有供外悬吊杆插入的套筒和禁锢吊杆的紧定螺钉等。

①先按照正确的方法将特制的壁挂式摄像机支架安装在墙面上，然后旋松支架套筒侧面的紧固螺钉。

②将伸展式吊杆支架插入套筒内，调整好方向，拧紧紧固螺钉。

③线缆追位时将线缆敷设至套筒内吊杆的安装端，通过吊杆内的带线将线缆从吊杆的安装端穿出。

（三）任务步骤

1. 防护罩的安装

安装步骤如下：

（1）打开护罩上盖板和后挡板；

（2）抽出固定金属片，将摄像机固定好；

（3）将电源适配器装入护罩内；

（4）复位上盖板和后挡板，理顺电缆，固定好，装到支架上；

（5）将摄像机用视频线与图像测试仪连接，用测试仪查看图像质量；

（6）将摄像机用视频线与监视器连接，接通摄像机、监视器电源，一边观察一边调整镜头焦距、光圈、聚焦，直到监视器上的图像最佳。

2. 支架的安装

以球形摄像机支架为例进行安装，球形摄像机支架的安装主要有壁装、墙角装、柱杆装、墙面装、吊装等方式。实训要求选择其中一种方式进行安装。步骤如下：

①根据支架安装孔位钻孔。用支架做样板，画出钻孔的中心位置。用冲击电钻在安装表面上钻 4 个 M8 金属膨胀螺栓的安装孔，装上膨胀螺栓 M8。

②安装壁挂支架。将电源线、控制线以及视频组合线缆从支架引出，将壁挂支架固定在墙面上。用 4 颗六角螺丝垫上弹簧垫圈后穿过壁装支架和橡胶垫后旋入墙角装支架，将壁装支架和高速球固定于墙角装支架上，再在出线孔上打上玻璃胶密封防水。

③安装外罩组件与机芯球罩等。

注意：打胶前先确认出线有足够的长度。

（四）习题

1. 防护罩、支架各有什么作用？

2. 简述防护罩的分类。

3. 简述安装壁挂式支架的基本步骤。

4. 简述安装嵌顶式摄像机支架的基本步骤。

子任务三　摄像机的安装与调试

（一）设备、器材

网络摄像机	1 台
枪式摄像机	1 台
一体化摄像机	1 台
监视器	1 台
电源线	若干

视频线	若干
控制线缆	若干
12V 直流电压源	1 个
交流电压源	1 个
工具包	1 套

（二）摄像机安装与调试

从理论上讲，摄像机使用方法简单，只需装好镜头、视频电缆等设备，通电即能使用。但在实际使用中，若不能按正确的操作步骤安装，并调整摄像机和镜头的状态，就无法达到预期的效果。

在满足监视目标视场范围要求的条件下，其安装高度：室内离地不宜低于 2.5m；室外离地不宜低于 3.5m。摄像机及其配套装置，如镜头、防护罩、支架、雨刷等，安装应牢固，运转应灵活，应注意防破坏，并与周边环境相协调。在强电磁干扰环境下，摄像机安装应与地绝缘隔离。信号线和电源线应分别引入，外露部分用软管保护，并不影响云台的转动。电梯厢内的摄像机应安装在厢门上方的左或右侧，并能有效监视电梯厢内乘员面部特征。

1. 摄像机的安装方法

首先，摄像机应该先配接镜头，才能进行下一步的安装程序。一般根据应用现场的实际情况来选配合适的镜头，如定焦镜头或变焦镜头，手动光圈镜头或自动光圈镜头，标准镜头、广角镜头或长焦镜头等。另外，还应注意镜头与摄像机的接口，是 C 型接口还是 CS 型接口。

图 2-37 是室内摄像机的不同安装方法。图 2-38 是带电动云台摄像机的安装方法。图 2-39 是球形摄像机安装方法。图 2-40 是摄像机在杠上的安装方法。图 2-41 是摄像机在柱上安装方法。图 2-42 是摄像机在彩钢板上的安装方法。

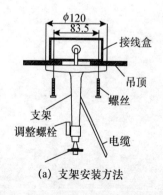

(a) 支架安装方法

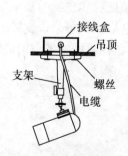

(b) 室内固定摄像机吊装方法

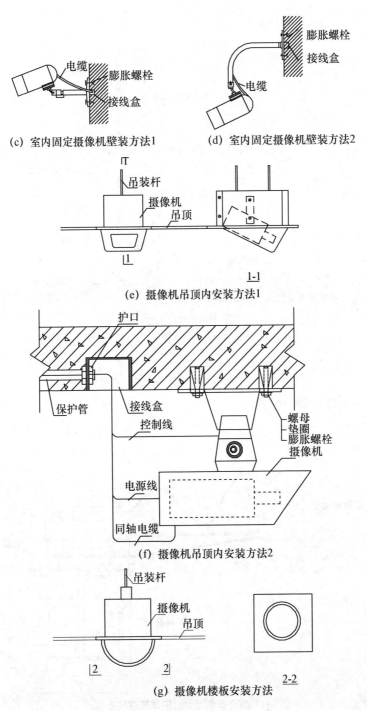

(c) 室内固定摄像机壁装方法1　　(d) 室内固定摄像机壁装方法2

(e) 摄像机吊顶内安装方法1

(f) 摄像机吊顶内安装方法2

(g) 摄像机楼板安装方法

图 2-37　室内摄像机的安装方法图

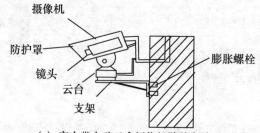

（a）室内带电动云台摄像机壁装方法1

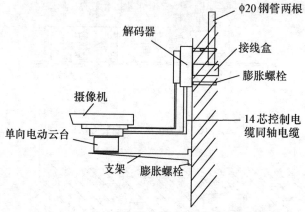

（b）室内带电动云台摄像机壁装方法2

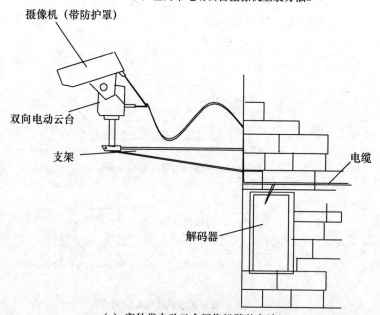

（c）室外带电动云台摄像机壁装方法3

图 2-38　带电动云台摄像机的安装方法图

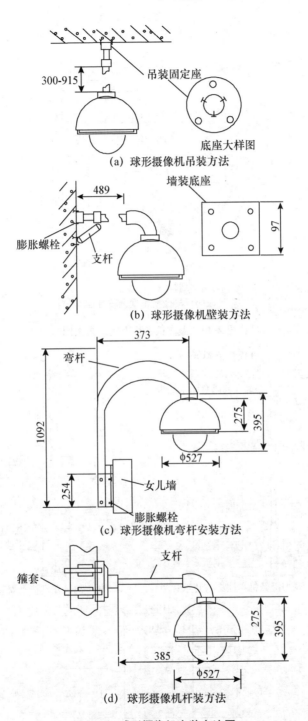

300-915

吊装固定座

底座大样图

(a) 球形摄像机吊装方法

489

墙装底座

97

膨胀螺栓

支杆

(b) 球形摄像机壁装方法

373

弯杆

1092

275

395

φ527

254

女儿墙

膨胀螺栓

(c) 球形摄像机弯杆安装方法

支杆

箍套

275

395

385

φ527

(d) 球形摄像机杆装方法

图 2-39　球形摄像机安装方法图

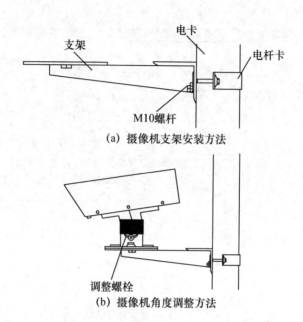

（a）摄像机支架安装方法

（b）摄像机角度调整方法

图 2-40　摄像机在杆上安装方法图

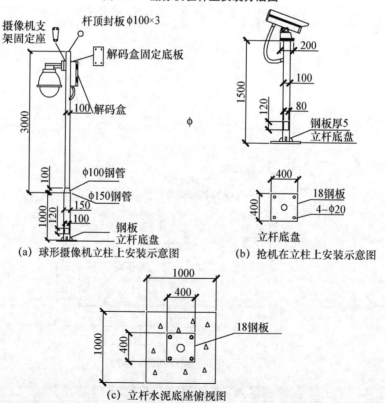

（a）球形摄像机立柱上安装示意图　　（b）抢机在立柱上安装示意图

（c）立杆水泥底座俯视图

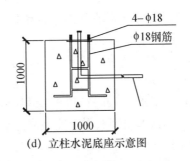

(d) 立柱水泥底座示意图

图 2-41　摄像机在柱上安装方法图

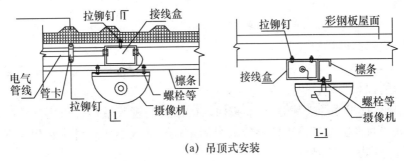

(a) 吊顶式安装

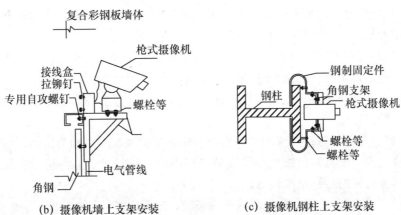

(b) 摄像机墙上支架安装　　　　　(c) 摄像机钢柱上支架安装

图 2-42　摄像机在彩钢板上安装方法图

1）安装定焦摄像机

定焦摄像机安装步骤如下：

（1）向上扳起防护罩后部锁扣，逆时针旋转半圈松开挂钩，打开防护罩顶盖，气动拉杆可以保持防护罩顶盖始终处于打开状态。

（2）拧下摄像机固定滑板螺钉，取出固定滑板。

（3）若镜头焦距可调节，将焦距调至最大长度。

（4）根据滑板在防护罩内的可调节范围，将摄像机放置在滑板尽量靠前的位置，以便摄像机镜头尽可能靠近防护罩玻璃窗。

（5）将平垫片及弹簧垫圈穿入专用螺钉，从滑板下面穿过长条孔，拧入摄像机底部的固定座螺口内并紧固。

（6）将固定好摄像机的滑板放入防护罩滑动槽内，滑动滑板调节摄像机在防护罩内的前后位置，是摄像机镜头尽可能地靠近护罩玻璃窗。

（7）确定摄像机在防护罩内的最佳位置，用螺钉将滑板紧固在防护罩内。

（8）逆时针方向旋开防护罩底部的进线口线卡，将电源线、视频线穿入防护罩内。

（9）确定穿入防护罩内的线缆长度能够满足设备连接需要，顺时针旋紧防护罩底部的进线口线卡。

（10）根据摄像机在防护罩内的固定位置，并留出 100mm 线缆余量，裁掉多余的视频线缆，焊接 BNC 插头。

（11）把焊好的视频 BNC 插头插入摄像机的视频输出插座内（将插头的两个缺口对准摄像机视频插座的两个固定柱，插入后顺时针旋转到位即可），确认固定牢固、接触良好。

（12）将电源线缆牢固压接在摄像机电源输入端子上，或将电源线缆与摄像机电源输入电缆可靠焊接并用电工绝缘胶带绑好。

（13）若需要安装电源适配器，将电源线缆可靠接入电源适配器的电源输入端，将电源适配器的电源输出插头插入摄像机的电源插口或端子压接、线缆焊接，并确认牢固。电源线缆连接完毕后，采用适当的措施将电源适配器固定在防护罩内。

（14）若室外防护罩选配了加热器、除霜器、风扇、雨刷等附件，将电源线缆或电源适配器输出线缆压接在防护罩内的接线排上，并保证对摄像机及防护罩各附件的可靠电源供给。

（15）整理防护罩内的电源线、视频线，理顺线缆并绑扎固定。

（16）将防护罩上盖盖好，顺时针旋转锁扣紧固挂钩。

2）安装室内吸顶半球形定焦摄像机

（1）检查安装部位吊顶情况

检查安装部位吊顶的材质和坚固情况，如吊顶不够坚实，在施工过程中应采取加固措施。

（2）安装室内吸顶半球形定焦摄像机

①将摄像机安装贴纸放置在拟定的安装位置并与吊顶贴平，用记号笔标记安装孔位和出线孔位。

②用适宜的钻头在吊顶上钻安装孔和出线孔。

③将吊顶内的摄像机线缆从出线孔穿出。

④打开室内吸顶半球形定焦摄像机机盒，取出摄像机。

⑤将半球形防护罩和摄像机机身反向旋转，听到开扣声后，用手轻压防护罩扣位，使防护罩与机身分离，取出防护罩并放入包装盒内妥善保管。

⑥将从吊顶出线孔穿出的摄像机线缆穿入摄像机机身进线孔，并将摄像机底座安装孔、进线孔与吊顶上的安装孔、出线孔对正，用适宜的螺钉将摄像机机身紧固在吊顶板上。

⑦若摄像机连接线缆为端子压接式，将视频线、电源线剥头镀锡后可靠压接在相应的端子上。

若摄像机接线线缆为插头式，在固定摄像机机身前先制作与摄像机视频电源插座相适应的插头，将对应的插头可靠插接并用电工绝缘胶带绑扎牢固，将插接头与多余的线缆顺吊顶出线孔退回到吊顶板上的接线盒内，然后用适宜的螺钉将摄像机机身紧固在吊顶上。

⑧将半球形防护罩两端的扣耳对正摄像机机身扣位的宽阔部分，向上推入并顺时针方向旋转防护罩，使防护罩的扣耳完全扣合在机身的狭窄部分，同时会听到清脆的合扣声。

⑨安装完成后，用手轻拉防护罩，检查装配的可靠性。

3）安装室外球形一体化摄像机

（1）检查安装位置及支架

①检查室外球形一体化摄像机安装位置的现场情况，安装地点应有容纳摄像机及其安装构件的足够空间。

②检查安装位置的建筑结构及支架的承受能力，确认安装摄像机的墙壁、支架具有能够支持摄像机及其安装构件 4 倍总质量的承载能力。

③检查支架安装质量，支架安装应平直、牢固。

（2）安装室外球形一体化摄像机

根据室外球形一体化摄像机安装位置、监控范围的不同，常见的安装方式有壁挂安装、抱柱安装、抱角安装、悬吊安装、扶墙安装等。

①安装上罩。在摄像机上罩连接座的螺纹处紧密缠绕足够的（至少两圈）生料带，将支架接口内穿出的视频线、控制线、电源线等线缆穿过摄像机上罩。用螺钉将支架螺口内侧的 M4 螺钉拧松（不需完全退出，但应不影响上罩连接座的螺纹正常旋入），将摄像机上罩连接座的螺纹与支架的螺口对正，沿逆时针方向将上罩旋紧到支架上，并将支架螺口内侧的 M4 螺钉拧紧。

②连接线缆。从随机附件装端子套件的袋中取出电源线、RS485 控制线

的插头及视频连接线，将插头压接或线缆焊接牢固后插入转接板相应位置。

③连接下罩。取下上罩内侧的 M3 螺钉上的螺母，将下罩保险绳的环扣套入上罩内侧的螺钉，然后拧紧 M3 螺母。

④安装机芯。将摄像机机芯从包装箱中取出，检查机芯有无损坏和异常；用螺钉旋具旋松上罩连接桥上螺钉，将机芯机板的安装孔套入螺钉头并旋转到尽头，拧紧螺钉（若机芯与上罩为卡接方式，只需根据机芯两侧扣耳及上罩卡接槽上的标注对正插入到底即可，并确认机芯卡接牢固）；将上罩连接桥电路板上的 RJ45 插头插入机芯侧面电路板的相应插座上，确认插头插接牢固。

⑤安装下罩。在下罩侧面的密封圈上均匀涂抹一层随机附带的润滑脂。若上罩侧面的两个安装孔为椭圆形孔，则先取下下罩侧面的两个螺钉，然后将两个螺纹孔与上罩侧面的两孔对准，向上推入下罩，并拧紧两侧螺钉。若上罩侧面的两个安装孔为 Ω 形孔，则先将下罩的两个螺钉旋松后与上罩侧面的两个 Ω 形孔对准，向上推入下罩，并拧紧两侧螺钉。

4）安装嵌入式室内球形一体化摄像机

（1）检查摄像机安装位置

检查室内球形一体化摄像机安装位置的吊顶天花结构，确认吊顶天花板至少有 200mm 高的安装空间，天花板厚度应在 5～42mm，天花板至少能承受 4 倍球形摄像机的质量。

若天花板承受能力无法满足安装要求时，必须根据现场情况采取适当的加固措施。

（2）安装嵌入式室内球形一体化摄像机

①在天花板上开孔。从包装箱中取出摄像机上罩开孔图。将开孔图贴平在安装位置的天花板上，以开孔图为模板在天花板上切出相应大小的安装孔。

②引入线缆。调整摄像机上罩外侧三个压块的高度，使压块下端面与上罩法兰面之间的距离稍大与天花板的厚度。把视频、控制、电源线缆分别穿过防水接头和上罩，旋入防水接头的螺母（防水接头上的螺母只旋入但不拧紧）。

③连接线缆。从随机附件装端子套件的袋中取出电源线、RS485 控制线的插头及视频连接线，将插头压接或线缆焊接牢固后插入转接板相应位置。

④固定上罩。将三个压块贴向圆筒外壁，把嵌入上罩装入天花板的圆孔中，使其法兰面紧贴天花板平面。用螺钉旋具旋转压块的长螺栓，使压块压向天花板，随着压块压向天花板时压块会自动张开。压块的下端面和上罩法兰面逐渐将天花板加紧，最后把上罩固定在天花板上。

（3）安装机芯

①将摄像机机芯从包装箱中取出，检查机芯有无损坏和异常。

②用螺钉旋具旋松上罩连接桥上螺钉，将机芯机板的安装孔套入螺钉头并旋转到尽头，拧紧螺钉（若机芯与上罩为卡接方式，只需根据机芯两侧扣耳及上罩卡接槽上的标注对正插入到底即可，并确认机芯卡接牢固）。

③将上罩连接桥电路板上的 RJ45 插头插入机芯侧面电路板的相应插座上，确认插头插接牢固。

（4）安装下罩

将已拧紧的上罩的保险绳另一端用 M3 螺钉拧紧在下载托盘圆周边缘上的塑胶柱上。将下罩上的三角扣对准上罩法兰面上三个相应的弧形长条孔的宽阔处，向上推入并顺时针旋转下罩，使扣角转至弧形长条孔的狭窄处，合扣到位。

5）安装吸顶式室内球形一体化摄像机

（1）检查摄像机安装位置

吸顶式球形一体化摄像机适用于室内环境的硬质天花结构，天花板的厚度应足够安装膨胀螺栓，天花板应具有至少能够支撑 4 倍球形一体化摄像机质量的承载能力。

（2）安装吸顶式室内球形一体化摄像机

①拆分外罩。打开包装，从包装箱中取出外罩。将上罩和下罩向相反的方向旋转，听到开扣声后，用手轻压下罩扣位，使上罩与下罩分离，取出下罩中的内包装、护罩。

②安装上罩。根据摄像机管线路由确定安装位置和出现方式（从上罩的中心孔或侧孔出线）；以上罩为模板，在天花板上确定打孔位置并打孔；先将不小于∅6 的膨胀螺栓装入天花板，再将视频、控制、电源线缆穿过上罩，然后将上罩固定在天花板上。

③连接线缆。从随机附件装端子套件的袋中取出电源线、RS485 控制线的插头及视频连接线，将插头压接或线缆焊接牢固后插入转接板相应位置。

（3）安装机芯

①将摄像机机芯从包装箱中取出，检查机芯有无损坏和异常。

②从上罩连接桥上取出下保险绳下端的钥匙扣，将其扣到机芯机板固定孔中。

③用螺钉旋具旋松上罩连接桥上螺钉，将机芯机板的安装孔套入螺钉头并旋转到尽头，拧紧螺钉（若机芯与上罩为卡接方式，只需根据机芯两侧扣耳及上罩卡接槽上的标注对正插入到底即可，并确认机芯卡接牢固）。

④将上罩连接桥电路板上的 RJ45 插头插入机芯侧面电路板的相应插座上，并确认插头牢固。

（4）安装下罩

将下罩两端的扣耳对正上罩扣位的宽阔部分，向上推入并顺时针方向旋转下罩，是下罩的两个扣耳完全扣合在上罩的狭窄部分，同时听到清脆的扣合声。安装完成后，用手轻拉下罩，检查装配的可靠性。

6）安装壁挂式室内球形一体化摄像机

（1）检查摄像机安装位置及支架

①检查室内壁挂式球形一体化摄像机安装位置的现场情况，安装地点应有容纳摄像机及安装结构件的足够空间。

②检查安装位置的建筑结构及支架的承重能力，确认安装摄像机的墙壁、支架具有能够支撑摄像机及其安装结构件 4 倍总重量的承重能力。

③检查支架安装质量，支架安装应平直、牢固。

（2）安装壁挂式室内球形一体化摄像机

①安装上罩。在摄像机上罩连接座的螺纹处紧密缠绕足够的（至少两圈）生料带，将支架接口内穿出的视频线、控制线、电源线等线缆穿过摄像机上罩。用螺钉将支架螺口内侧的 M4 螺钉拧松（不需完全退出，但应不影响上罩连接座的螺纹正常旋入），将摄像机上罩连接座的螺纹与支架的螺口对正，沿逆时针方向将上罩旋紧到支架上，并将支架螺口内侧的 M4 螺钉拧紧。

②连接线缆。从随机附件装端子套件的袋中取出电源线、RS485 控制线的插头及视频连接线，将插头压接或线缆焊接牢固后插入转接板相应位置。

③连接下罩。取下上罩内侧的 M3 螺钉上的螺母，将下罩保险绳的环扣套入上罩内侧的螺钉，然后拧紧 M3 螺母。

（3）安装机芯

①将摄像机机芯从包装箱中取出，检查机芯有无损坏和异常。用螺钉旋具旋松上罩连接桥上的螺钉，将机芯机板的安装孔套入螺钉头并旋转到尽头，拧紧螺钉（若机芯与上罩为卡接方式，只需根据机芯两侧扣耳及上罩卡接槽上的标注对正插入到底即可，并确认机芯卡接牢固）。

②将上罩连接桥电路板上的 RJ45 插头插入机芯侧面电路板的相应插座上，确认插头插接牢固。

（4）安装下罩

①在下罩侧面的密封圈上均匀涂抹一层随机附带的润滑脂。

②若上罩侧面的两个安装孔为椭圆形孔，则先取下下罩侧面的两个螺钉，然后将两个螺纹孔与上罩侧面的两孔对准，向上推入下罩，并拧紧两

侧螺钉。

③若上罩侧面的两个安装孔为 Ω 形孔，则先将下罩的两个螺钉旋松后与上罩侧面的两个 Ω 形孔对准，向上推入下罩，并拧紧两侧螺钉。

2. 摄像机的安装步骤

摄像机的安装步骤如下：

（1）拿出支架，准备好工具和零部件：涨塞、螺丝、改锥、小锤、电钻等必要工具；按照事先确定的安装位置，检查好涨塞和自攻螺丝的大小型号，试一试支架螺丝和摄像机底座的螺口是否合适，预埋的管线接口是否处理好，测试电缆是否畅通，就绪后进入安装程序。

（2）拿出摄像机和镜头，按照事先确定的摄像机镜头型号和规格，仔细装上镜头（红外摄像机和一体式摄像机不需安装镜头），注意不要用手触碰镜头和 CCD，确认固定牢固后，接通电源，连通主机或现场使用监视器、小型电视机等调整好光圈焦距。

（3）拿出支架、涨塞、螺丝、改锥、小锤、电钻等工具，按照事先确定的位置，装好支架。检查牢固后，将摄像机按照约定的方向装上；（确定安装支架前，最好先在安装的位置通电测试一下，以便得到更合理的监视效果）。

（4）如果是安装在室外或室内灰尘较多场所，则需要安装摄像机护罩，在第二步后，直接从这里开始安装护罩。

①打开护罩上盖板和后挡板；

②抽出固定金属片，将摄像机固定好；

③将电源适配器装入护罩内；

④复位上盖板和后挡板，理顺电缆，固定好，装到支架上。

（5）把焊接好的视频电缆 BNC 插头插入视频电缆的插座内（用插头的两个缺口对准摄像机视频插座的两个固定柱，插入后顺时针旋转即可），确认固定牢固、接触良好。

（6）将电源适配器的电源输出插头插入监控摄像机的电源插口，并确认牢固度（注意摄像机的电源要求：一般普通枪式摄像机使用 500～800mA、12V 电源，红外摄像机使用 1 000～2 000mA、12V 电源，请参照产品说明选用适合的产品）。

（7）将电缆的另一头按同样的方法接入控制主机或监视器（电视机）的视频输入端口，确保牢固、接触良好（如果使用画面分割器、视频分配器等后端控制设备，请参照具体产品的接线方式进行）。

（8）接通监控主机和摄像机电源，通过监视器调整摄像机角度到预定范围，并调整摄像机镜头的焦距和清晰度，进入录像设备和其他控制设备调整工序。

3. 电源与信号线的连接

摄像机的供电电源一般为直流 12V，也有的为交流 24V 或交流 220V。在实际应用中，特别要注意电源电压，而直流供电摄像机还应注意电源极性，以免烧毁摄像机。有些摄像机可自动识别直流 12V 和交流 24V，但不能直接接 220V 交流电。对 12V 供电的摄像机来说，应通过 AC 220V 转 DC 12V 的电源适配器，将 DC12V 输出插头插入摄像机的电源插座或接线端子。

摄像机的电源插座一般都是内嵌式的针型插座，电源适配器的输出插头为套筒型，这种插头座使用起来比较方便，不需要旋动接线端子上的螺钉。

通常视频信号是通过摄像机后板上的 BNC 插座引出，用具有 BNC 插头的 75Ω 同轴电缆，一端接入摄像机视频输出（Video Out）插座，另一端接到监视器上。接通电源并打开监视器，便可看到摄像机摄取的图像并听到现场声音。

4. 摄像机的调试

将摄像机视频信号接入监视器，调节摄像机使图像达到最佳状态。

技能训练一　室外中速智能球机的安装与调试

（一）设备、器材

室外中速智能球机 DH-SD4150-H	1 台
电源线	1 根
交流 24V 电源	1 个
监视器	1 台
视频线	若干
控制线	若干
工具包	1 套

（二）设备操作说明

1. 协议、波特率、地址设置

在对球机进行控制前，必须先设置球机所使用的协议、波特率、地址号，在完成这些设置后，球机才会响应对其的控制命令。具体操作为拿出球机机芯，可看见主板上的拨码开关，可按下面的方法设置球机协议、波特率、地址等。相关信息重新设置后，必须先将球机断电再重新上电后，新的设置才生效。球机机芯底座如图 2-43 所示。

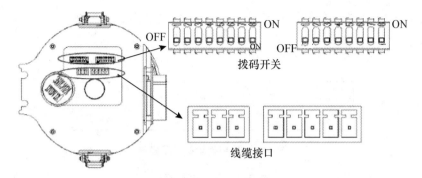

图 2-43　球机机芯底座示意图

协议		波特率		奇偶			120Ω
1	2	3	4	5	6	7	8

图 2-44　球机协议、波特率等标签示意图

图 2-44 中，1～8 位拨码号中的 1～2 位为协议类型设置位，3～4 位为波特率设置位，5～6 位为奇偶校验设置位，第 7 位为预留位，第 8 位为 120Ω 匹配电阻设置位，ON 为连接 120Ω 匹配电阻。协议、波特率、奇偶校验设置分别见表 2-3、表 2-4 和表 2-5。

表 2-3　通信协议设置表

1	2	通信协议
OFF	OFF	DH－SD
ON	OFF	PELCO－D
OFF	ON	PELCO－P
X	X	保留

表 2-4　波特率设置表

3	4	波特率
OFF	OFF	9 600bps
ON	OFF	4 800bps
OFF	ON	2 400bps
ON	ON	1 200bps

表 2-5　奇偶校验设置表

5	6	奇偶校验
OFF	OFF	NONE（无校验）
ON	OFF	EVEN（校验）
OFF	ON	ODD（奇校验）
ON	ON	NONE（无校验）

球机利用拨码开关设置地址号，编码方式采用二进制编码，如图 2-45 所示。1～8 位为有效位，最高地址位为 255，地址号的设置方法请参见表 2-6。

地址								
1	2	3	4	5	6	7	8	

图 2-45　球机地址标签示意图

表 2-6　地址位设置表

地址	1	2	3	4	5	6	7	8
1	ON	OFF	OFF	OFF	OFF	OFF	OFF	OFF
2	OFF	ON	OFF	OFF	OFF	OFF	OFF	OFF
3	ON	ON	OFF	OFF	OFF	OFF	OFF	OFF
4	OFF	OFF	ON	OFF	OFF	OFF	OFF	OFF
5	ON	OFF	ON	OFF	OFF	OFF	OFF	OFF
6	OFF	ON	ON	OFF	OFF	OFF	OFF	OFF
7	ON	ON	ON	OFF	OFF	OFF	OFF	OFF
8	OFF	OFF	OFF	ON	OFF	OFF	OFF	OFF
…	…	…	…	…	…	…	…	…
254	OFF	ON	ON	ON	ON	ON	ON	ON
255	ON	ON	ON	ON	ON	ON	ON	ON

2. 线缆连接

球机电源板上有视频、RS485 线缆及电源接口。将电源线连接至球机电源板的电源插头处，将 RS485 控制线缆连接至球机电源板的 485 接口处，如图 2-46 所示，电源接口如图 2-47 所示。球机的 RS485、视频接口功能如表 2-7 所示，电源接口功能如表 2-8 所示。

485			GND	VIDEO
B	GND	A		

图 2-46　RS485、报警接口及视频接口示意图

AC24V	EARTH	AC24V

图 2-47　电源接口示意图

表 2-7 RS485、视频接口功能表

接口名称		功能描述
485	A	485-A 接口，用于控制球机内部云台
	B	485-B 接口，用于控制球机内部云台
	GND	接地端
VIDEO	GND	接地端
	VIDEO	视频输出端

表 2-8 电源接口功能

接口名称	功能描述
AC24V	AC24V 电源接口，连接电源线
EARTH	接地端
AC24V	AC24V 电源接口，连接电源线

3. 系统连接

球机的连接方式主要有总线型与星型两种。注意 RS485 请使用屏蔽双绞线，屏蔽层必须切实连接 GND，如不连接 GND 可能会干扰通信或影响视频正常工作。

（1）总线连接

总线连接有两种方式，如图 2-48 所示。

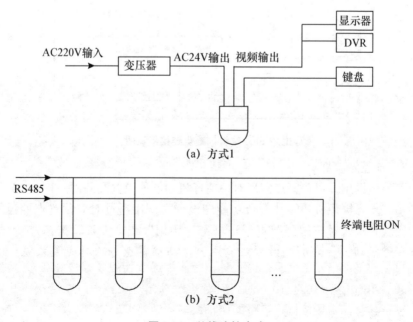

(a) 方式1

(b) 方式2

图 2-48 总线连接方式

（2）星型连接

星型连接如图 2-49 所示。

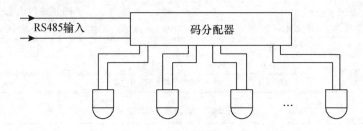

图 2-49　星型连接方式

4. 键盘连接

可以通过键盘对球机内摄像机、云台进行操作控制，并能实现显示与控制同步，每台键盘最多可同时控制 255 台球机，具体连接方法如图 2-50 所示。

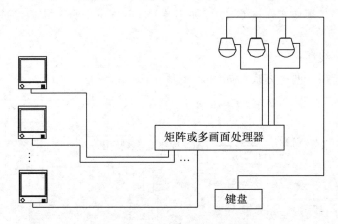

图 2-50　球机与键盘连接示意图

5. 预置点调用

可通过调用球机预置点实现对中速球机功能的设置及调用。1～80 为可设置的预置点，摄像机功能及云台功能的设置及调用通过对应预置点的设置及调用实现，输入对应的预置点号，点击"调用"或"设置"按钮进行设置，具体摄像机和云台功能的设置及调用方法与预置点号的对应关系见产品说明书。

6. 常见故障

常见故障如表 2-9 所示。

表 2-9 常见故障表

问题现象	原因	修理对策
上电后，不自检，无图像	如果电源板上红色 LED 不亮： 1. 24V 交流电源未连接到电源板的插座上或接触不良 2. 市电断电或变压器故障	1. 检查 24VAC 电源是否连接，确保插座体接触良好 2. 检查市电供电是否正常，24VAC 变压器是否正常工作
	如果电源板上红色 LED 亮： 1. 24VAC 变压器输出电压过低 2. 电源板故障	1. 用万用表测量球机端负载电压，如果低于 24VAC，则超出球机工作电压范围 2. 与供应商联系，更换电源板
自检无法进行，或伴有噪声	电源功率不够	更换符合要求的电源
	机械故障	需检修
自检动作正常，但无图像	线路接触不良	重新接线
	线路接错	重新接线
	视频切换器接错线或操作不当	按说明书正确接线、操作
自检成功但无法操作球机	控制板线接反或开路	检查控制线的接线，确保接线正确并接触良好
	球机地址或协议波特率没有设置正确	参照说明书重新设置
高速旋转时图像丢失	电源功率不够	更换符合要求的电源
图像不稳定	线路接触不良	重新接线
	视频切换器或电路故障	需检修
画面模糊	聚焦在手动状态	操作球机
	球罩脏	清洗球罩
当在摄像机之间切换时，在监控器上出现垂直方向的滚动	摄像机电源不同相位	如果将几个球机连接到同一台变压器上，在每台球机的电源上的连接方式要相同，即变压器一端的出线必须连接到每台球机的相同侧的接线柱上

7. 安装方式

室外中速智能球机安装方式包括壁挂安装以及吊顶安装。其中，壁挂支架配合外墙角支架、墙面装支架以及柱装支架可用于墙角、墙面以及电线杆（柱子）等安装场合。

（1）球机安装组件

球机主要由透明罩（如图 2-51 所示）、机芯（如图 2-52 所示）、外部组件（如图 2-53 所示）、球机电源及相关安装附件组成。

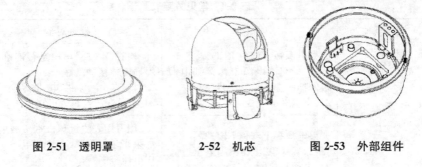

图 2-51 透明罩　　　　2-52 机芯　　　　图 2-53 外部组件

（2）高速球安装支架

为了便于安装，高速球具有各种安装支架和安装方式。主要有壁挂支架、墙角装支架、柱（杆）装支架、墙面装支架、吊装安装支架。具体支架如图2-54 所示。

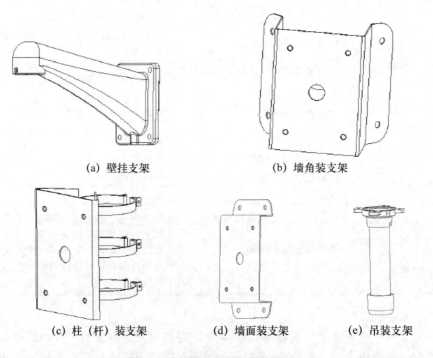

(a) 壁挂支架　　　　　　　　　(b) 墙角装支架

(c) 柱（杆）装支架　　　(d) 墙面装支架　　　(e) 吊装支架

图 2-54　高速球安装支架外形图

（三）设备安装调试步骤

下面分别以壁挂式、外墙角装、墙面装、柱（杆）装、吊装等方式安装球机。

1. 安装壁挂式球机

壁挂式球机安装步骤如下：

（1）据支架安装孔位钻孔

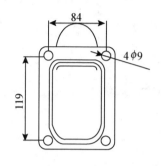

图 2-55　支架安装孔定位图

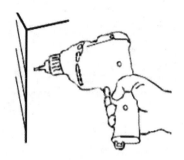

图 2-56　打孔

将壁装支架从包装箱拿出，依据支架的 4 个安装孔为模板（如图 2-55 所示），在墙壁上画出打孔位置。如图 2-56 所示，用钻头在打孔位置开出 4 个膨胀螺钉的安装孔，并装入 4 颗 M8 膨胀螺钉。

（2）安装壁挂支架

如图 2-57 所示，将电源线、控制线以及视频组合线缆从支架引出，将壁挂支架固定在墙面上。

注意：请在支架安装面与墙面之间增加防水密封垫，做好防水措施。

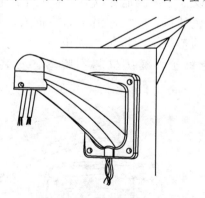

图 2-57　安装支架

（3）安装外罩组件

如图 2-58 所示，将组合线缆从球罩中穿出，并将外罩组件通过螺纹与支架连接，注意，为了防水，必须在连接法兰的螺纹上缠绕防水生料带，同时，用锁紧螺钉将支架和连接法兰锁紧，防止球机松动。

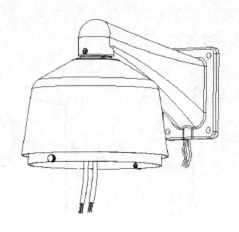

图 2-58　安装外罩组件

（4）设置拨码开关

参照"二、设备操作说明"的"1. 协议、波特率、地址设置"中介绍的方法进行设置。

（5）线缆连接

参照"二、设备操作说明"的"2. 线缆连接"中介绍的方法进行线缆连接。

（6）安装球机机芯

将线缆连接好，设置好拨码地址以后，将两个绿色插头与机芯主板插座连接，用手托住黑色球罩，将机芯沿导向轨推入，通过机芯上的两个卡扣与球罩三脚支架上的塑料倒钩将机芯固定好。为了确保机芯安装到位，可以用手往下拉黑色罩子，确认机芯不脱落。安装好以后，如图 2-59所示。

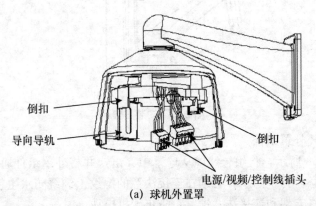

（a）球机外置罩

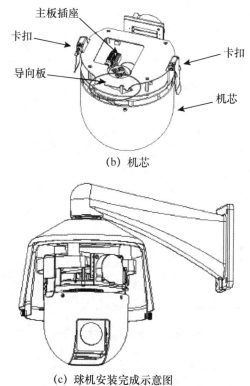

主板插座

卡扣

导向板

卡扣

机芯

(b) 机芯

(c) 球机安装完成示意图

图 2-59 机芯安装

(7) 安装透明球罩

在安装透明球罩之前，给托架上的 O 形密封圈涂上附件中带的润滑脂，然后将钢丝保险绳上的挂钩与托架上的固定端子连接好，根据球罩上的两颗压铆手拧松不脱螺钉的位置，调整托架，使托架上的两个 U 形圆弧槽中心与螺钉的位置大致对齐，双手将托架推入，最后，将两颗螺钉拧紧，这样球机就安装好了，如图 2-60 所示。

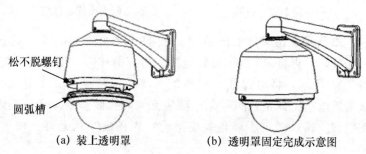

松不脱螺钉

圆弧槽

(a) 装上透明罩

(b) 透明罩固定完成示意图

图 2-60 透明罩固定示意图

2. 安装外墙角装球机

用于墙角安装时需与壁装支架配合使用，如图 2-61 所示。

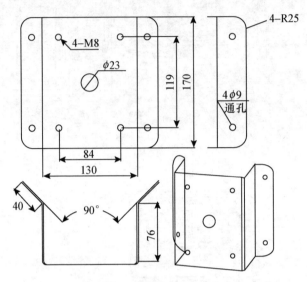

图 2-61　外墙角支架安装尺寸

安装步骤如下：

在安装位置打孔，安装外墙角支架。

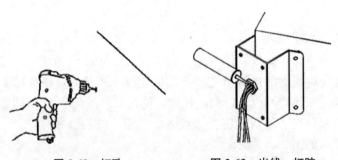

图 2-62　打孔　　　　　　　　图 2-63　出线、打胶

　　如图 2-62 所示，在球机安装位置，依据外墙角支架的 4 个孔位尺寸，用电钻将孔打好，再将∅8 的膨胀螺丝插入打好的孔内，用螺母将支架固定牢。如图 2-63 所示，将电源线、视频信号线、控制线从支架走线孔穿出，用 4 颗六角螺丝垫上弹簧垫圈后穿过壁装支架和橡胶垫后旋入墙角装支架，将壁装支架和高速球固定于墙角装支架上，再在出线孔上打上玻璃胶密封防水。

　　剩下的安装操作方法请参照"三、设备安装调试步骤"的"1. 壁挂式安装"的步骤 3 至步骤 7，进行安装操作，球机安装好以后，如图 2-64 所示。

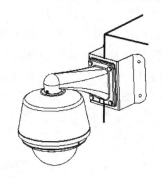

图 2-64　球机安装完毕示意图

3. 安装墙面装球机

用于墙面装时需与壁装支架配合使用，如图 2-65 所示。

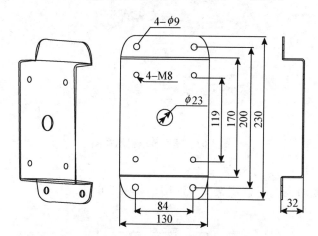

图 2-65　墙面支架尺寸图

在安装位置打孔，安装墙面支架。

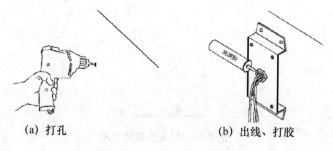

(a) 打孔　　　　　　(b) 出线、打胶

图 2-66　打孔、出线、打胶

如图 2-66 所示，在球机安装位置，依据墙面支架的 4 个孔位尺寸，用电钻将孔打好，再将∅8 的膨胀螺丝插入打好的孔内，用螺母将支架固定牢。将电源线、视频信号线、控制线从支架走线孔穿出，用 4 颗六角螺丝垫上弹簧垫圈后穿过壁装支架和橡胶垫后旋入墙角装支架，将壁装支架和高速球固定于墙面装支架上，再在出线孔上打上玻璃胶密封防水。剩下的安装操作方法请参照"三、设备安装调试步骤"的"1. 壁挂式安装"的步骤 3 至步骤 7，进行安装操作。球机安装好以后，如图 2-67 所示。

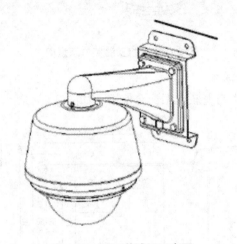

图 2-67　墙面装球机示意图

4. 安装柱（杆）装球机

用于柱装时需与壁装支架配合使用，如图 2-68 所示。

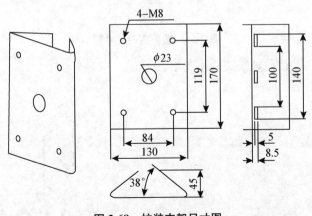

图 2-68　柱装支架尺寸图

安装步骤如下：

（1）安装夹箍与柱装支架。

如图 2-69 所示，将夹箍与柱装支架连接好，将控制线、视频线、电源线从支架中心孔穿出，将三个抱箍掰开卡入要固定的柱状物体上再将三个抱箍扣住后用螺丝刀将抱箍上的螺丝拧紧，再在出线孔上打上玻璃胶密封防水。夹箍外形图如图 2-70 所示。

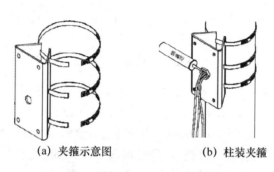

(a) 夹箍示意图　　　　　(b) 柱装夹箍

图 2-69　夹箍与柱装支架固定图

（2）上螺丝。

用 4 颗六角螺丝垫上弹簧垫圈后穿过壁装支架和橡胶垫后旋入柱（杆）装支架。将壁装支架固定于柱（杆）装支架上。

注意：在拧紧螺丝时，先将弹簧垫片压紧，再拧半圈为宜，这样既压紧橡胶垫起到密封作用，又不会用力过度损坏螺纹。

剩下的安装操作方法参照"三、设备安装调试步骤"的"1. 壁挂式安装"的步骤 3 至步骤 7 进行安装操作。球机安装好以后，如图 2-71 所示。

图 2-270　夹箍

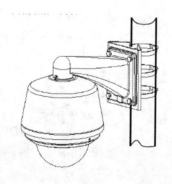

图 2-71　柱装球机示意图

5. 吊装方式安装

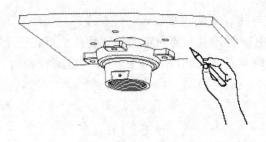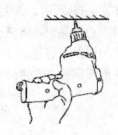

图 2-72　画定位、打孔

　　先画出定位孔，然后以吊装底座的 4 个安装孔为模板，在天花板上画出打孔位置，如图 2-72 所示。用钻头在画出打孔位置开出 4 个孔，并装入 4 颗 M8 膨胀螺钉。如图 2-73 所示，将视频、电源、控制线缆从吊装连接座的底部侧面凹槽处引出，再把 O 形密封圈（或一同橡胶垫）垫于吊装底座上，再将球机的吊装支架的 4 个安装孔对准天花板上 4 颗 M8 膨胀螺钉穿入，并拧紧 4 颗 M8 螺帽将吊装盘固定于天花板上，并用玻璃胶将出线槽密封。

　　注意：若球机用于室外环境，须用玻璃胶将出线槽密封，以达到良好的防水效果。

　　将连接杆与法兰螺纹连接好，在安装过程中，需要增加防水生料带以及在螺纹连接出打防水玻璃胶，如图 2-74 所示。剩下的安装操作方法参照"三、设备安装调试步骤"的"1. 壁挂式安装"的步骤 3 至步骤 7 进行安装操作。球机安装好以后，如图 2-75 所示。

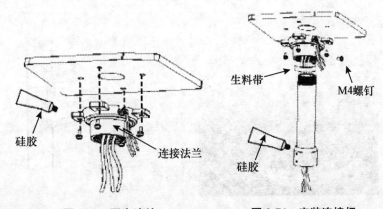

图 2-73　固定法兰　　　　　　图 2-74　安装连接杆

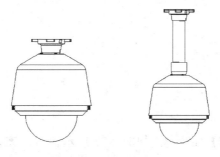

图 2-75　吊装式球机

6. 安装好球机后，按照图 2-43 与图 2-44 接入 24VAC、485 控制总线与视频线，将视频线输出端接入硬盘录像机的端口 2，485 总线接入 DVR 的 485 端子上。硬盘录像机的视频输出接入监视器。

7. 设置好球机的地址、波特率与通信协议。

8. 上电，查看是否能完成自检。

9. 在 DVR 菜单中进行相应的设置，详细设置可使用【菜单】→【系统设置】→【云台设置】命令。设置界面如图 2-76 所示。

图 2-76　云台设置界面

各参数含义如下：

【通道】选择球机摄像头接入的通道；

【协议】选择相应品牌型号的球机协议（如 PELCOD）；

【地址】设置为相应的球机地址，默认为 1（注意：此处的地址务必与球机的地址相一致，否则无法控制球机）；

【波特率】选择相应球机所用的波特率，可对相应通道的云台及摄像机进行控制，默认为 9600；

【数据位】默认为 8；

【停止位】默认为 1；

【校验】默认为无。

保存设置。

10. 对快球进行控制。

选择【云台控制】命令弹出如图 2-77 所示窗口，该菜单支持云台转动和镜头控制。按照表 2-10 内容完成对快球的线扫设置、巡迹设置，并检查是否实现相应的功能。

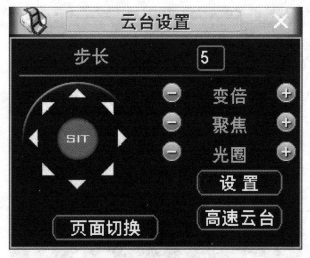

图 2-77 云台控制窗口

表 2-10 球机调试内容

序号	操作任务	操作步骤	注意事项
1	设置球机地址为 35		
2	波特率为 2400		
3	通信协议为 PELCO—D		
4	对球机进行自检		
5	完成球机与 DVR 的连接		
6	设置 DVR 的视频通道信息		
7	通过 DVR 控制球机进行上下左右旋转		

续表

序号	操作任务	操作步骤	注意事项
8	单击云台控制窗口中的【页面切换】按钮，对球机进行水平旋转操作		
9	单击云台设置中的【设置】按钮对球机进行线扫设置，并在云台控制窗口中的页面切换中进行线扫操作		
10	单击云台设置中的【设置】按钮对球机进行巡迹设置，并在云台控制窗口中的页面切换中进行巡迹操作		
11	通过客户端 PSS 进行设备添加		
12	通过 PSS 进行云台控制等操作		
13	通过 PSS 修改抓图、录像路径		
14	完成一次手动录像，并存储到 D 盘"手动录像"文件夹内		
15	通过 PSS 进行录像查询并下载指定的录像片段		
16	通过 IE 访问 DVR，进行编码设置，设置 CIF、QCIF 分辨率，设置帧率 25fps、15fps、5fps 进行对比并录像 30 秒		
17	通过 IE 查询日志信息		

11. 写出设备安装调试报告书。

技能训练二　彩色日夜型一体化摄像机的安装与调试

（一）设备、器材

彩色日夜型一体化摄像机　　　　1 台

MP15C15 英寸监视器　　　　　　1 台

直流 12V 电源　　　　　　　　　1 个

视频线　　　　　　　　　　　　若干

控制线　　　　　　　　　　　　若干

电源线　　　　　　　　　　　　1 根

工具包　　　　　　　　　　　　1 套

（二）设备操作说明

1. 彩色日夜型一体化摄像机外形结构

彩色日夜型一体化摄像机如图 2-78 所示。彩色日夜型一体化摄像机后面板如图 2-79 所示。

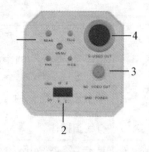

图 2-78　彩色日夜型一体化摄像机外形图　　图 2-79　一体机后面板示意图

2. 彩色日夜型一体化摄像机接线端子

该摄像机后面板说明如下。

①按键：

N：近焦距（手动）、聚焦增值调整按钮。

F：远焦距（手动）、聚焦减值调整按钮。

W：焦距减小（全视角画面）、向下选择按钮。

T：焦距增大（局部增大画面）、向上选择按钮。

MENU：菜单功能键。

②电源、线控输入：

12V："＋"（红色）。

GND："－"（黑色、蓝色）。

F（FOCUS）：聚焦（黄色）。

M（MENU）：菜单（绿色）。

C（COM）：公共端（白色）。

Z（ZOOM）：变倍（橙色）。

NC：空。

③视频信号输出（BNC）。

④S-VIDEO 输出端子。

3. 操作说明

基本操作步骤如下：

①按 MENU 键打开或关闭菜单。

②进入菜单后，按 T 和 W 键上下选择菜单；按 N 和 F 键可以选定菜单功能。

③本摄像机在出厂时聚焦方式为 MF（键控聚焦）。

④自动聚焦方式时，按下 N 或 F 键时会退出自动聚焦，再次按下 T 或 W 键时会恢复到自动模式。

菜单说明如下：

FOCUS：有 MA/AF 两种聚焦方式；选择 MA 为手动聚焦，AF 为自动聚焦。

ZOOM：有 ON/OFF 两种状态；选择 ON 为打开变倍指示，OFF 为关闭变倍指示。

LOCK：有 ON/OFF 两种状态；ON 按键开锁，可以手动控制机器各个功能键；OFF 按键锁定，操作各个功能键无效，摄像机状态锁定（慎用）。

WB：有 ON/OFF 两种状态，自动白平衡。

AGC：有 ON/OFF 两种状态。当画面主题因明亮的背景而显得暗淡时，将其设置为 ON 状态，可以对主题亮度进行适当补偿，但背景亮度随之提高，在特定情况下可以达到饱和状态，这项功能不适用于主题与背景面积比过大的场景。

DEFLT：恢复出厂设置。

4．注意事项

①安装时注意勿将机器正对强光，以免损坏 CCD 感光元器件；

②在规定温度、温度及允许电压范围内操作摄像机；

③防止潮湿或被雨淋，一旦摄像机进水，请立即关掉电源。

注意：接线时，一定要先断开电源，待完全接好之后，再通电！

5．常见故障与排除

常见故障与排除方法见表 2-11。

表 2-11　常见故障排除

序号	故障	原因	排除方法
1	无图像	未接电源	插上电源
		电源不良	更换电源
2	无图像	视频线路未接上	接上视频线
3	按键不起作用	按键锁定功能打开	参照菜单说明解除按键锁定

（三）设备安装调试步骤

1．取出一体化摄像机。

2. 抽出固定金属片，将摄像机固定好。

3. 把焊接好的视频电缆 BNC 插头插入视频电缆的插座内（用插头的两个缺口对准摄像机视频插座的两个固定柱，插入后顺时针旋转即可），确认固定牢固、接触良好。

4. 将电源适配器的电源输出插头插入监控摄像机的电源插口，并确认牢固度。

5. 把视频电缆的另一头按同样的方法接入监视器（视频机）的视频输入端口，确保牢固、接触良好。

6. 接通监控主机和摄像机电源，通过监视器调整摄像机角度到预定范围，并调整摄像机镜头的焦距和清晰度。

7. 写出设备安装调试报告书。

技能训练三　家用型无线网络摄像机安装与调试

（一）设备、器材

家用型网络摄像机	1 台
MP15C15 英寸监视器	1 台
直流 12V 电源	1 个
视频线	若干
控制线	若干
电源线	1 根
工具包	1 套

（二）设备操作说明

1. 外形图

家用型无线网络摄像机外形如图 2-80 所示。

图 2-80　家用型无线网络摄像机外形图

2. 网络摄像机的功能特点与网络设置

网络摄像机可以被看作是由摄像头和计算机共同构成的嵌入式智能视频单元，使用者能够通过 IE 浏览器、网络客户端软件或者智能手机等方式实现远程监看。它可以让客户在任意时刻、任意地点观看关心的场景，可广泛应用到远程监控人员、财产以及生产过程等需要安全保障的场合，如婴儿、老人看护、连锁 24 小时便利店、小型商铺、企业分支机构等；还可以将其引入到远程教育、远程诊断或者网站即时播放等需要网络视频应用的场合。网络摄像机的系统组网如图 2-81 所示。

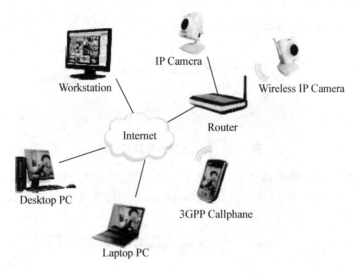

图 2-81　系统组网示意图

1）无线网络连接模式

（1）点对点连接模式：此模式下，将摄像机直接连接到无线网络 PC 上。如图 2-82 所示。

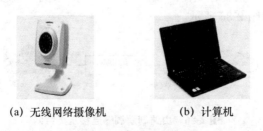

(a) 无线网络摄像机　　　　　　(b) 计算机

图 2-82　点对点连接模式

（2）集成式连接模式：此模式下，将网络将摄像机连接到无线访问点上。如图 2-83 所示。

(a) 无线网络摄像机   (b) 无线路由器

图 2-83   集成式连接模式

2）有线网络连接模式

（1）通过以太网网络接口连接到局域网上，此模式下，摄像机可通过集线器连接到局域网。如图 2-84 所示。

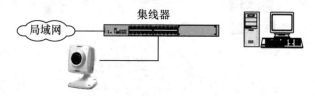

图 2-84   由集线器连接至局域网

（2）宽带路由器连接到 Internet 上，摄像机可以通过 Internet 访问，宽带路由器需要配有 IP 端口映射（IP Masquerade），也就是虚拟服务器。如图 2-85 所示。

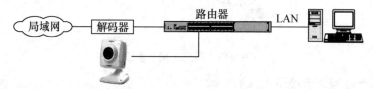

图 2-85   由路由器连接至英特网

（3）直接通过调制解调器连接到网络上，摄像机可直接由调制解调器连接到网络上。如图 2-86 所示。

图 2-86   由调制解调器连接至英特网

3）网络基本设置

（1）网络安全级别设定

由于网页的安全限制，可能下载控件不成功，需要对 IE 配置作如下改动：

打开 IE 浏览器，选择【工具】→【Internet 选项】命令，在打开的窗口中选择【安全】选项卡后，选择【本地 Intranet】项，如图 2-87 所示。单击【自定义级别】按钮，显示如图 2-88 所示对话框。

图 2-87　选择【本地 Intranet】

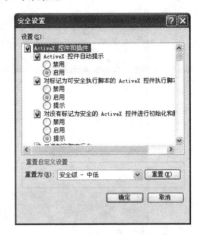

图 2-88　自定义级别

在安全设置窗口中作以下设置：

①对于"对没有标记为安全的 ActiveX 控件进行初始化和脚本运行"项，选择"启用"或"提示"；

②对于"下载未签名 ActiveX 控件"项，选择"启用"或"提示"；

③单击"确定"按钮，保存设置。

再在 Internet 选项窗口中，单击"站点"按钮，弹出如图 2-89 所示对话框。

单击"高级"按钮，弹出如图 2-90 所示对话框，添加网站，单击"确定"按钮。

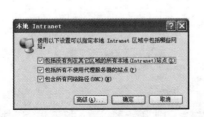

图 2-89　选择【高级】

图 2-90　选择【添加】

（2）自动搜索 IP 功能

打开可执行文件 AutoSearchDevc. exe，在小工具的设备列表中显示所有运行正常的设备 IP 地址、端口号、子网掩码和网关信息，如图 2-91 所示。

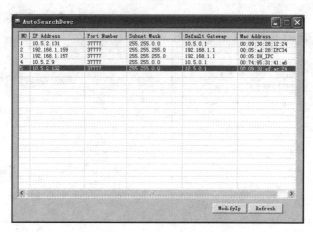

图 2-91　自动搜索 IP 的小工具

在设备列表中选中一个 IP，直接双击，可打开该设备的 Web 界面，如图 2-92 所示。

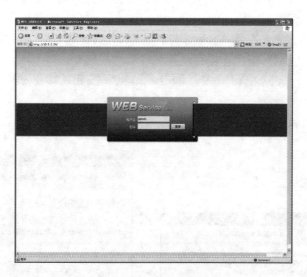

图 2-92　Web 界面

若选中一个 IP，单击 ModifyIp 按钮，则显示图 2-93 所示界面，输入该设备的用户名和密码进行登录。

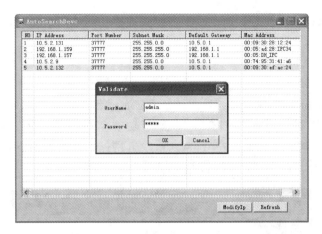

图 2-93　登录界面

登录成功后，显示修改 IP 等数据的对话框，用户可在此处修改该设备的 IP 地址、子网掩码和网关等信息，如图 2-94 所示。

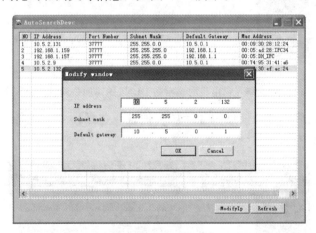

图 2-94　修改设备信息

（4）在局域网上访问

例如有两台路由器下的设备，一台是 192.168.1.157 80/37777，一台是 192.168.1.159 81/37776。

在局域网内访问时，在网页中直接输入：

http://192.168.1.157　　　访问第一台设备（80 端口默认可不写）

http://192.168.1.159:81　　访问第二台设备

（5）在公网上访问

公网访问之前先设置 DDNS，设备中 DDNS 设置方法可使用【配置】→

【网络】→【DDNS 设置】命令。多台设备连接在同一路由器时，只需开启其中一台的 DDNS 服务既可。

在网页中输入：

http：//dhipc. 3322. org   访问第一台设备

http：//dhipc. 3322. org：81   访问第二台设备

也可利用路由器本身自带的 DDNS 功能实现公网访问。路由器中的 DDNS 设置方法如下：输入在 www. oray. cn 网站上注册的用户名及密码，启用 DDNS 选择，单击"登录"按钮。如图 2-95 所示。

图 2-95   利用路由器自带 DDNS 端访问公网界面

连接成功后，域名信息中显示域名地址。选择任一个域名进行登录，如选择 icamera. oicp. net，如图 2-96 所示。

图 2-96   公网登录界面

在网页中输入：

http：//icamera. oicp. net   访问第一台设备

http：//icamera. oicp. net：81   访问第二台设备

3. 网络摄像机的状态灯

1) 电源指示灯工作状态说明

（1）系统上电为红灯亮，绿灯闪烁后变为一直绿灯亮，此时表示应用程序正常运行，可通过网络进行登录。

（2）通过软件方式进行系统重启时，状态灯灭。

（3）存储卡读写数据时绿灯闪烁。

2) 网络指示灯工作状态说明

家用网络摄像机侧面如图 2-97 所示。

当摄像机连接无线网络时，网络指示灯显示绿色；当连接有线网络时，将显示红色。

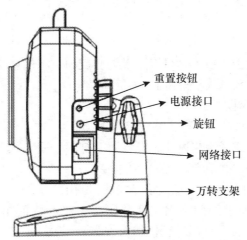

重置按钮

电源接口

旋钮

网络接口

万转支架

图 2-97　家用型网络摄像机侧面

RESET（重置按钮）按键功能为进行恢复出厂默认设置。设备正常工作情况下（电源指示灯为绿色），持续按住该按键 5 秒以上，系统会自动重启，系统的配置信息恢复到默认值。

3) 网络摄像机电源连接

家用网络摄像机接口如图 2-98 所示。

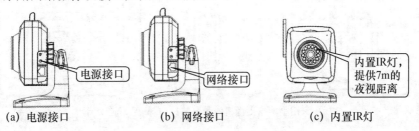

电源接口

网络接口

内置IR灯，提供7m的夜视距离

(a) 电源接口　　　　(b) 网络接口　　　　(c) 内置IR灯

图 2-98　家用型网络摄像机接口位置

（1）打开摄像机的后盖，将电源适配器连接到摄像机的电源接口，电源指示灯亮起来。

（2）将网线连接到网络接口。

注意：当摄像机连接无线网络时，网络指示灯显示绿色；当连接有线网络时，将显示红色。

摄像机内置麦克风，也可以外接麦克风或扬声器（可选）。该摄像机具有夜视功能，内置 IR 灯，提供 7m 的夜视距离，24 小时监视。夜视灯在晚上或黑暗的地方能自动激活。在夜视环境下，图像显示为黑白色。

（三）安装调试步骤

网络摄像机可置于桌面或安装在墙上或天花板上。

1. 安装

1）置于桌面

将万能支架置于主机上，可以通过调整旋钮，将网络摄像机调至合适角度；也可以将摄像头平放于桌面上。

2）挂墙或天花板

按图 2-99 所示方法进行安装。安装步骤如下：

（1）先在墙上或者天花板等的安装面上打两个固定孔，将塑料膨胀螺栓分别装入到固定孔中并锁紧。

（2）接着用手将挂墙支架上的两个安装孔以如图 2-99（a）所示的安装方向对准安装面上的两个固定孔并压紧，然后将两个固定螺丝分别装入到挂墙支架上的两个螺丝孔中并拧紧，将挂墙支架固定在安装面上。

（3）然后将设备底座上的支架安装卡槽对准挂墙支架，将挂墙支架装入到设备底座上，并抓住设备顺时针旋转直到将设备固定在支架上。

为避免图像倒立，放置摄像机时，应确保电源指示灯在网络指示灯之上。

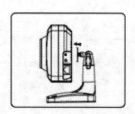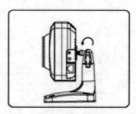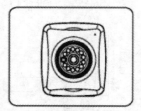

(a) 家用型网络摄像机安装方法1（右侧无万能支架）

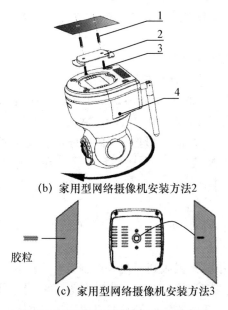

（b）家用型网络摄像机安装方法2

胶粒

（c）家用型网络摄像机安装方法3

图 2-99　家用型网络摄像机安装方法

2. 电源的连接

（1）打开摄像机的后盖，将电源适配器连接到摄像机的电源接口（见图2-100），电源指示灯亮起来。

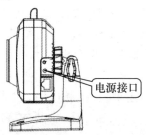

电源接口

图 2-100　电源接口

（2）将网线连接到网络接口，如图 2-101 所示。

网络接口

图 2-101　网络接口

注意： 当摄像机连接无线网络时，网络指示灯显示绿色；当连接有线网络时，将显示红色。摄像机内置麦克风，可以外接麦克风或扬声器。

3. 网络设置

（1）自制交叉网络线一根。

（2）用网线将摄像机与计算机网口连接。

（3）打开计算机 F 盘的 Configtool，刷新找到摄像机的 IP 地址。

（4）将计算机的 IP 改成与摄像机同一网段。

（5）打开 IE 浏览器，输入摄像机 IP 地址，若无法显示登录画面，则在 IE【工具】菜单中选择【Internet 选项】命令，在打开的对话框中选择安全栏，启用 Internet 与本地 Intranet 的安全设置中的有关 Activex 控件，并将安全等级设为中级或低级。

（6）再次访问打开摄像机 IP 地址，用户名为 Admin，密码为 Admin，登录成功。

（7）在 IE 界面中打开视频观察视频图像，在系统配置菜单栏中选择网络设置，其中端口 1 为有线网卡地址，端口 2 为无线网卡地址，端口 1 设置为 192.128.0.108，端口 2 设置为同网段事先规定好的 IP 地址，设置端口 2 优先，子网掩码设成 255.255.255.0，网关设置成同一网段，保存生效。此时弹出设置好的新的有线网卡的地址。

（8）更改计算机的 IP 与修改后的摄像机处于同一网段。

（9）再次通过无线网址访问摄像机。输入用户名为 Admin，密码为 Admin，登录成功，在系统配置菜单栏中选择无线配置，进行网线网络 IP 搜索，找到后双击相应的无线路由器后，保存生效。

（10）拔下直连网线，将计算机连入局域网中。

（11）通过 IE，输入无线网址访问相应的本地与相邻的家用无线型网络摄像机，分别对其进行表 2-12 所示的操作，并完成表格内容。

表 2-12　无线网络摄像机实训操作内容

序号	操作任务	操作步骤	注意事项
1	对网络安全级别进行设定		
2	设置自动搜索 IP 功能		
3	设置 IP 地址		
4	通过网络访问摄像机（设置 IP、无线设置等）		
5	通过软件控制云台上下左右运动		
6	设置视频遮挡、动态监测报警		
7	完成一次手动录像，并存储到 D 盘手动录像文件夹内		
8	通过客户端 PSS 进行 DVR 录像查询、云台控制等操作		

序号	操作任务	操作步骤	注意事项
9	修改抓图、录像路径		
10	录像查询并下载指定的录像片段		
11	编码设置，设置 CIF、QCIF 分辨率，设置帧率 25fps、15fps、5fps 进行对比并录像 30 秒		
12	查询日志信息		

4. 书写设备安装调试说明书

技能训练四　网络枪式摄像机安装与调试

(一) 设备、器材

网络枪式摄像机 DH-IPC-F465P	1 台
MP15C15 英寸监视器	1 台
直流 12V 电源	1 个
视频线	若干
控制线	若干
电源线	1 根
工具包	1 套

(二) 设备操作说明

1. 后面板示意图

网络枪式摄像机后面板示意图如图 2-102 所示。

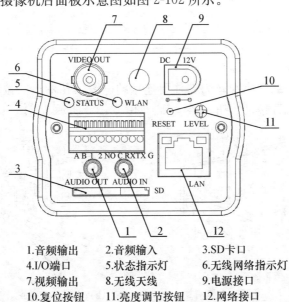

1.音频输出　　2.音频输入　　3.SD卡口
4.I/O端口　　5.状态指示灯　　6.无线网络指示灯
7.视频输出　　8.无线天线　　9.电源接口
10.复位按钮　11.亮度调节按钮　12.网络接口

图 2-102　后面板示意图

2. 状态指示灯工作状态

（1）系统上电为红灯亮，绿灯闪烁后变为绿灯常亮，此时标识应用程序正常运行，可通过网络进行登录。

（2）通过软件方式进行系统重启时状态灯灭。

（3）存储卡读写数据时绿灯闪烁。

3. 网络指示灯工作状态说明

当摄像机连接无线网络时，网络指示灯显示绿色。

4. 恢复默认操作

恢复出厂默认设置：设备正常工作情况下（电源指示灯为绿色），持续按住该按键 5 秒以上，系统会自动重启，系统的配置信息恢复到默认值。

5. I/O 端口的针脚分配

I/O 端口的针脚分配如表 2-13 所示。

表 2-13　I/O 端口的针脚分配表

针脚号	针脚说明
A	RS485 _ A
B	RS485 _ B
1	告警输入 1
2	告警输入 2
NO	告警输出常开端
C	告警输出公共端
RX	RS232 _ RX
TX	RS232 _ TX
G	GND

6. I/O 插座的使用

使用一把小的一字螺丝刀按住要连接的电缆的孔槽上的按钮，并将线插入槽内，然后放开按动按钮的螺丝刀。如图 2-103 所示。

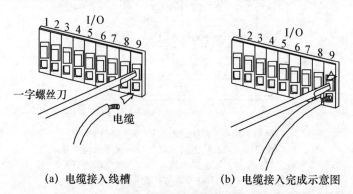

(a) 电缆接入线槽　　　　　(b) 电缆接入完成示意图

图 2-103　连线示意图

7. 报警输入输出连接

报警输入输出连接如图 2-104 所示，报警输出配线如图 2-105 所示。

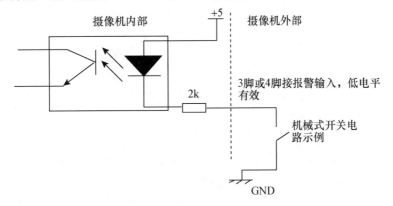

图 2-104　报警输入配线图

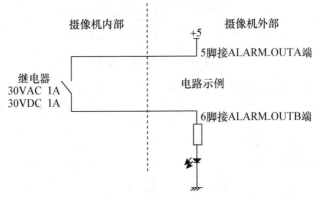

图 2-105　报警输出配线图

8. 连接计算机或网络

若要连接计算机，使用市场上出售的网络电缆（交叉电缆）。

若要连接网络，使用市场上出售的网络电缆（直通电缆）。

网络摄像机连接到局域网与公共网的示意图分别如图 2-106 和图 2-107 所示。

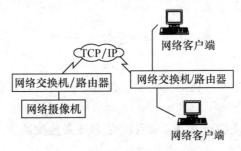

图 2-106　连接在局域网（LAN）上

167

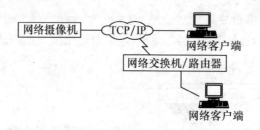

图 2-107　直接连接在公共网域上

（三）安装调试步骤

1. 安装前准备

选择镜头时应注意：镜头必须是重量少于 0.5kg 的 CS 安装式类型。安装面后面的突出必须为 4mm 以下，如图 2-108 所示。

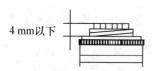

图 2-108　CS 安装式镜头

注意：可以在本摄像机上使用 DC（直流）伺服式自动光圈镜头。自动光圈用适合 LENS 连接器的插头，自动光圈插头针脚定义如图 2-109 所示。

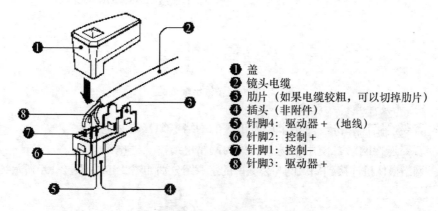

❶ 盖
❷ 镜头电缆
❸ 肋片（如果电缆较粗，可以切掉肋片）
❹ 插头（非附件）
❺ 针脚4：驱动器＋（地线）
❻ 针脚2：控制＋
❼ 针脚1：控制－
❽ 针脚3：驱动器＋

图 2-109　自动光圈插头针脚定义

2. 镜头安装

（1）将镜头对准摄像机的镜头安装位置，然后顺时针转动直到将其牢固安装到位。

（2）将镜头电缆的插头插入到自动光圈镜头连接器上。当安装手动光圈镜头时，略过此步骤，如图 2-110 所示。

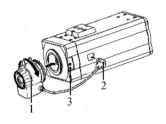

图 2-110　镜头电缆的插头

（3）如果调节环处于图 2-111 所示位置时，时无法正确地调节对焦，应适当调节后焦距。

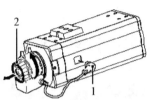

图 2-111　调节环示意图

注意：本机型镜头为 CS 接口，若要使用 C 型镜头，请增加一个 5mm 的 C/CS 镜头转接环配合使用。

3．摄像机的调试

按照图 2-112 所示流程图对摄像机进行调试。

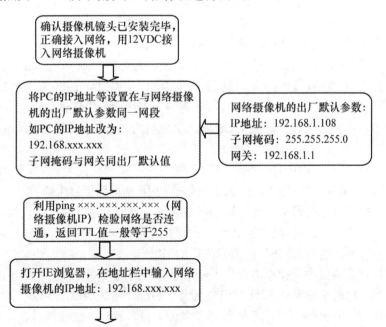

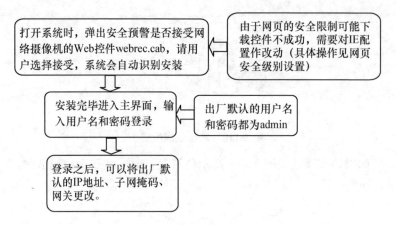

图 2-112　网络摄像机调试流程图

具体的调试过程如下：

（1）自制网络线一根（交叉线）。

（2）用网线将枪机与计算机网口连接。

（3）将图像测试仪 IN 端与摄像机视频输出连接。

（4）摄像机连上 12VDC，注意电源线的正负区别。用万用表测量电源线的正负，发现白线接＋端，黑线接－端。

（5）老师检查后通电。

（6）打开计算机 F 盘的 Configtool。

（7）刷新找到枪机的 IP 地址。

（8）将计算机的 IP 修改成与枪机同一网段。

（9）打开 IE 浏览器，输入枪机 IP 地址，若无法显示登录画面，则在 IE【工具】菜单中选择【Internet 选项】的安全栏，启用 Internet 与本地 Intranet 的安全设置中的有关 Activex 控件，并将安全等级设为中级或低级。

（10）再次访问打开枪机 IP 地址，用户名为 Admin，密码为 Admin，登录成功。

（11）在 IE 界面中打开视频观察视频图像，在系统配置菜单栏中选择网络设置，在 IP 地址栏输入相应的需要修改的 IP 地址后保存生效。

（12）将直连摄像机与计算机的网线拔下。将枪机通过网线接入局域网。

（13）再次修改计算机的 IP 地址，使其与修改后的枪机 IP 在同一网段。

（14）再次通过 IE 访问枪机修改后的 IP 地址。

（15）将枪机的视频输出线接入硬盘录像机的视频输入端。

（16）打开桌面 PSS 软件，用户名为 Admin，密码为 Admin。

（17）打开 PSS 软件的配置管理菜单中的设备管理，添加新设备，包括硬盘录像机与网络枪机。具体操作见设备操作手册。

（18）设备添加成功后，用 PSS 软件分别以网络模式与模拟信号模式方位本地与相邻实训台的网络枪式摄像机。

（19）书写设备安装调试说明书。

（四）习题

1. 摄像机的作用是什么？有几种类型的摄像机？
2. 如何调整彩色摄像机的白平衡？
3. 如何保养摄像机？怎样处置摄像机的日常故障？
4. 网络摄像机有何特点？

任务二　云台、解码器的安装与调试

一、任务目标

通过安装和调试，了解各种云台与解码器的工作原理与结构形式及其各项技术指标与电气特性，并熟练掌握其安装工艺和调试技术。

二、任务内容

根据安装规范要求，对某一具体型号云台与解码器进行安装和调试，通过实践操作学习云台、解码器的安装与使用方法。

三、设备、器材

YANA 室内轻型云台	1 个
AB40 系列室内解码器	1 个
L 系列硬盘录像机	1 台
DH-CA-FZ42027DP 一体化摄像机	1 台
安装螺丝	若干
二芯、六芯线缆	若干
电源线	若干
视频线	若干
工具包	1 套
交流 24V 电源	1 个

四、设备安装原理与连线图

（一）云台（以全方位云台为例）

全方位云台又称万向云台，其台面既可以水平转动，又可以垂直转动，因此，可以带动摄像机在三维立体空间进行全方位监视。云台内装有两个电动机，分别负责水平方向的转动和垂直方向的转动。水平转动的角度最大一般为 350°，垂直转动则有 ±45°、±35°、±75° 等多种角度可供选择。水平及垂直转动的角度大小在最大限角内可通过限位开关进行任意调整。

1. 云台的选用

在选用云台时除了要考虑安装环境、安装方式、工作电压、负载大小、性能价格比和外型是否美观外，还应注意以下几个方面。

（1）载重

云台的载重量是指应该完全可以承载摄像机、镜头、防护罩极其配件的总重量，考虑到云台的载重指标均为平衡负载，在云台载重选取时应该有适当余量，一般选取负载的 1.3~1.5 倍作为云台的载重指标。如 6kg 以下适合于室内/外安装一体化摄像机或定焦镜头摄像机；6~12kg 适合于室内/外安装一体化摄像机或小型变焦镜头；12~25kg 适合于安装较大变焦镜头、摄像机、防护罩；25kg 以上的适合于安装特大型变焦镜头、摄像机、防护罩。目前出厂的室内用云台承重量一般为 1.5~7kg，室外用云台承重量一般为 7~50kg。还有些云台是微型云台，比如与摄像机一起安装在半球形防护罩内或全天候防护罩内的云台。

（2）控制方式

云台外形如图 2-113 所示。一般的云台均属于有线控制电动云台。控制线的输入端有 5 个，其中 1 个为电源的公共端，另外 4 个分别为上、下、左、右控制端。如果将电源的一端接在公共端，电源的另一端接在"上"时，则云台带动摄像机头向上转动，其余类推。

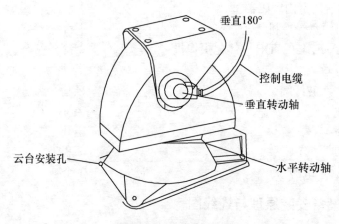

图 2-113 云台示意图

还有的云台内装有继电器等控制电路，这样的云台往往有 6 个控制输入端。1 个是电源的公共端，另 4 个是上、下、左、右端，还有 1 个则是自动转动端。当电源的一端接到公共端，电源的另一端接在"自动"端时，云台将带动摄像机头按一定的转动速度进行上、下、左、右自动转动。

在电源供电电压方面，目前常见的有交流 24V 和 220V 两种。云台的耗电功率，一般是承重量小的功耗小，承重量大的功耗大。

在选用云台时，最好选用在固定不动的位置上安装有控制输入端及视频输入、输出端接口的云台，并且在固定部位与转动部位之间的连接最好使用软螺旋线管，这样的云台，在安装使用后不会因长期使用导致转动部分的连线损坏，特别是室外用的云台更应如此。

（3）转动角度

云台转动角度分为水平转角和垂直转角，垂直转角与负载安装方式相关，一般顶装云台的垂直转角为 $-90°\sim+40°$，侧装云台的垂直转角为 $\pm100°$ 左右，水平转角一般都可以达到 $345°\sim365°$，实际设计中应根据建设需要，尽量保证无监视死角。

（4）齿轮间隙

齿轮间隙（Gear Backlash）也称回差，是考察云台转动精度的重要指标。齿轮间隙越小说明云台的精确度越高，尤其是对于高速转动的云台或带预置位功能的云台来说十分重要。

（5）扭矩

对于一定载重的云台来说，扭矩越大说明云台抗拒非电机启动的力量越大，这对于比较恶劣的气候条件来说非常重要。

（6）承载方式与安装方式

按照负载安装方式，云台有顶装方式和侧装方式，实际选择时需要参考载重和建设单位的认知程度选择。云台的安装方式一般有正装和吊装两种，设计时需要考虑同样云台吊装时载重指标的大幅度下降，如无特殊需要不建议采用吊装方式。

（7）辅助功能

云台的辅助功能包括自动水平扫描、预置位、加热器等选项，设计时需要根据使用环境、用户使用的功能需求决定。

2. 云台的接线介绍

下面以 YANA 室内轻型云台为例，接线端子图如图 2-114 所示，摄像机、镜头连线图如图 2-115 所示。

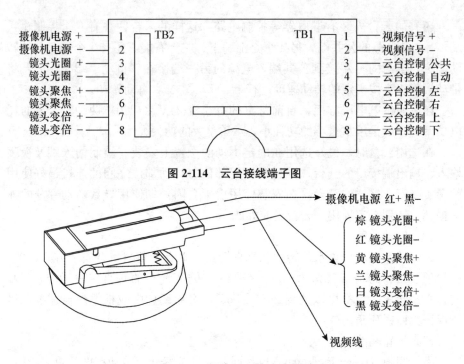

图 2-114　云台接线端子图

图 2-115　摄像机、镜头连线图

3. 云台安装

（1）检查安装位置

①检查室外云台安装位置的现场情况，云台及支架安装面应具有足够的强度。云台安装面强度较差而必须在该位置安装时，应采取适当的加固措施。

②安装地点应确保有容纳云台及其安装组件（摄像机防护罩等）的足够空间，确保云台安装面及其安装组件在安装完成后上下、左右转动无阻滞、剐蹭。

③检查支撑云台及其安装组件的支架安装情况，支架安装应平直，并牢固与安装墙面或其他固定件连接，并保证支架至少应能够支撑 5 倍云台及其安装组件的总质量的承载能力。

（2）安装室内云台侧板

①将室内云台侧放，用螺钉旋具拧下云台底盖板上的螺钉，拆下云台底盖板。

②用螺钉旋具拧下云台支架底部固定侧安装板的螺钉，将云台侧安装板及接线电路板从云台支架内抽出。

③将云台侧安装板及接线电路板放平，小心地将云台控制电缆从电路板插线排上拔出。

④将云台侧安装板及接线电路板紧靠在安装面上,按照侧安装板的安装孔位要求,用记号笔在墙面或其他固定件上做标记。

⑤使用冲击钻在安装孔标记处打孔(水泥墙、砖墙使用不小于∅8的冲击钻;金属构件上使用不小于∅4.2的钻头钻孔并用适当的丝锥攻螺纹,使用机制螺钉安装;在其他质地疏松的墙壁上安装时必须采取加固措施)。

⑥将不小于∅5的膨胀螺栓塞入打好的安装孔,使膨胀螺栓胀管与墙面齐平。

⑦将云台侧安装板固定孔与已安装的膨胀螺栓对正,将安装板挂在螺栓上,调整安装板位置至平直并紧贴墙面,将平垫与弹簧垫圈套入螺栓,旋紧螺母。

(3)安装室外云台

①用螺钉旋具或内六角扳手拧下云台负载安装板上的螺钉,拆下云台负载安装板。

②打开摄像机防护罩,拧下摄像机固定滑板螺钉,取出固定滑板。

③将摄像机防护罩放置在云台负载安装板上,调整防护罩位置使得防护罩底面固定孔与云台负载安装板预留孔对正,并尽可能使防护罩重心位于云台负载安装板中心位置。

④使用不小于M5的螺钉将摄像机防护罩底面固定在云台负载安装板上。

⑤将云台安装座放置在安装支架上,调整云台底座位置使得底座安装孔与支架安装孔对正,使用不小于M8的不锈钢螺丝及平垫、弹簧垫圈将云台底座与支架固定,并旋紧螺母。

(4)连接线路

①将云台控制圆形插头拧开,按照云台使用手册、接线电路板标注及与解码器连接线路的线色、定义等记录,将来自解码器的云台控制线缆可靠焊接在对应的管脚上,然后将控制插头旋紧。

②将圆形插头与云台插座定位销对正并将插头插入并旋紧。

③将视频线缆、电源线缆及镜头控制线缆穿入摄像机防护罩进线孔,按照摄像机及镜头使用手册,将线缆牢固连接。

(二)解码器

1. 解码器的作用

解码器的主要作用是接收控制中心系统主机(或控制器)送来的编码控制信号,并加以解码,转换成控制命令控制摄像机及其辅助设备的各种动作(如镜头的变倍、云台的转动等)。这样在实际工程施工中即可省去从前端监控现场到中心控制端的相关连线,从而大大减小施工难度,也减少了工程线缆的用量及成本。

解码器的电路是以单片机为核心，由电源电路、通信接口电路、自检及地址输入电路、输出驱动电路、报警输入接口等电路组成。解码器一般不能单独使用，需要与系统主机配合使用。

2. 解码器的分类

（1）按照云台供电电压分

解码器按照云台供电电压分为交流解码器和直流解码器。交流解码器为交流云台提供交流 220V 或 24V 电压驱动云台转动；直流解码器为直流云台提供直流 12V 或 24V 电源，如果云台是变速控制的还要要求直流解码器为云台提供 0～33V 或 36V 直流电压信号，来控制直流云台的变速转动。

（2）按照通信方式分

按照通信方式分为单向通信解码器和双向通信解码器。单向通信解码器只接收来自控制器的通信信号并将其翻译为对应动作的电压/电流信号驱动前端设备；双向通信解码器除了具有单向通信解码器的性能外还向控制器发送通信信号，因此可以实时地将解码器的工作状态传送给控制器进行分析处理，另外还可以将报警探测器等前端设备信号直接输入到解码器中由双向通信来传送现场的报警探测信号。

（3）按照通信信号的传输方式分

按照通信信号的传输方式可分为同轴传输和双绞线传输。一般的解码器都支持双绞线传输方式，有些解码器支持或者同时支持同轴电缆传输方式，就是将通信信号经过调制，以与视频信号不同的频率共同传输在同一条视频电缆上。

继电器是解码器中的动作执行部件，通常普通型解码器配有 9 只继电器，其中 5 只控制云台的上下左右动作，其余 4 只控制三可变镜头（光圈、变倍、聚焦调节）。

解码器一般不能单独使用，而必须与相对应型号的系统主机配合使用。当选定了系统主机型号后，解码器也必须选用与系统主机兼容的解码器。解码器的通信协议大约有 100 多种，最常使用的派尔高 D、AB 等协议。

每个解码器上都有一个 8～10 位的拨码开关，它决定了该解码器的编号（即 ID 号），因此在使用解码器时必须对该拨码开关进行设置。

3. 解码器连接方式

解码器与其他设备间一般采用链式或星型连接方式。下面以 AB40 系列室内解码器为例说明解码器与其他设备连接的方法。解码器外形如图 2-116 所示。

图 2-116　解码器外形图

　　链式连接是标准的接线方式，所有解码器均挂接在 485 总线上，具有通信距离远，传输数据稳定的特点，最后一个解码器需要用跳线接通 120Ω 电阻，用来阻抗匹配，改善通信质量，施工时尽量利用此种布线方式。如图 2-117 所示，图中 T 代表 120Ω 终端匹配电阻。

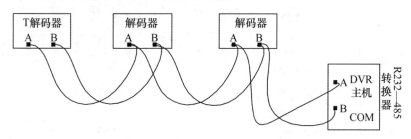

图 2-117　解码器间的链式连接

　　星型连接是电视监控系统中最常用的布线方法，如图 2-118 所示。星型连接的优点是施工、维护简单方便；缺点是比较费线。

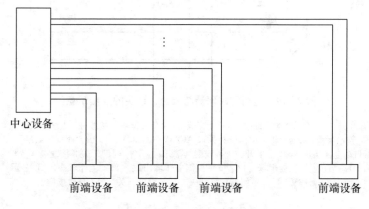

图 2-118　星型连接示意图

　　各分支点连接距离总线 30m 以内，多个解码器连接应在最后一个解码器的 A、B 端之间并接 120Ω 的匹配电阻。

　　(1) 解码器与云台、镜头的连接

　　解码器与云台、镜头的连接如图 2-119 所示。解码器采用 RS485 通信方式，采用二芯屏蔽双绞线，连接电缆的最远距离应不超过 1 200m。解码器可采用链式和星型连接，RS＋(A)、RS－(B) 为信号端，接主机 RS485 的 A 和 B，不可接反。控制线采用双绞线 ，如采用平行线，会造成通信产生干扰，通信距离将会缩短。

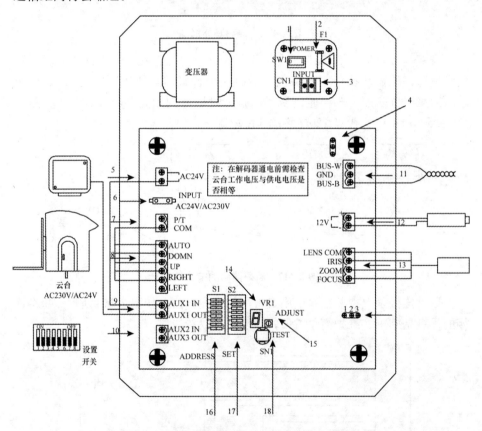

图 2-119　通用型解码器与云台、镜头的连接示意图

　　1. 电源开关　2. 交流 230V 保险丝　3. 交流 230V/50Hz 输入接线柱　4. 120Ω 匹配电阻跳线　5. 交流 24V 输出端　6. 云台供电电源选择插口 AC24V/AC230V　7. 云台驱动公共端　8. 云台驱动上下、左右自动电输出端　9. 辅助开关 1 接线端 (常开)　10. 辅助开关 2 接线端 (常开)　11. 控制线输入端　12. 直流 12V 输出端　13. 镜头控制电压输出端　14. 工作状态 LED 显示　15. 镜头控制电压调节 ±6V～±12V　16. 解码器地址开关　17. 设置开关　18. 自检按钮

（2）解码器与主机的连接

在电视监控系统中，大多数主机通过 RS485 总线控制前端的解码器来完成对云台、镜头和其他辅助设备的控制。RS485 总线是一种半双工的差分串行总线，传输介质为双绞线，最大传输距离为 1 200m。

标准的 RS485 总线须采用"链式连接"，因而标准的解码器布线方法如图 2-120 所示。

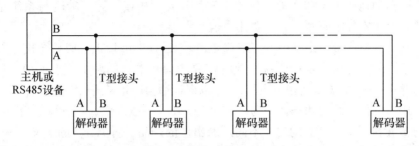

图 2-120　解码器的链式连接示意图

然而，由于视频监控系统中的其他线缆（视频、音频和报警信号）常常采用"星型连接"（如图 2-121 所示），如果解码器的布线一定要用"链式连接"，有时会使人感到别扭和不方便。实际工程中，绝大部分的主机对解码器的控制是单向的，即采用单向的 RS485 传输控制信号，这时对布线的要求就可以不那么严格，大量的实际工程证明解码器的星型连接是可行的。当然，这种布线方法在解码器数量和最远距离上有所限制，经验数值是，解码器数量 10 个以内，最远距离 400m 以下可以采用。单向 RS232-RS485 转换卡（SE2485）和单向 RS232-RS485 转换器（SE8485），就是为此功能而设计的。需要强调的是，对于必须要双向通信的 RS485 系统，布线时只能采用"T 型连接"，此时可以选用双向 RS232-RS485 转换器（SE8485A）。

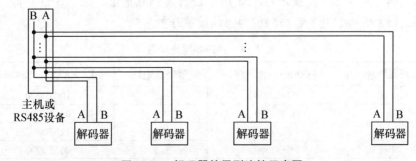

图 2-121　解码器的星型连接示意图

在中型和大型的电视监控系统中，解码器的数量较多，离主机的距离较远。RS485 的布线往往需要采用"星型连接"和"T 型连接"相结合的方法，才能解决问题。此时，可以选择 RS485 管理器（SE485H），以及 RS485 接力器（SE9485），通过增加 RS485 总线数量和对 RS485 信号的接力驱动能力，来解决 RS485 驱动数量有限和驱动距离不够等问题。

进行 RS485 总线布线时，最好采用屏蔽双绞线。因为采用屏蔽层可更有效防止外界信号干扰。为了达到防雷击的目的，屏蔽双绞线的屏蔽网一端应与解码器的地线（RS232 端，位于 RS485B 旁）相接；另一端应与系统地线相接。对于室外解码器，尤其要注意这一点。

在"T 型连接"系统中，当线路距离较长（500m 以上）时，会由于线路阻抗不匹配引起信号反射干扰。此时需要考虑在最远的两个节点的 A、B 端上各并接一个 120Ω 的平衡匹配电阻，以保证通信的正常进行。

RS485 信号线为两条，一为 A，另一为 B，一般来说，A 应与 A 相接，B 应与 B 相接。值得注意的是，不同厂家出厂的产品，对 A、B 的定义不一样，因此在应用中，可以尝试交换 A、B 的接线（只要 A、B 不短路，就不会损坏器件），来解决调试不通的问题。

关于 RS485 驱动负载的数量，一般标准为 32 个。驱动负载数量还取决于产品所选用的 RS485 接口芯片，有的能驱动 64 个负载，有的能驱动 128 个。SE 系列的相关产品采用的都是能驱动 64 个负载的 RS485 接口芯片。但在实际工程中，为了通信的可靠性，建议最多接入 80％的最大驱动负载数量。

解码器通常有 2 个参数需要人工设置，它们分别是通信波特率和地址码，具体设置如表 2-14 和表 2-15 所示。波特率是指解码器与硬盘录像机或与矩阵通过 485 总线通信时的通信速率，不同的通信协议通信速率不相同，但大致可以分为 1 200b/s、2 400 b/s、4 800 b/s、9 600 b/s 几种。它们通常用二进制拨码开关来设置，具体设置方法每种品牌各不相同。以 AB40 系列室内解码器为例，共计 2 个设置开关，S1 用于设置解码器地址，S2（SET）低 4 位作为波特率的设置开关，高四位为协议设置开关。

表 2-14　解码器地址设置

解码器地址	ADDRESS 12345678	解码器地址	ADDRESS 12345678
1	00000000	10	10010000
2	10000000	11	01010000
3	01000000	12	11010000
4	11000000	13	00110000
5	00100000	14	10110000
6	10100000	15	01110000

解码器地址	ADDRESS　12345678	解码器地址	ADDRESS　12345678
7	01100000	16	11110000
8	11100000	—	—
9	00010000	63	11111100

表 2-15　波特率与协议类型设置表

S2（SET）开关低四位的设置				波特率
1	2	3	4	
0	0	0	0	600
1	0	0	0	1 200
0	1	0	0	2 400
1	1	0	0	4 800
0	0	1	0	9 600
1	0	1	0	19 200
S2（SET）开关高四位的设置				协议类型
5	6	7	8	
0	0	0	0	232 码
1	0	0	0	键盘码
0	1	0	0	CODE 码
1	1	0	0	华南光电
0	0	1	0	Pelco "p"
1	0	1	0	Pelco "D"

（3）自检功能测试

需要注意的是，为了工程调试上的方便，解码器大多有现场测试功能（其内部设置了自检及手检开关，该开关有时与上述 ID 拨码开关多工兼用）。当解码器通过开关设置工作于自检及手检状态时，便不再需要主机的控制。其中在自检状态时，解码器以时序方式轮流将所有控制状态周而复始地重复；而在手检状态时，则通过使 ID 拨码开关的每一位的接通状态来实现对云台、电动镜头、辅助照明开关等工作状态的控制。例如，通过手检使云台左右旋转，从而确定云台限位开关的位置。这种现场测试方式实际上是将解码器内驱动云台及电动镜头的控制电压直接经手检开关加到了被测的云台及电动镜头上。如 AB 解码器的测试：解码器通电工作后，通过对 S2（SET）开关的设置、自检按钮（红色）开关（上有 SW1 标识符），可对云台、镜头、备用等功能进行控制，按下后数码管将显示相应的功能，可在不接控制码传输线的情况下检测解码器的功能是否正常，具体设置详见表 2-16。

表 2-16　解码器自检

设置开关　12345678	LED　显示	功能
10000000	1	云台向左
01000000	2	云台向右
11000000	3	云台向上
00100000	4	云台向下
10100000	5	近距离聚焦
01100000	6	远距离聚焦
11100000	7	特写镜头
00010000	8	广角镜头
10010000	9	减小光圈
01010000	A	增大光圈
11010000	b	云台自动
00110000	c	辅助开关 1
10110000	d	辅助开关 2

（三）云台的安装及注意事项

1. 云台的安装

1）检查安装位置

检查室内解码器安装位置的现在情况及管线路由情况，尽量选择坚固的墙面和便于敷设线管、线槽的安装位置。解码器安装面应具有足够的强度并尽可能靠近室内云台安装位置，以缩短解码器与云台、摄像机之间各类线缆的距离。

2）安装室内解码器

（1）打开解码器面盖，将解码器紧靠在安装面上，按照解码器安装孔距的要求，用记号笔在墙面或其他固定件上做标记。

（2）根据前端设备、主控设备与解码器连接的线管线槽敷设位置、管径、线槽规格及拟定的解码器安装位置，使用相应规格的开孔器在解码器机箱上钻线管连接孔或使用砂轮锯开线槽连接口。

（3）解码器机箱钻孔或切口后，将边缘毛刺清理干净，使用锉刀将切口打磨平滑。

（4）使用冲击钻在安装孔标记处打孔（水泥墙、砖墙使用不小于 $\varnothing 8$ 的冲击钻；金属构件上使用不小于 $\varnothing 4.2$ 的钻头钻孔并用适当的丝锥攻螺纹，使用机制螺钉安装；在其他质地疏松的墙壁上安装时必须采取加固措施）。

（5）将不小于 $\varnothing 6$ 的膨胀螺栓塞入打好的安装孔，使膨胀螺栓胀管与墙面齐平。

（6）将解码器机箱固定孔与已安装的膨胀螺栓对正，将解码器挂在螺栓上，调整解码器位置至平直并紧贴墙面，将平垫与弹簧垫圈套入螺栓，旋紧螺母。

（7）将前端设备、主控设备的线管线槽与解码器紧固连接，并将连接线缆引入解码器。

3）安装室外解码器

根据室外解码器安装的位置不同，安装方式分为壁挂安装和抱柱安装两种。

（1）壁挂安装

①打开解码器面盖，将解码器紧靠在安装面上，按照解码器安装孔距的要求，用记号笔在墙面或其他固定件上做出标记。

②根据前端设备、主控设备与解码器连接的线管线槽敷设位置、管径、线槽规格及拟定的解码器安装位置，使用相应规格的开孔器在解码器机箱上钻线管连接孔或使用砂轮锯开线槽连接口。

③解码器机箱钻孔或切口后，将边缘毛刺清理干净，使用锉刀将切口打磨平滑。

④使用冲击钻在安装孔标记处打孔（水泥墙、砖墙使用不小于 $\varnothing 8$ 的冲击钻；金属构件上使用不小于 $\varnothing 5$ 的钻头钻孔并用适当的丝锥攻螺纹，使用机制螺钉安装；在其他质地疏松的墙壁上安装时必须采取加固措施）。

⑤将不小于 $\varnothing 5$ 的膨胀螺栓塞入打好的安装孔，使膨胀螺栓胀管与墙面齐平。

⑥将解码器机箱固定孔与已安装的膨胀螺栓对正，将解码器挂在螺栓上，调整解码器位置至平直并紧贴墙面，将平垫与弹簧垫圈套入螺栓，旋紧螺母。

⑦将前端设备、主控设备的线管线槽与解码器紧固连接，将连接线缆引入解码器。

（2）抱柱安装

①根据室外云台安装位置确定解码器适当的安装高度，用开孔器在立柱上开出线孔。

②立柱钻孔后，将边缘毛刺清理干净，使用锉刀将切口打磨平滑。

③在出线孔加装塑料护口，将立柱内的电源线缆、控制通信线缆、云台控制线缆、摄像机镜头控制线缆等从出线孔穿出。

④旋松箍套上的螺栓，将箍带的一端拆下，在箍带包围在立柱的安装位置上。

⑤将箍带的一端穿过柱状底座上的条形孔，然后穿入箍套包围在立柱的插孔内，旋紧箍套的锁紧螺栓，将箍带包紧在立柱上。

⑥将电源线缆、控制线缆、云台控制线缆、摄像机镜头控制线缆等从柱装底座的中心孔、解码器底盒出线孔穿出，留出足够的接线长度。

⑦用 M8 螺钉将解码器紧固在柱装底座上。

⑧用密封胶将解码器底盒过线孔密封，防止漏水。

4）连接线缆

按照解码器连接线图等技术文件的要求连接电源线缆、通信控制线缆、云台控制线缆、摄像机镜头控制线缆。线缆连接完成后，认真核对各类线缆的连接位置确保无误，并确保线缆连接牢固可靠。将室内解码器箱盖盖好并紧固，带有锁扣的解码器加锁锁闭。

2. 云台的安装注意事项

（1）解码器到云台、镜头的联接线不要太长，因为控制镜头的电压为直流 12V 左右，传输太远则线路压降太大，会导致控制失效。

（2）室外解码器要做好防水处理，在进线口处用防水胶封好是一种不错的方法，而且操作简单。

（3）从主机到解码器通常采用屏蔽双绞线，一条线上可以并联多台解码器，总长度不超过 1 500m（视现场情况而定）。如果解码器数量太多，需要增加一些辅助设备，如增加控制码分配器，并在最后一台解码器上并联一个匹配电阻（一般以厂家的说明为准）。

五、任务步骤

1. 以室内壁挂式云台为例进行云台与解码器的安装与调试。

2. 分组，列出材料清单后，领取实验器材。

3. 侧放云台，用改锥打开底盖板。

4. 去掉盖板，抽出接线板。

5. 将接线板平放在桌面上，小心拔出控制线缆如图 2-122 与图 2-123 所示。

6. 辨认接线端子，如图 2-123 所示。按照说明书和摄像机的参数开始把控制信号线接入各自端口。注意：电源的电压要特别注意，本例机器使用的是 24V 电源，接入 220V 将会烧毁云台。

(a) 拧松底部固定螺钉　　　(b) 取下底板　　　(c) 观察内部接线

图 2-122　云台拆开找到接线板

图2-123　放大的接线模块图

7. 把带有接线模块的固定板按照事先确定的位置，在按照第3步至第5步的方法把云台的底板装回去。

8. 选择云台的安装位置。应考虑摄像机和镜头组合及云台的尺寸重量。支撑云台的支撑物至少应承受5倍云台的总重量。

9. 安装定位墙壁上的安装板，如图2-124所示。

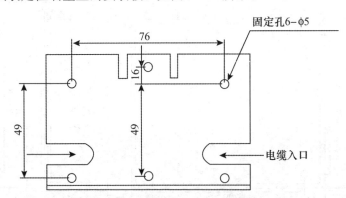

图2-124　解码器在墙壁上的安装板尺寸

10. 在墙上为输入电缆打孔，把视频线、电源线，以及控制线从打好的孔中穿出。

11. 拧下固定螺丝，拆下摄像机安装板，把一体化摄像机安装在安装板上，如图2-125所示。安装摄像机时，其中心位于安装板重心位置，并使用配件螺钉固定摄像机。

12. 装好安装板，拧紧固定螺丝。

13. 连接摄像机电源、镜头、视频端子等。

14. 拆开解码器外壳，辨认接线端子、地址设置端子、功能按钮等。

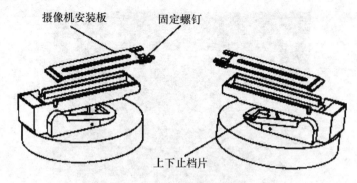

图 2-125　云台摄像机安装图

15. 安装前应先按照说明书对解码器内容 PCB 板上的若干设置开关进行正确的设置，如设置不正确将使该解码器以及与其连接的其他设备不能正常使用。

16. 本解码器为室内表面安装，安装时尽量靠近其所控制的摄像机，以减少传输线上的压降。

17. 必须要安全、牢固、可靠地安装在一个适当的表面，其带铰链的一面应在左侧，解码器的安装尺寸图如图 2-126 所示。

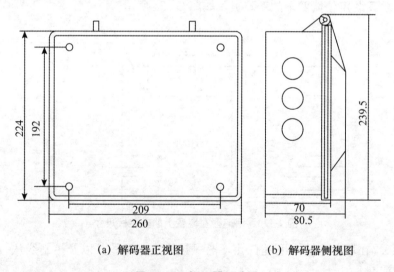

(a) 解码器正视图　　　　　(b) 解码器侧视图

图 2-126　解码器尺寸图

18. 把一体化摄像机机、云台的电缆接入解码器。注意，不可带电操作！

参照说明书、标签，对照解码器的接线图（如图 2-127 所示）。仔细准确地把所有电缆接入解码器的接线端子，两者的接口必须完全对应连接。注意：线头根据接线端子的尺寸做到芯线与接线柱接触良好、牢固，芯线不外露。在安装前先把以上设备检测后再实际安装。

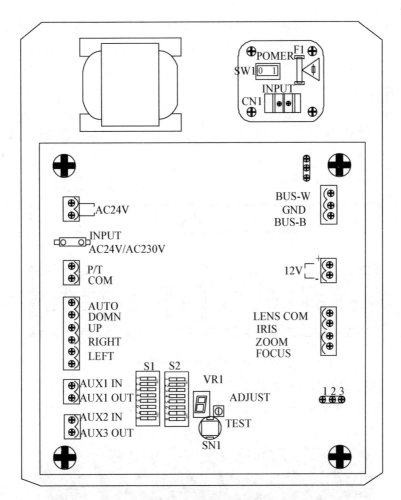

图 2-127　解码器接线端子图

注：IRIS——光圈；FOCUS——聚焦；ZOOM——变倍；COM——公共；AUX1——辅助开关一；AUX2——辅助开关二；AUTO——自动；UP——上；DOWN——下；LEFT——左；RIGHT——右；IN——输入；OUT——输出；PROTOCOL——协议；BAUD RAT——波特率；S1（ADDRESS）——设置解码器的地址，S2（SET）低 4 位作为波特率的设置开关，高四位为协议设置开关。

19. 接摄像机电源、云台电源、设定地址码和波特率开关。

根据镜头或摄像机、云台的要求，从解码器的电源输出端接出摄像机电源并调整云台的电源，并根据主机的设定或压缩卡的设定，调整好地址码和波特率。接入 220V 电源线。最后接出 485 控制线；正负极必须完全对应。

20. 调整主机、加电测试。

（1）利用解码器自检功能，控制云台上下左右运动；对摄像机的光圈、变焦、变倍等进行调节，比较实验结果。

（2）利用硬盘录像机进行调试：将解码器的 485 线接入硬盘录像机的 RS485 接口，摄像机视频线接硬盘录像机的视频输入端，调整硬盘录像机的相关参数，全部安装完毕后，再次检查接线端口和电源、电压，确认无误后，给解码器加电测试。

①设置好解码器的地址。

②确认解码器的 A、B 线与硬盘录像机的 A、B 接口连接正确；如图 2-128 所示。

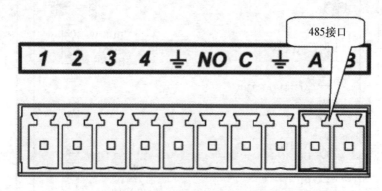

图 2-128　硬盘录像机 485 端口

③选择和设置与解码器匹配的协议（在硬盘录像机菜单中进行相应的设置），可使用【菜单】→【系统设置】→【云台设置】命令，如图 2-129 所示。

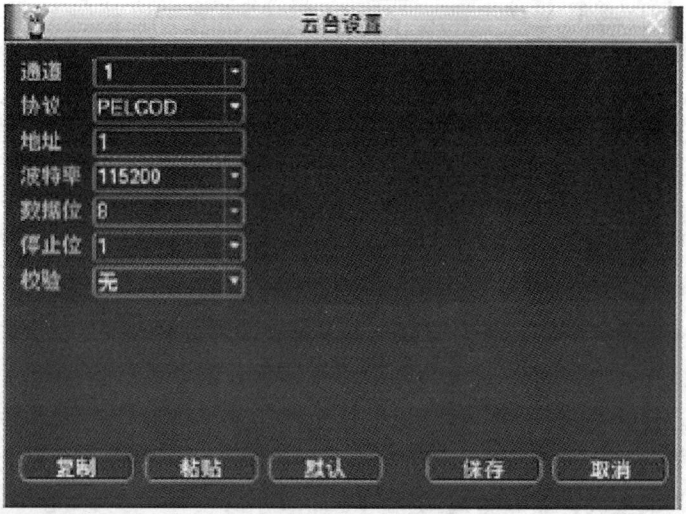

图 2-129　协议设置

各参数含义如下：

【通道】选择球机摄像头接入的通道；

【协议】选择相应品牌型号的解码器协议（如 PELCOD）；

【地址】设置为相应的解码器地址，默认为 1（注：此处的地址务必与解码器的地址相一致，否则无法控制解码器）；

【波特率】选择相应解码器所用的波特率，可对相应通道的云台及摄像机进行控制，默认为 9600；

【数据位】默认为 8；

【停止位】默认为 1；

【校验】默认为无。

保存设置后，在单画面监控下，按辅助键 Fn 或单击右键，弹出辅助功能菜单，如图 2-130 所示。按图 2-131 对解码器与云台进行控制，详见任务五硬盘录像机软件使用部分。

图 2-130　辅助功能画面

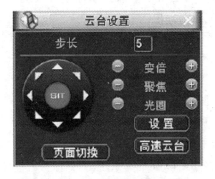

图 2-131　云台设置与控制画面

21. 写出设备安装调试报告书。

六、习题

1. 简述云台的种类。
2. 云台安装注意事项是什么？
3. 云台的功能是什么？
4. 简述解码器的功能。
5. 解码器安装时需要设置什么？
6. 为什么与云台镜头设备间连线尽量短？
7. 如何实现解码器的自检？
8. 常用的解码器的通信协议有哪些？
9. 解码器的工作电源使用要注意什么？

任务三　视频分配器、切换器与监视器的安装和调试

一、任务目标

了解视频分配器、切换器、监视器在视频监控系统中的作用，学习视频分配器、切换器、监视器的安装调试方法，能够熟练地进行视频分配与切换的操作。

二、任务内容

根据视频监控系统的规模大小合理选择视频分配器与切换器，完成不同规模视频监控系统的安装，运用视频分配器与切换器进行各种不同方式的视频分配与切换，对监控图像进行调试，以获得正确而清晰的图像。

三、设备、器材

视频分配器	1 台
视频切换器	1 台
监视器	1 台
视频线	若干
电源线	若干
220V 电源	1 套
工具包	1 套

四、设备安装与连线图

（一）视频分配器

1. 视频分配器简介

视频分配器是监控、娱乐、电教等系统的视频匹配设备，它可以把一路视频输入信号分配成多路视频输出信号，采用专用视频运算放大器放大。视频信号经过分配放大，在一定程度上弥补视频传输线路上的视频失真。通常有 1 进 4 出、1 进 8 出、1 进 16 出、2 进 8 出、4 进 8 出、4 进 16 出、8 进 16 出等多种规格。如图 2-132 所示。

视频分配器的显著特点是，可以将高清 AV 信号通过普通的同轴电缆线延长传输距离到 200m 左右，能彻底解决工程中因 1 个信号源而显示设备需要有多个同时显示而造成的问题。在接口设备上分配器是将音视频信号分配至多个显示设备或投影显示系统上的一种控制设备。它是专门分配信号的接口

 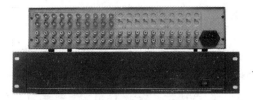

(a) 2进8出视频分配器后面板　　　　(b) 4进16出视频分配器后面板

图 2-132　两种规格视频分配器

形式的设备。

2. 视频分配器的作用

若想一台摄像机的图像送给多个控制显示设备时，最好选择视频分配器。因视频分配器解决了多台显示设备传输阻抗不匹配问题，从而避免了使图像严重失真，系统工作不稳定问题的出现。视频分配器除了阻抗匹配，还具有视频增益放大功能，使视频信号可以同时满足多个输入设备对信号电平要求的需要。比如，前端摄像机采集来的视频信号通过视频分配器可以接入中心矩阵的同时，再接入硬盘录像机或显示设备等都能满足这些设备对视频信号的要求，如图 2-133 所示。

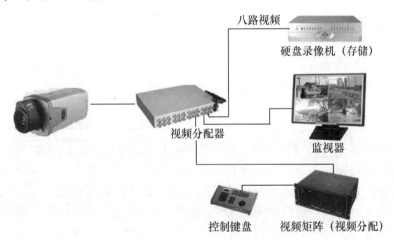

图 2-133　视频分配器的应用

用户使用时先将信号通过一根标配的高质量线引接到分配器的 INPUT 上，分配器上有 2 个或者 4 个甚至多个输出口，其中一个可以接到本地显示器上，其他的可以接到远端的显示设备上，通过调节分配器使输出电平达到规定要求，就可以满足远端终端显示设备的要求，使其图像清晰度达到与本地一样的效果。通过调整后，远端显示设备的图像质量会有质的提高，分配器可以最大限度地消除脱尾和重影现象，可以满足目前我国各种重点工程对高品质图像质量的要求。

3. 视频分配器的连接

以 V2401/16 型视频分配放大器为例，介绍视频分配器的连接。V2401/16 型视频分配放大器如图 2-134 所示。

给分配器接上 220VAC 电源。视频分配放大器提供一个标着"视频输入"的 BNC 连接器，用于连接一路复合输入信号，视频输入时可把一个外部视频源（如摄像机）连接到一个 BNC 连接器上。

V2401/16 型视频分配放大器将一路视频信号放大，并提供 16 路视频输出，后面板上有 16 个标着"视频输出"的 BNC 连接器用于连接视频输出（如监视器）。

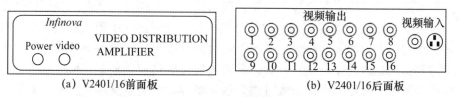

（a）V2401/16前面板　　　（b）V2401/16后面板

图 2-134　　V2401/16 型视频分配放大器

（二）视频切换器

1. 视频切换器简介

视频切换器是控制中心主控台上的一个选择视频图像信号的关键设备。简单地切换器是将多路视频信号的输入，通过对其控制，选择其中一路视频信号输出。

在多路摄像机组成的电视监控系统中，多路视频信号往往要送到同一处显示记录，如以一路视频对应一台监视器，因监视器占地大，价格贵，这样做成本较高，操作不方便，容易造成混乱，如果不要求实时监控，可以在监控室增设一台切换器，把多路摄像机输出信号接到切换器的输入端，切换器的输出端接监视器。切换器的输入端分为 2、4、6、8、12、16 路，输出端分为单路和双路，也可以同步切换音频。图 2-135 为 4 路音视频切换器前、后面板图。视频切换器目前采用由集成电路组成的模拟开关。价格便宜，连接简单，操作方便，在一个时间段内只能看输入中的一路图像。

2. 主要技术指标

（1）切换比例：此指标即指切换器的输入路数及切换后输出的路数。如果是矩阵形式的视频切换器，可通过编码任意选择切换比例。

（2）隔离度：这项指标是衡量多路视频信号输入到切换器上时，各路视频信号之间以及它们与切换后输出的信号之间串扰抑制的程度。一般用分贝

(a) 4路音视频切换器前面板

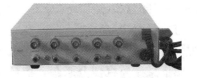
(b) 4路音视频切换器后面板

图 2-135 4 路音视频切换器

（dB）表示，此项指标值越高越好。

（3）微分增益 DG 与微分相位 DP：微分增益 DG 是指被切换后输出的视频信号与切换前的信号在幅度上的失真程度。此指标值越小，表明失真越小。微分相位 DP 是指被切换后输出的视频信号与切换前的信号在相位上的失真。此指标值越小，表示在相位上失真越小。一般要求电视监视控系统中使用的视频切换器的 DG≤8%，DP≤8°。

（4）输入电平与输出电平：输入电平是指视频切换器输入端对输入视频信号电压幅度的要求，一般为 0.8~1.2Vp—p；输出电平是指视频切换器输出端输出电压的幅度标准，一般为 1~1.2Vp—p，阻抗均为 75Ω。

3. 视频切换器的应用

目前所使用的视频切换器，一般是矩阵切换或积木式两种结构。可根据系统中摄像机的多少以及摄像机对监视器的比例来选用视频切换器的输入输出路数及任意组成切换比例。图 2-136 是使用两路视音频切换器使两路视音频信号在同一监视器上轮流显示。

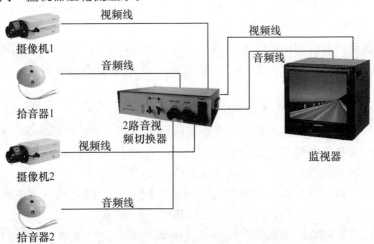

图 2-136 视频切换器的应用

（三）视频监视器

1. 视频监视器简介

视频监视器是监控系统的图像显示设备，有了监视器才能观看前端送过来的图像信息。监视器分彩色、黑白两种，有 9、10、12、14、15、17、21、29 英寸等多种尺寸。监视器分辨率同摄像机一样也是采用电视线数表示，单位 TVL。实际使用时一般要求监视器线数要与摄像机线数相匹配。

2. 视频监视器的选择

（1）监视器的选择应与前端摄像机类型基本匹配，黑白摄像机一般具有分辨率较高的特点，且价格较为低廉，在以黑白摄像机为主构成的系统中，宜采用黑白监视器。

（2）对于不仅要求看得清楚而且具有彩色要求的场合，使用彩色 CCD 摄像机，此时视频图像的显示设备必然用彩色监视器，对彩色监视器分辨率的选择一般要求适中即可，取 350～400 线较为常见。

（3）600～800 线分辨率的高档 CRT 彩色监视器，宜用在图像质量要求极高的场合。

（4）除分辨率指标外，目前流行的监视器具有多种控制和调节的功能。

（5）监视器有不同的扫描制式，选用时应注意。

（6）对于闭路电视监控系统而言，特别是在经费不太富裕的条件下，选用价格相对便宜的彩电是可行的折衷方案之一，但必须具有视频输入端子。

（7）监视器屏幕大小的选择，应与视频图像相匹配为原则，用于显示多画面分割器输出图像的监视器，由于一屏多显，因此宜采用大屏幕的监视器。

3. 视频监视器吊装支架的安装

监视器吊架可用膨胀螺栓安装在吊顶及墙上，图 2-137 为视频监视器吊架安装的 4 种方式。监视器安装时，应避免显示器屏幕正对着窗户，以防止逆光造成屏幕反光。

4. 视频监视器安装注意事项

（1）电源电压要相对稳定，必须有可靠接地的三相电源插座和防雷设施。

（2）为避免因受潮或遭受雷击而损坏，切勿将监视器暴露在雨中或过分潮湿处，切勿在监视器上摆放花盆或其他潮湿物体。

（3）安装环境必须保持良好的通风，不能有较大的灰尘，不能将监视器上的散热口封堵或遮挡，以防止零部件损坏。

（4）避免将监视器暴露在日光直接照射之下，避免放置在温度过高的地方，远离热源，监控室的温度应保持在 25℃左右。

（5）监视器不要靠近带有磁性的物体，以免被磁化。如受到"磁性影响"，

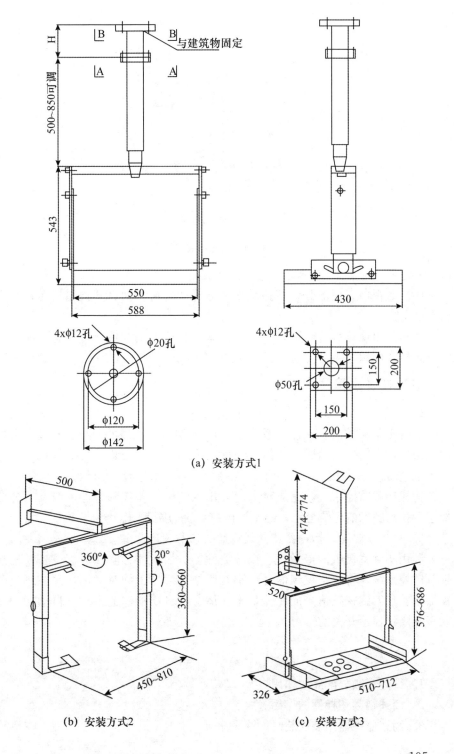

(a) 安装方式1

(b) 安装方式2

(c) 安装方式3

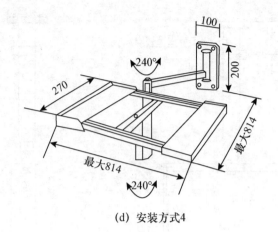

(d) 安装方式4

图 2-137 视频监视器吊装支架的安装

应将主电源关掉至少30分钟，然后再开机。

（6）监视器底板部分带有高压电，非专业人员切勿打开机箱后盖，否则会有触电危险。

（7）如出现冒烟，声音异常，有异味或其他不正常现象时，应立即关掉电源，拔掉电源插头，找到原因，待机器恢复正常后方可使用。

五、任务步骤

1. 视频监控系统的构建与原理图的绘制

装备于某宾馆的视频监控系统中，1~4层客房通道的两端各安装一台黑白摄像机，大门口、门厅、后门、停车场适当位置各安装一台摄像机，共计12台摄像机，请利用视频分配器、视频切换器、数字硬盘录像机、监视器等设备构建视频监控系统，完成对大门口出入情况的监控和录像，以及对各监控场所视频图像的轮流显示，绘制该监控系统的原理图。

2. 视频分配器、切换器、监视器的安装与调试

利用实训室提供的摄像机、视频分配器、切换器、监视器等设备，构建视频监控系统，将一路视频信号分别在两个监视器上同时显示，并在彩色监视器上实现四路视频信号的轮流显示。体会视频切换器的手动、自动切换功能以及固定显示开关的作用。

六、习题

1. 简述视频分配器的作用。
2. 简述视频切换器的作用。
3. 简述监视器吊装安装时的注意事项。

任务四　视频矩阵的安装与调试

一、任务目标

理解视频矩阵控制器的安装与调试，学习掌握视频矩阵控制器的基本工作原理与结构组成，掌握矩阵控制器安装程序、工艺和调试技术。

二、任务内容

要求完成视频矩阵的安装与调试，通过 PE408-4L 视频矩阵的实践操作，掌握其使用、安装工艺和调试等方法。

三、设备、器材

PE408-4L 视频矩阵	1 台
一体化摄像机	1 台
视频线	若干
电源线	若干
控制线	若干
监视器	1 台
工具包	1 套

四、设备安装原理与连线图

视频矩阵是监控系统的核心，集图像信号分配、切换、控制等功能于一体。主要由输入单元（VIM）、信号源匹配、切换和分配等单元组成。通过控制键盘、实现人机交互。

1. 视频矩阵分类

视频矩阵可分为模拟矩阵和数字矩阵两种。

模拟矩阵：视频切换在模拟视频层完成。信号切换主要是采用单片机模拟控制开关实现。

数字矩阵：视频切换在数字视频层完成，这个过程可以是同步的也可以是异步的。数字矩阵的核心是对模拟视频信号进行数字化的处理，需要在视频输入端增加 AD 转换，将模拟信号变为数字信号，在视频输出端增加 DA 转换，将数字信号转换为模拟信号输出。

2. 视频矩阵的功能

视频矩阵主要是实现 M 路信号输入，N 路信号输出功能，且 M>N。可以对任意一路输入信号进行选择切换，输出至任意一个输出端口。VGA 矩阵实现的是多路 VGA 信号输入，多路信号输出。RGB 矩阵是将 VGA 信号转换成 RGB 信号来实现矩阵功能。实际工程中可以看成同一种设备来使用，只需要接上 RGB 转 VGA 头就可以了。按照输入、输出通道的不同，常见的视频矩阵一般有 16×4、16×8、16×16 等。常规的理解是乘号前面的数字代表输入通道 M 的多少，乘号后面的数字代表输出通道 N 的多少。M×N 矩阵表示同时支持 M 路图像输入和 N 路图像输出。不论矩阵的输入输出通道多少，它们的控制方法都大致相同：前面板按键控制、分离式键盘控制和第三方控制（通过 RS 232/422/485 等）。

3. 视频矩阵的选择

选择视频矩阵主机时首先要确定需要控制的摄像机个数，是否需要扩充，把现有的和将来有可能扩充的摄像机数目相加，选择控制器的输入路数。

4. 矩阵键盘连接

PE40 系列矩阵提供一个 RS485 串行通信接口与控制键盘连接，连线距离可达 1 300m。矩阵键盘连接如图 2-138 所示。

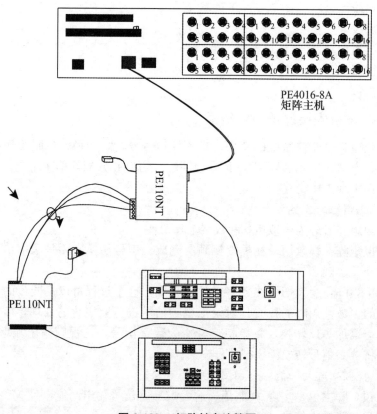

图 2-138　矩阵键盘连接图

5．PE40 主机与 PE 系列解码器的连接方法

PE40 主机与 PE 系列解码器的连接方法如图 2-139 所示。

注意：在连接时请务必使用带屏蔽双绞线作为通信线。在最远端处的解码器 485 端口上必须并上一个 120Ω 的电阻，以保证阻抗的匹配。

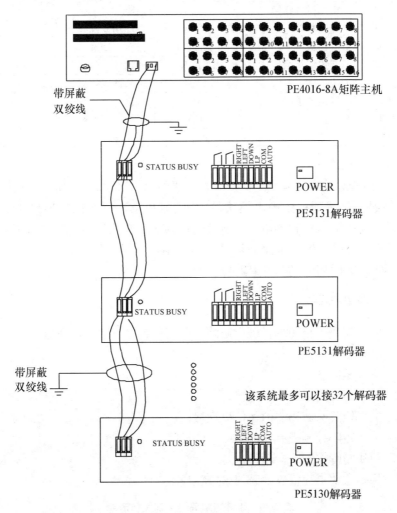

图 2-139　矩阵与解码器的连接

6．矩阵键盘功能

矩阵键盘功能说明见表 2-17。

表 2-17 矩阵键盘功能说明

按键	按键说明	按键	按键说明
MON	监视器选择键	NEXT	下一个键
CLOSE	光圈关闭键	F1	辅助1键
CAM	摄像机选择键	CLEAR	清除
OPEN	光圈打开键	RUN	自动切换键
0—9	数字键	AUTO	云台自动键
TELE	变焦特写图像键	LINE	线扫键
ENTER	确认键	FAR	聚焦远调整键
WIDE	变焦全景图像键	OFF	关键
SET	设置键	NEAR	聚焦近调整键
ON	开键	DISP	进入屏幕菜单编程功能（锁开关）

7. 视频线连接

所有的视频输入，应接到视频输入模块的 BNC 接口上；所有的视频输出（如监视器）应接到视频输出模块的 BNC 接口上。所有视频连接应使用带 BNC 插头高质量 75Ω 视频电缆。所有的视频输出必须在连接中最后一个单元接 75Ω 终端负载。中间单元必须设置为高阻，如果不接负载，图像会过亮。相反，如果接了两倍负载，图像会过暗。

五、任务步骤

1. 阅读解码器说明书，画出矩阵、前端设备接线图、监视器。
2. 教师检查通过，分组实训。
3. 完成矩阵和摄像机的连接。
4. 完成矩阵与矩阵键盘连接。
5. 完成矩阵与解码器的通信口连接。
6. 使用矩阵控制视频在监视器上的切换。
7. 使用矩阵控制云台动作。
8. 根据说明书完成表 2-18 中的操作。

表 2-18 矩阵与解码器实训操作清单

序号	操作	步骤
1	手动视频切换，将4号摄像机调到2号监视器上	
2	自动视频切换，把2号摄像机到5号摄像机的画面调到2号监视器	
3	运行自动切换，1号监视器运行自动切换	

序号	操作	步骤
4	摄像机画面跳过，1 号监视器不显示 2 号摄像机画面	
5	自动切换时间设置，设 2 号监视器自动切换时间为 3 秒	
6	云台控制，对云台的上、下、左、右的运行	
7	主机通过解码器控制云台（带自动旋转功能）的运转	
8	停止 3 号云台的自动扫描	
9	主机通过解码器控制 4 号云台在设置的范围内自动水平旋转	
10	停止 4 号云台的线扫	
11	主机通过解码器打开 1 号摄像机镜头的光圈	
12	调整 2 号摄像机镜头的焦距	
13	对 3 号摄像机进行变焦操作	

9. 完成设备安装调试说明书。

六、习题

1. 简述视频矩阵在视频监控系统中的作用。
2. 简述视频矩阵与解码器的连接。

任务五 硬盘录像机的安装与调试

一、任务目标

理解硬盘录像机在视频监控系统中的作用，学习掌握硬盘录像机的安装调试和参数设置方法，能够使用相应软件对监控设备和视频图像进行控制管理。

二、任务内容

以 L 系列数字硬盘录像机为例，学习硬盘录像机的安装、软件界面设置和调试方法。了解硬盘录像机日常故障的处置方法。

三、设备、器材

L 系列数字硬盘录像机	1 台
球机	1 台
安装支架	1 个
控制线	若干

电源线　　　　　　　　　　　若干

视频线　　　　　　　　　　　若干

闪光报警灯　　　　　　　　　1个

直流 12V 电源　　　　　　　　1个

交流 24V 电源　　　　　　　　1个

四、设备安装原理与连线图

1. 硬盘录像机的种类

目前，数字硬盘录像暂时还没有统一的标准，所以其种类也不尽一致。这里，依据架构、实现方式的不同，大致将应用于视频监控系统中的数字硬盘录像机分为以下两大类型。

（1）嵌入式硬盘录像机

嵌入式硬盘录像机直接使用嵌入式 CPU 及 RAM，在底层进行板卡级产品的开发设计。依据其实现方式的不同，嵌入式硬盘录像机又可以分为三种架构。

① 硬件方式：CPU＋压缩芯片。例如，IDT 的 79RC32438＋Intime。

② 软件方式：CPU＋DSP。例如，AMD＋Trimedia。

③ 软件方式：多媒体 CPU 单独完成。例如，Trimedia＋Trimedia。

对于第一种架构，例如，使用 IDT 的 79RC32438＋Intime 芯片来实现 DVR，缺少软件升级能力的灵活性和标准不统一等原因都制约着这种方案。这也是欧美等芯片大厂没有推出 FULLD1 的 MPEG-4 芯片的原因。并且 MPEG-4 的压缩芯片价格也不具有竞争优势。

由于嵌入式 CPU 的技术已非常成熟，可使用 ARM 系列、POWERPC 系列的控制 CPU，专用 DSP 的运算速度也已能够满足现有一些算法的需求，所以较为流行的实现方式是 CPU＋DSP 架构，但它需要分别对 CPU 和 DSP 进行编程，可能针对不同的操作系统完成程序设计。另外，DSP 程序的稳定性需要花费很大的精力。

使用多媒体 CPU 作为主控 CPU 和视频编/解码，最大的优点在于统一的开发平台，软、硬件设计相对简单，具有容易开发和高集成、低成本的明显特点。缺点是灵活性差，可选择性差，受芯片厂商的制约。

采用嵌入式操作系统及硬件压缩技术运行固化的硬盘录像机，既可外接计算机的显示器，并以 VGA 方式显示画面，也可外接普通的视频监视器。此类硬盘录像机无须 Windows 操作平台，也不需要鼠标操作，设置及控制是在机器面板上直接操作按钮或使用遥控板来完成的，其运行的状态信息与其他设置信息既可使用面板上的显示屏进行显示，也可使用外接监视器进行显示。

嵌入式硬盘录像机一般采用传统 VHS 录像机的操作模式，因而更符合传统录像机的操作人员的习惯。此外，因为采用了专用一体化设计，较少出现死机现象，所以，相对于 VHS 录像机而言，嵌入式硬盘录像机无论是从其本身品质上，还是从其稳定性、存储速度、分辨率、画质等方面来看都有很大的优势。所以，嵌入式硬盘录像机非常适于传统视频监控系统改进为外挂多媒体监控系统。

（2）基于 PC 的硬盘录像机

基于 PC 的硬盘录像机多用于网络监控系统中，由于是在计算机内插有多块视频采集卡，因此又称计算机插卡型。按照硬、软件实现方式的不同，基于 PC 的硬盘录像机又进一步细分为单卡单路型、多卡多路型和单卡多路型等。图 2-140 所示为某种 DVR 卡的外形。

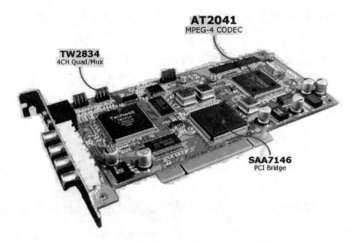

图 2-140　DVR 卡的外形

基于 PC 的硬盘录像机以轮换、同时的方式采集从前端若干摄像机送来的视/音频信号。其操作平台基本上都为 Windows 平台；其压缩方式既可是在卡上硬件压缩，也可进行软件压缩，压缩后的视频图像存储在硬盘上。压缩标准则是常见的 M-JPEG、MPEG-1、MPEG-2、MPEG-4、H.261、H.263 等。由于视频采集卡厂商都提供软件开发包，使软件的二次开发很容易实现，所以基于 PC 的硬盘录像机的种类很多，可购买整机也可购买套件自行设计安装。为防止用户从其他渠道购买到同样型号的视频采集卡，以对录像软件进行非法复制，基于 PC 的硬盘录像机的录像软件进行了加密处理，其密码掌握在视频采集卡的生产厂家手中。

还有另一种计算机插卡式的变形，是把计算机板卡与视频采集板卡装在厂商自己生产的机壳中，用于固定各视频输入/输出端子，同时还可驳接VGA显示器或普通监视器。实际上它是一种准嵌入式机型，又称计算机改装式。与计算机插卡式相比，改装式更适应工业环境应用，其适应性和可行性都较高，但其成本比较高，基本功能和压缩方式与计算机插卡式大体一致。

2. 嵌入式硬盘录像机的架构

嵌入式硬盘录像机主要包括前面板、AV板、后面板模块。前面板用于用户输入；AV板完成音/视频的压缩、解压和存储；后面板包括报警、备份等接口。

AV板是DVR的主要组成部分，分为模拟视频解码、视频压缩、系统控制、视频编码与接口等模块。

（1）模拟视频解码模块

模拟视频解码主要完成模拟视频的数字化。视频解码器对最终压缩效果起着很重要的作用，干净的数字信号可以降低压缩算法的输出码流，提高清晰度。一些设计方案在视频解码芯片后增加降噪芯片来降低视频解码器的噪声。目前，比较常用的有 Philips 的 SAA 系列、TI 的 TVP 系列、Rockwell 的 BT 系列等。是否带有梳妆滤波器是选择视频解码器的一个重要参考指标。

（2）视频压缩模块

视频压缩模块是 AV 板的核心，根据产品的应用场合，完成不同标准的压缩算法，如 MPEG-1、MPEG-2、MPEG-4、H.263、H.264、Montion-JPEG 等。不同的 DVR 方案的主要区别就是看采用什么样的视频压缩模块来实现视频压缩。

对采用最新的 MPEG-4 算法的 DVR 而言，主要分为硬件压缩和软件压缩。硬件压缩是指采用专用 MPEG-4 编/解码芯片来完成视频压缩，现在国内常见的 D1 压缩芯片有 WISGO7007、INTIMEIME6400 和 VWEBVW2010 等，它们的共同特点是：输入分辨率从 64×64、以 16 像素为间隔，最高可达 720×576；最大帧率在 full-D1 分辨率下为 25fps（PAL），在 CIF 分辨率下可达 100fps。

硬件压缩芯片集成了 MIPS 和 DSP，DSP 主要完成音频的编/解码，MIPS 主要完成控制及一些简单的配置。使用专用 ASIC 模块提供快速运算完成视频压缩算法，能够完成输入分辨率为 FULLD1 的视频信号的实时压缩，有较高的可靠性。缺点是 MPEG-4 标准只提供了标准的框架，所以造成彼此的码流格式不兼容。另外，由于 MPEG-4 的硬压缩芯片算法保密，对于开发 DVR 产品，设计解码器时必定受到制约，同时用户在算法操控上完全取决于供应商对内部资源的开放程度上，不能保证设计出完全符合产品定义时的 DVR，并且 DVR 压缩算法不能改进以适应新的压缩技术。

软件压缩方案采用高速 DSP 来实现 MPEG-4 算法。由于很多组织已经公开了自己的 MPEG-4 源码，并且可以用 PC 机验证算法的优劣，使算法的可实现性得以保证。ASIC 技术的发展使高速 DSP 已经可以完成 MPEG-4 的 FULLD1 运算。目前，国内采用的方案主要有 ADI 的 DSP、TI 的 64X 系列 DSP、TRIMEDIA 的 TM 系列、EQUATOR 等，这些芯片的共同特点是多个运算单元模块并行工作，提高了数据处理能力，提供音/视频接口，可以方便地直接接收数字音/视频数据，提供丰富的接口单元接收用户的控制命令。

在 DSP 上完成符合 MPEG-4 国际标准框架和经过高度优化的算法，可实现高、中、低和极低码率的视频压缩，具有良好的编码效率、容错能力和自适应码流，保证完美持续的视频质量。同时由于采用软件实现压缩算法，可以在不改变硬件平台的基础上使用不同的算法来完成视频压缩，如 H.263、H.264 或者微软的最新压缩算法，具有强大的升级能力。缺点是软件开发周期过长，针对不同的操作系统和 CPU，算法优化比较复杂，可靠性和稳定性很难保证。

（3）主控 CPU 模块

主控 CPU 模块主要完成系统的控制、数据存储和传输，如果系统不提供解码芯片，主控 CPU 还要完成压缩视频流的解码。是否具备网络、USB、IDE、232、485、PCI 扩展总线等接口是选用主控 CPU 的主要考虑因素。另外，主控 CPU 可以运行何种嵌入式操作系统（RTOS）也非常重要，目前常用的有 AMD、ARM9 系列、PowerPC 系列、IDT 等。它们都有各自的优、缺点，可以根据掌握的资源来选用不同的 CPU。例如，Trimedia 的 TM1300 提供 PCI 总线、数字音/视频接口等，并且运算速度较快，可以完成视频解码，但是不提供网络接口和 IDE 接口，用户需要完成 PCI 扩展。IDT 的 79RC32438 提供了强大的运算能力和网络与 PCI 接口，但是用户必须扩展音/视频接口。

RTOS 在国内主要有 Vxworks、pSOS、Linux、QNX、WinCE 等，Vxworks 最好，pSOS 也非常成熟，但是不再发展，QNX 和 WinCE 都似乎更注重于 GUI 图形界面方面。选用哪种 RTOS，除了本身 OS 核心的性能要好之外，还有开发工具的好坏、编译器、调试器等要考虑的因素，因为还要完成

TCP/IP 等诸多协议和 USB 等诸多驱动程序设计。所以，在程序设计时，最好在应用层的程序和 RTOS 之间用一个虚拟接口接起来，以后无论移植到哪个 RTOS 都会很方便，而且软件可以先在虚拟的接口上调试。

（4）接口模块

相对于基于 PC 的硬盘录像机来说，嵌入式硬盘录像机在接口方面存在劣势。随着用户需求的增加，硬盘录像机应该提供网络、USB、报警等相应接口。由于嵌入式硬盘录像机一般采用嵌入式 CPU 和 RTOS 操作系统，这样系统设计者必须自己完成不同 RTOS 系统的驱动程序设计。另外嵌入式系统为保证系统的可靠性，很少采用插卡的形式来进行接口扩展，使得每增加一种接口，系统硬件必须重新设计。所以对嵌入式硬盘录像机来说，完善的系统设计方案至关重要。

3. L 系列硬盘录像机的面板

（1）前面板

前面板如图 2-141 所示，前面板按键介绍如表 2-19 所示。

图 2-141　硬盘录像机的前面板

表 2-19　前面板按键介绍

键名	标识	功能介绍
电源开关	POWER	电源开关（按住该键 3 秒钟关机）
电源指示灯		电源指示灯
切换键 （shift 键）	↑	在预览界面，按住该键 3 秒钟，进行 TV/VGA 切换
		文本框被按下时，连续按该键在数字、英文大小写、符号、中文输入（可扩展）之间切换
		开启或暂停轮巡
数字键区	0～9 等数字	数字输入 通道切换
10＋键	10＋或－/－－	切换 10 以上的通道时按一下此键，再按个位数字键
上、下方向键	▲、▼	对当前激活的控件切换，可向上或向下移动跳跃； 更改设置，增减数字； 辅助功能如对云台菜单进行控制切换
左、右方向键	◀、▶	对当前激活的控件切换，可向左或向右移动跳跃录像回放时按键控制回放控制条进度

续表

键名	标识	功能介绍
取消退出键	ESC	关闭顶层页面或控件
确认键	ENTER	操作确认
		跳到默认按钮
		进入主菜单
录像键	●	手动启动/停止录像，与方向键或数字键配合使用
功能辅助键	Fn	单画面监控状态时，按该键显示辅助功能：云台控制和图像颜色，进入云台控制菜单后按键切换云台控制菜单
		动态检测区域设置时，按 Fn 键与方向键配合完成设置
		退格功能：数字控件和文本控件可以删除插入符前的一个字符
		硬盘信息菜单中切换硬盘录像时间和其他信息（菜单提示）
		各个菜单页面提示的特殊配合功能
倒放/暂停键	‖◀	正向回放或回放暂停时按该键倒向回放；倒向回放时按该键暂停回放
播放/暂停键	▶‖	倒向回放或回放暂停时按该键正向回放；正向回放时按该键暂停回放；暂停时恢复回放
		在实时监视状态时，按该键直接进入录像查询菜单
慢放键	‖▶	多种慢放速度及正常回放
快进键	▶▶	多种快进速度及正常回放
播放上一段键	◀‖	录像文件回放时，播放当前回放录像的上一段录像；菜单内容设置时可进行向上菜单选项段跳跃
播放下一段键	‖▶	录像文件回放时，播放当前播放录像的下一段录像；菜单内容设置时可进行向下菜单选项段跳跃
USB 接口		接 USB 存储设备、USB 鼠标、USB 刻录光驱
通道指示灯	0~16	显示灯亮意为正在录像状态
指示灯	STATUS	系统运行状态
	ACT	遥控指示灯
	Fn	功能指示灯
遥控器接收窗	IR	用于接收遥控器的信号
画面切换键	MULT	切换监视画面到单画面或多画面
飞梭外键		实时监视时为左右方向键功能；回放时右转为快进功能，左转为快退功能
飞梭内键		上下方向键功能，回放时为单帧回放功能（根据产品系列版本支持）

（2）后面板接口

后面板接口如图 2-142 所示。

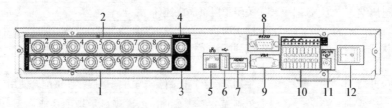

图 2-142 后面板接口示意图

1. 视频输入 2. 音频输入 3. 视频 CVBS 输出 4. 音频输出 5. 网络接口 6. USB 接口 7. HDMI 接口 8. RS232 接口 9. 视频 VGA 输出 10. 报警输入、报警输出、RS485 接口 11. 电源输入孔 12. 电源开关

注意：当与计算机的网卡接口直接连接时，使用反线；当通过集线器或交换机与计算机连接时，使用正线。

4. 音视频输入输出连接

（1）视频输入的连接

硬盘录像机的视频输入口为 BNC 头，输入信号要求为 PAL/NTSC BNC（$1.0V_{P-P}$，75Ω）。视频信号应符合国家标准，有较高的信噪比、低畸变、低干扰；图像要求清晰、无形变、色彩真实自然、亮度合适。

采用高质量、屏蔽好的视频同轴线，并依据传输距离的远近选择合适型号。如果距离过远，应依据具体情况，采用双绞线传输、添加视频补偿设备、光纤传输等方式以保证信号质量。视频信号线应避开有强电磁干扰的其他设备和线路，特别应避免高压电流的串入。保证接线头的接触良好，信号线和屏蔽线都应牢固、接地连接良好，避免虚焊、搭焊。

（2）视频输出设备的选择和连接

视频输出分为 BNC（PAL/NTSC BNC（$1.0V_{P-P}$，75Ω）输出和 VGA 输出，其中 BNC 主输出请勿与 VGA 输出同时使用，辅助输出可与 VGA 输出同时使用。

（3）音频信号的输入

环通上板（−H 结尾）的音频和对讲功能都是 BNC 口连接（即 Q9 头）；普通上板（带音频功能）的音频和对讲功能是 RCA 口连接（莲花头），矩阵上板（−L 结尾）无音频和对讲功能，具体请参考附录中各个型号的技术参数。音频输入阻抗较高，因此拾音器必须采用有源拾音器。音频传输与视频输入类似，要求线路尽量避免干扰，避免虚焊、接触不良，并且特别注意防止高压电流的串入。

（4）音频输出

硬盘录像机的音频输出信号参数一般大于 200mV 1kΩ（BNC 或 RCA），可以直接外接低阻抗值耳机、有源音箱或者通过功放驱动其他声音输出设备。在外接音箱和拾音器无法实现空间隔离的情况下，容易产生输出啸叫现象。此时可采取的措施有：采用定向性较好的拾音器；调节音箱音量，使之低于产生啸叫的域值；使用环境的装修多使用吸音材料，减少声音的反射，改善声学环境；调整拾音器和音箱的布局，也能减少啸叫情况的发生。

5. 报警输入输出的连接

（1）报警输入

报警输入为接地报警输入。报警输入要求为地的电压信号。当报警设备需接入两台硬盘录像机或需同时接入硬盘录像机与其他设备时，需用继电器隔离分开。

（2）报警输出

硬盘录像机的报警输出不能连接大功率负载（不超过 1A），在构成输出回路时应防止电流过大导致继电器的损毁。使用大功率负载需要用接触器隔离。

（3）云台解码器连接

必须做好云台解码器与硬盘录像机的共地，否则可能存在的共模电压将导致无法控制云台。建议使用屏蔽双绞线，其屏蔽层用于共地连接。防止高电压的串入，合理布线，做好防雷措施。需在远端并入 120Ω 电阻减小反射，保证信号质量。硬盘录像机的 485 的 AB 线不能与其他 485 输出设备并接。解码器 AB 线之间电压要求小于 5V。

（4）前端设备注意接地不良可能会导致芯片烧坏。

（5）报警输入的输入类型不限

报警输入的输入类型不限，可以是常开型也可以是常闭型。

6. 报警输入端子

（1）图 2-143 中 DOWN 一排所示从左到右 1，2，3，4，5，6，7，8 对应报警输入 ALARM1～ALARM8；报警输入为接地电平有效。

（2）图 2-143 上 UP 一排 1-NO C、2-NO C、3-NO C 为三组常开联动输出（开关量）。常闭报警输入如图 2-144 所示。

（3）A、B 为控制 485 设备的 A，B 线，用于接控制解码器等录像机控制设备。如果云台解码器数量较多，请在 A，B 线并入 120Ω 的电阻。

（4）⏚：地线。

7. 报警输出端子

（1）2 路开关量报警输出（常开触点），外部报警设备需有电源供电。

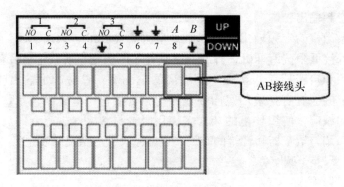

图 2-143　报警输入端子接线图

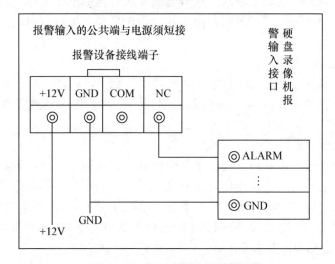

图 2-144　常闭报警输入示意图

（2）为避免过载而损坏主机，连接时请参阅继电器相关参数，相关的继电器参数见表2-20。

（3）可控＋12V 说明：可用作某些设备，如复位烟感报警探测器的电源。

表 2-20　报警输出端继电器参数

型号 JRC-27F		
触点材料	银	
额定值（电阻负载）	额定开关容量	30VDC 2A，125VAC 1A
	最大开关功率	125VA，160W
	最大开关电压	250VAC，220VDC
	最大开关电流	1A

型号 JRC-27F		
触点材料	银	
绝缘	同极性触点间	1 000VAC 1 分钟
	不同极性触点间	1 000VAC 1 分钟
	触点与线圈之间	1 000VAC 1 分钟
浪涌电压	同极性触点间	1 500VAC（10×160us）
开通时间	3ms max	
关断时间	3ms max	
寿命	机械	50×106 MIN（3Hz）
	电气	200×103 MIN（0.5Hz）
工作环境	−40℃～+70℃	

8. 云台与 DVR 间的连线说明

（1）使用 4 芯线将球机的 485 线接到 DVR 的 485 口，如图 2-145 所示。

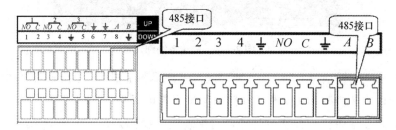

图 2-145　云台与 DVR 连接方法

（2）将球机的视频线接 DVR 的视频输入。

（3）再让球机通电。

9. 软件的使用

1）开机

插上电源线，按下后面板的电源开关，电源指示灯亮，录像机开机，开机后视频输出默认为多画面输出模式，若开机启动时间在录像设定时间内，系统将自动启动定时录像功能，相应通道录像指示灯亮，系统正常工作。

2）关机

注意： 更换硬盘须打开机箱并先切断外部电源。

①进入【主菜单】，在【关闭系统】中选择【关闭机器】命令。

②按下后面板的电源开关即可关闭电源。

3）断电恢复

当录像机处于录像工作状态下，若系统电源被切断或被强行关机，重新来电后，录像机将自动保存断电前的录像，并且自动恢复到断电前的工作状态继续工作。

4）进入系统菜单

正常开机后，单击鼠标左键或按遥控器上的确认键（Enter），弹出登录对话框（见图 2-146），用户在输入框中输入用户名和密码。

说明：出厂时有 4 个用户 admin、888888、666666 及隐藏的 default。前三个出厂密码与用户名相同。admin、888888 出厂时默认属于高权限用户，而 666666 出厂默认属于低权限用户，仅有监视、回放等权限。

图 2-146　登录系统图

密码安全性措施：每 30 分钟内试密码错误 3 次报警，5 次则账号锁定。

注：为安全起见，请用户及时更改出厂默认密码。

除硬盘录像机前面板及遥控器可配合输入操作外，可单击 123 按钮进行数字、符号、英文大小写、中文（可扩展）切换，并直接在软面板上用鼠标选取相关值。

5）预览

设备正常登录后，直接进入预览画面。

在每个预览画面上有叠加的日期、时间、通道名称，屏幕下方有一行表示每个通道的录像及报警状态图标，各种图标的含义见表 2-21。

表 2-21　通道画面提示

图标	含义	图标	含义
〇〇	监控通道录像时，通道画面上显示此标志	?	通道发生视频丢失时，通道画面显示此标志
⊟	通道发生动态检测时，通道上画面显示此标志	🔒	该通道处于监视锁定状态时通道画面上显示此标志

（6）录像时间的设置

硬盘录像机在第一次启动后的默认录像模式是 24 小时连续录像。进入菜单，可进行定时时间内的连续录像，即对录像在定时的时间段内录像，可使用【菜单】→【系统设置】→【录像设置】命令，打开图 2-147 所示对话框进行设置。

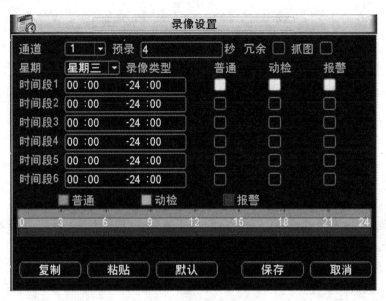

图 2-147　录像时间设置

各参数含义如下：

【通道】选择相应的通道号进行通道设置，统一对所有通道设置可选择【全】。

【星期】设置普通录像的时间段，在设置的时间范围内才会启动录像；选择相应的星期 X 进行设置，每天有 6 个时间段供设置；统一设置选择【全】。

【预录】可录动作状态发生前 1～30 秒录像（时间视码流大小状态）。

【冗余】1U 机器取消冗余功能，【冗余】使能框为灰显，实际不能操作。

【抓图】开启定时抓图。统一设置选择【全】。

【时间段】显示当前通道在该段时间内的录像状态，所有通道设置完毕后单击"保存"按钮确认。

图 2-144 中显示的时间段示意图，颜色条表示该时间段对应的录像类型是否有效。绿色为普通录像有效，黄色为动态检测录像有效，红色为报警录像有效。

7）录像开启和停止

提示：手动录像操作要求用户具有"录像"操作权限。在进行这项操作前应确认硬盘录像机内已经安装了已正确格式化的硬盘。

　　单击鼠标右键或在选择【高级选项】→【录像控制】命令可进入手动录像操作界面。如图 2-148 所示。

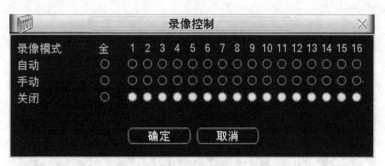

图 2-148　手动录像设置

　　自动：录像由录像设置中设置的（普通、动态检测和报警）录像类型进行录像。

　　手动：优先级别最高，不管目前各通道处于什么状态，执行"手动"按钮之后，对应的通道全部都进行普通录像。

　　关闭：所有通道停止录像。

　　8）录像画质设置

　　录像画质设置如图 2-149 所示。

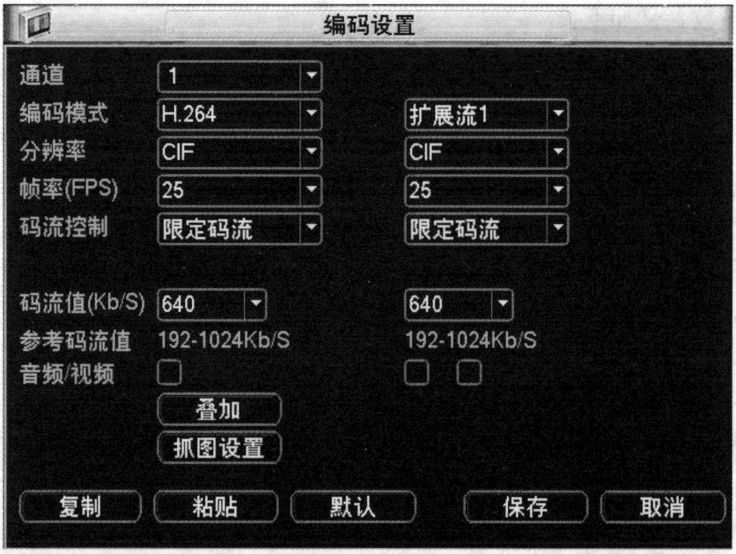

图 2-149　编码设置

　　【通道】选择通道号。

【编码模式】H. 264 模式。

【分辨率】主码流分辨率类型有 D1/CIF/QCIF 三种可选。通道不同，不同分辨率对应的帧率设置范围也不同。通道 1～16 扩展流分辨率都只支持 QCIF。主码流参数搭配多种，用户可按需组合。

【帧率】P 制：1～25 帧/秒；N 制：1～30 帧/秒。

注：主码流分辨率与帧率的限制范围如下（以 0804LEA 为例）。

①若通道 1 设置分辨率 D1、帧率＞6 帧，则其他 2～8 通道分辨率只能设置为 CIF 或 QCIF。

②若通道 1 设置分辨率 D1、帧率≤6 帧，则其他 2～8 通道分辨率有 D1/CIF/QCIF 三种可选，此时 D1 的最大帧率设置为 6 帧。

【码流控制】包括限定码流，可变码流。限定码流下画质不可设置；可变码流下画质可选择，画质提供 6 档，6 为画质最好。

【码流值】设置码流值改变画质的质量，码流越大画质越好；参考码流值给用户提供最佳的参考范围。

【音频/视频】主码流视频默认开启，【音频】反显时录像文件为音视频复合流。扩展流 1 要先选视频才能再选音频。

9）抓图设置

（1）定时抓图

定时抓图如图 2-150、图 2-151 和图 2-152 所示。

设置方法如下：

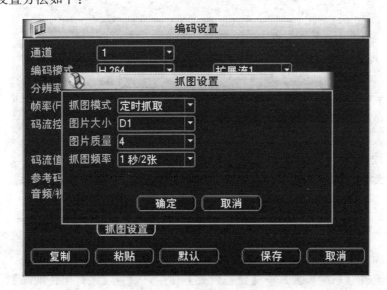

图 2-150　定时抓图编码设置

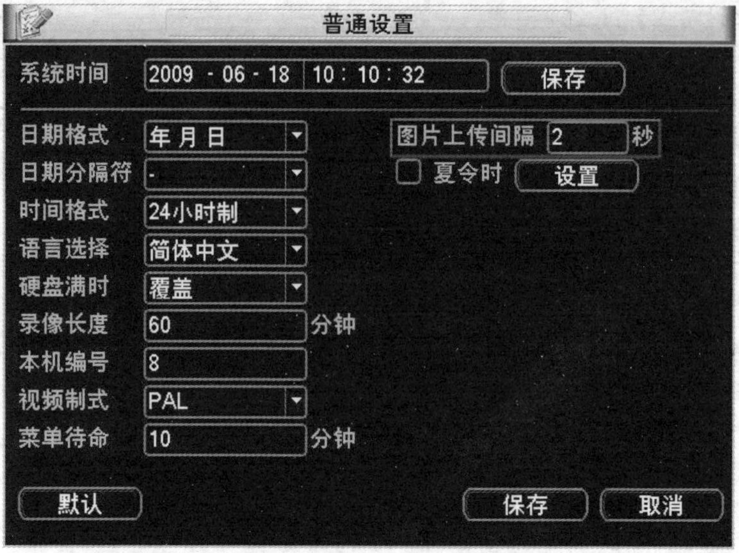

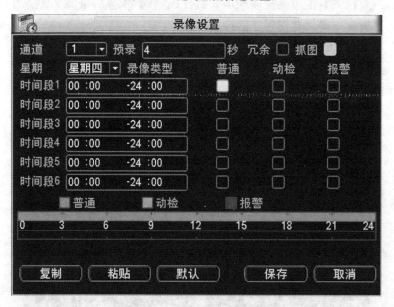

图 2-151 定时抓图普通设置

图 2-152 定时抓图录像设置

①选择【系统设置】→【编码设置】→【抓图设置】命令，设置各通道定时抓图的参数，包括【图片大小】、【图片质量】和【抓图频率】。

②选择【系统设置】→【普通设置】命令，设置【图片上传间隔】。

③选择【系统设置】→【录像设置】命令，选中相应通道的【抓图】

使能。

④上述操作后定时抓图功能被开启。

（2）触发抓图

触发抓图如图 2-153、图 2-154 和图 2-155 所示。

设置方法如下：

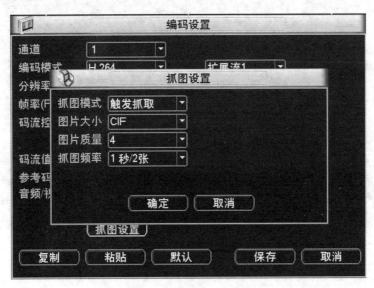

图 2-153　触发抓图编码设置

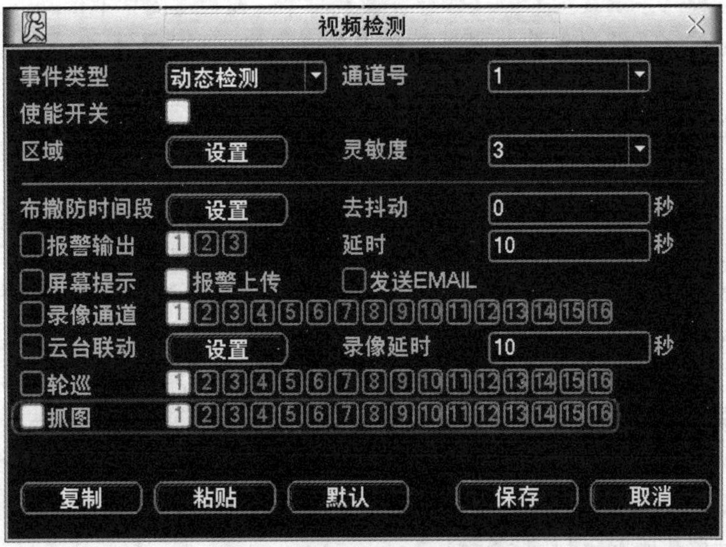

图 2-154　触发抓图视频检测

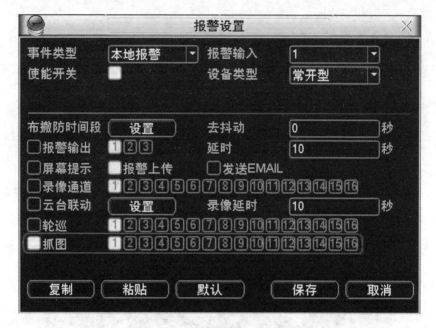

图 2-155　触发抓图报警设置

①选择【系统设置】→【编码设置】→【抓图设置】命令，设置各通道触发抓图的参数，包括【图片大小】、【图片质量】和【抓图频率】。

②选择【系统设置】→【普通设置】命令，设置【图片上传间隔】。

③选择【系统设置】→【视频检测】或【报警设置】命令，选中相应通道的【抓图】使能。

④上述操作后触发抓图功能被开启，若有相应的报警触发，本地就进行相应的抓图。

（3）抓图优先级

触发抓图优先级大于定时抓图。当定时抓图和触发抓图同时开启，如果有相应的报警产生，就进行相应的触发抓图；如果没有相应的报警产生，就进行定时抓图。

（4）图片 ftp

①选择【网络设置】→【FTP 设置】命令，设置 FTP 服务器相关信息；选中 FTP 使能，单击【保存】按钮。FTP 详细的操作请参考光盘中的电子说明书。

②开启相应的 FTP 服务器。

③设备开启定时抓图或触发抓图功能（详细操作见 8.1 和 8.2），本地进

行相应的抓图，并将图片上传到 FTP 服务器。如图 2-156 所示。

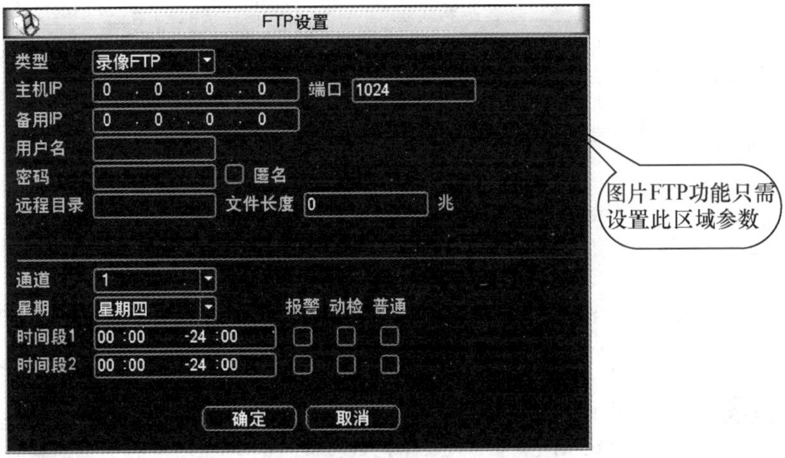

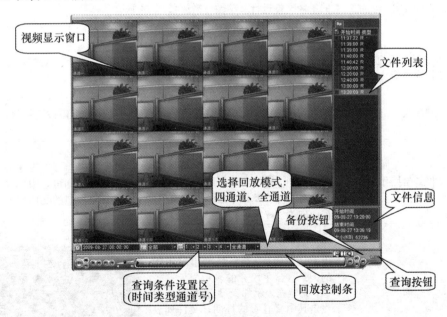

图 2-156 FPT 设置

10）录像查询、回放

录像查询、回放如图 2-157 所示。录像查询、回放操作如表 2-22、表 2-23 和表 2-24 所示。

图 2-157 录像回放与查询

表 2-22 录像查询操作

录像查询	说明
进入录像查询界面	单击右键选择【录像查询】命令或从主菜单选择【录像查询】命令进入录像查询菜单 提示：若当前处于注销状态，须输入密码
回放操作	根据录像类型：全部、外部报警、动态检测、全部报警录像，通道、时间等进行多个条件查询录像文件，结果以列表形式显示，屏幕上列表显示查询时间后的 128 条录像文件，可按▲/▼键上下查看录像文件或鼠标拖动滑钮查看。选中所需录像文件，按 ENTER 键或双击鼠标左键，开始播放该录像文件 文件类型：R—普通录像；A—外部报警录像；M—动态检测录像
回放模式	回放模式：四通道、全通道 2 种可选。选择"四通道"模式时，用户可根据需要进行 1～4 路回放；选择"全通道"模式时，根据实际设备路数进行回放，即 0804LEA 进行 8 路回放、1604LEA 进行 16 路回放。注：0404LEA 没有"全通道"回放模式
精确回放	在时间一栏输入时、分、秒，直接单击【播放】按钮，可对查询的时间进行精确回放
回放操作区	回放录像（屏幕显示通道、日期、时间、播放速度、播放进度）对录像文件播放操作如控制速度、循环播放（对符合条件查找到的录像文件进行自动循环播放）、全屏显示等 隐藏/显示回放状态条：全屏显示时自动隐藏状态条，移动鼠标即可显示状态条
回放时其余通道同步切换功能	录像文件回放时，按下数字键，可切换成按下的数字键对应通道同时间的录像文件进行播放
局部放大	单画面全屏回放时，可用鼠标左键框选屏幕画面上任意大小区域，在所选区域内单击鼠标左键，可放大此局域画面进行播放，单击鼠标右键退出局部放大画面
文件备份操作	在文件列表框中选择用户需要备份的文件，在列表框中打"√"可复选（可在两个通道同时选择需要备份的文件），再单击【备份】按钮，出现备份操作菜单，单击备份按钮即可，用户也可在备份操作菜单中取消不想备份的文件，在要取消的文件列表框前取消"√"（单通道显示列表数为 32）
日历功能	单击日历图标会显示用户录像的记录（蓝色填充的表示当天有录像，无填充表示那天没有录像），再点击其中要查看的日期，文件列表会自动更新成该天的文件列表

表 2-23　回放的快进及慢放操作

按键顺序	说明	备注
录像回放快进： 快进键▶▶	回放状态下，按该键，可进行多种快放模式如快放 1，快放 2 等速度循环切换快进键还可作为慢放键的反向切换键	实际播放速率与版本有关
录像回放慢放： 慢放键▶	回放状态下，按该键，可进行多种慢放模式如慢放 2，慢放 1 等速度循环切换慢放键还可作为快进键的反向切换键	
播放/暂停键▶/Ⅱ	慢放播放时，按该键，可进行播放/暂停循环切换	
播放上一段/下一段	在回放状态下有效，观看同一通道上下段录像可连续按 ⃓◀键和▶⃓ 键	

表 2-24　倒放及单帧回放

按键顺序	说明	备注
倒放： 倒放键◀	正常播放录像文件时，用鼠标左键单击回放控制条面板倒放按扭"◀"，录像文件进行倒放，复次单击倒放按扭"◀"则暂停倒放录像文件	倒放时或单帧录像回放按播放键▶/Ⅱ可进入正常回放状态
手动单帧录像回放	正常播放录像文件暂停时，用户按◀⃓键和⃓▶键进行单帧录像回放	

提示：

①播放器回放控制条面板上显示文件的播放速度、通道、时间、播放进度等信息。

②倒放功能及回放速度等与硬件版本有关，请以播放器面板上的提示为准，或咨询公司技术支持询问硬件版本支持信息。

11）基本网络配置

基本网络配置如图 2-158 所示。

各参数含义如下：

【IP 地址】按上下键（▲▼）或输入相应的数字更改 IP 地址，然后设置相应的该 IP 地址的子网掩码和默认网关。

【DHCP】自动搜索 IP 功能。当打开 DHCP 时 IP/掩码/网关不可设，如果当前 DHCP 生效，则：IP/掩码/网关显示 DHCP 获得的值，如果没生效，IP 等都显示 0，要查看当前 IP，关闭 DHCP 能自动显示非 DHCP 获

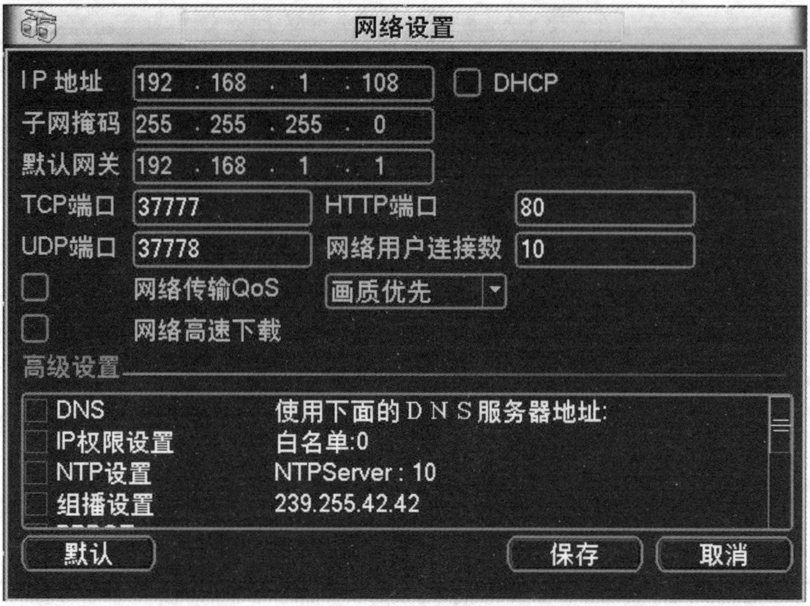

图 2-158　网络设置

得的 IP 信息；如果生效，再关闭 DHCP 则不能显示原 IP 信息，按需重新设置 IP 相关参数；另外，当 pppoe 拨号成功时，IP/掩码/网关和 DHCP 都不可更改。

【TCP 端口】一般默认为 37777，可根据用户实际需要设置端口。

【UDP 端口】一般默认为 37778，可根据用户实际需要设置端口。

【HTTP 端口】一般默认为 80。

【网络用户连接数】连接数量：0～10，如果设置 0 则不允许网络用户连接，最大连接数为 10 个。

【网络传输 QOS】流畅性优先或画质优先或自适应，根据设置，网络自动调节码流；使能框反显有效，双击该选项可进行网络 QOS 策略选择。

【网络高速下载】网络带宽允许的情况下，高速下载速度是普通下载速度的 1.5～2 倍。

【高级设置】支持 DNS、IP 权限设置、NTP 设置、PPPOE、DDNS、E-mail、FTP 及报警中心等功能，详细的操作请参考光盘中的电子说明书。

12）云台控制方法

①设置好球机的地址；

②确认球机的 A、B 线与硬盘录像机的 A、B 接口连接正确；

③在 DVR 菜单中进行相应的设置，可使用【菜单】→【系统设置】→

【云台设置】命令；

④当前画面切换到所控摄像机的输入画面，如图 2-159 所示。

图 2-159　云台协议设置

【通道】选择球机摄像头接入的通道；

【协议】选择相应品牌型号的球机协议（如 PELCOD）；

【地址】设置为相应的球机地址，默认为 1（注意：此处的地址务必与球机的地址相一致，否则无法控制球机）；

【波特率】选择相应球机所用的波特率，可对相应通道的云台及摄像机进行控制，默认为 9600；

【数据位】默认为 8；

【停止位】默认为 1；

【校　验】默认为无。

保存设置后，在单画面监控下，按辅助键 Fn 或单击右键，弹出辅助功能菜单，如图 2-160 所示，按面板上的 Fn 键或遥控器上的【辅助】键可切换云台设置和图像颜色选项。

可对云台的方向、步长、变倍、聚焦、光圈、预置点、点间巡航、巡迹、线扫边界、辅助开关调用、灯光开关、水平旋转等做控制，设置时与方向键配合使用。

安防设备安装与系统调试

选择【云台控制】命令弹出如图 2-161 所示对话框，该对话框支持云台转动和镜头控制。

图 2-160　辅助功能

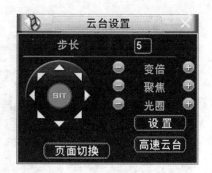

图 2-161　云台设置主界面

步长主要用于控制方向操作，例如步长为 8 的转动速度远大于步长为 1 的转动速度。（其数值可通过鼠标点击数字软面板或前面板直接按键获得 1～8 步长，8 为最大步长）。

直接单击变倍、聚焦、光圈的键，对放大缩小、清晰度、亮度进行调节。

云台转动支持 8 个方向（使用前面板时只能用方向键控制上、下、左、右 4 个方向）。

单击【云台设置】对话框中的【设置】按钮（或按前面板的录像键 REC）进行【预置点】、【点间巡航】、【巡迹】、【线扫边界】等的设置。

①预置点的设置：通过方向按钮转动摄像头至需要的位置，再单击【预置点】按钮，在预置点输入框中输入预置点值，单击【设置】按钮保存，如图 2-162 所示。

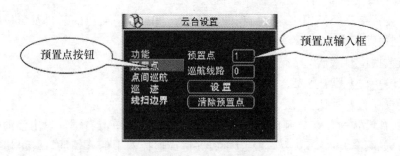

图 2-162　云台设置界面

②预置点的调用：进入图 2-163 所示的界面，在值输入框中输入需要调用的预置点，并单击【预置点】即可。

③巡迹的设置：单击【巡迹】按钮，并将这一过程记录为巡迹 X，再单

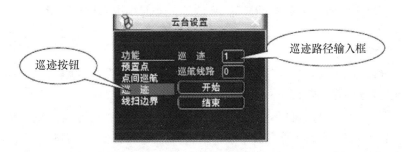

图 2-163　云台巡迹设置

击【开始】按钮，然后回到图 2-161 进行变倍、聚焦、光圈或方向等一系列的操作，之后再回到图 2-163 所示界面，单击【结束】按钮。

　　④巡迹的调用：进入图 2-163 所示的界面，在值输入框中输入需要调用的巡迹并单击【巡迹】按钮，即可进行调用。摄像机自动地按设定的运行轨迹往复不停地运动，此时可单击右键将菜单隐藏。进入图 2-161 手动按任意方向键停止巡迹的运行。

　　⑤线扫边界的设置：通过方向选择摄像头线扫的左边界，并进入如图 2-164 所示的界面，单击【左边界】按钮。再通过方向按钮选择摄像头线扫的右边界，并单击【右边界】按钮。完成线扫路线的设置。

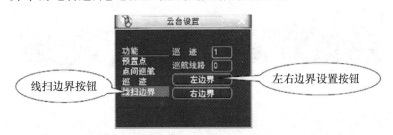

图 2-164　云台线扫设置

　　⑥线扫的调用：进入图 2-163 所示的界面，单击【线扫边界】按钮，开始按先前设置线扫路线进行线扫操作，同时线扫按钮变为停止按钮，此时可单击右键将菜单隐藏，若要停止线扫，单击【停止】按钮即可。

　　单击图 2-161 中的【页面切换】按钮（或按前面板的辅助键 Fn）进行主要功能的调用。

　　13）Web 使用方法

　　（1）网络连接操作

　　①确认硬盘录像机正确接入网络。

　　②给计算机主机和硬盘录像机分别设置 IP 地址、子网掩码和网关（如网

络中没有路由设备请分配同网段的 IP 地址，若网络中有路由设备，则需设置好相应的网关和子网掩码），硬盘录像机的网络设置可使用【系统设置】→【网络设置】命令。

③利用 ping ×××.×××.×××.××× （硬盘录像机 IP）检验网络是否连通，返回的 TTL 值一般等于 255。

④打开 IE 网页浏览器，在地址栏中输入要登录的硬盘录像机的 IP 地址。

⑤Web 控件自动识别下载，升级新版 Web 版时将原控件删除。

⑥删除控件方法：运行 uninstall webrec2.0.bat（Web 卸载工具）自动删除控件或者进入 C：\ Program Files \ webrec，删除 Single 文件夹。

（2）登录与注销

在浏览器地址栏中输入录像机的 IP 地址，本文档以录像机 IP 地址 20.2.3.77 为例，即在地址栏中输入 http:// 20.2.3.77，并连接。连接成功弹出如图 2-165 所示的界面。

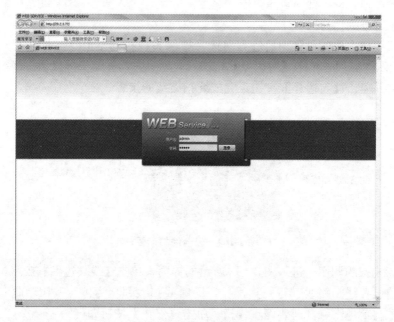

图 2-165　登录界面

输入用户名和密码，公司出厂默认管理员用户名为 admin，密码为admin。登录后请用户及时更改管理员密码。

打开系统时，弹出安全预警是否接受硬盘录像机的 Web 控件 webrec.cab，请用户选择接受，系统会自动识别安装。如果系统禁止下载，请确认是否安装了其他禁止控件下载的插件，并降低 IE 的安全等级。

登录成功后，显示如图 2-166 所示的界面。

图 2-166　登录成功界面

单击左边的通道名称进行实时监视，其他详细的操作请参考光盘中的电子说明书。

五、任务步骤

1. 熟悉硬盘录像机的操作手册，在初步掌握了硬盘录像机的安装调试步骤与注意事项后，开始下面的操作。

2. 分组，以组为单位进行课程练习。

3. 初次安装时首先检查是否安装了硬盘，该机箱内可安装 1 个硬盘（容量没有限制）。硬盘拆卸和安装过程如图 2-167 和图 2-168 所示。

(a) 拆卸主机上盖的固定螺丝

(b) 拆卸机壳

(c) 硬盘上固定4个螺丝（转三圈）

图 2-167 硬盘录像机的拆卸

(a) 把硬盘对准底板的4个孔放置　　　(b) 翻转设备，将螺丝移进卡口

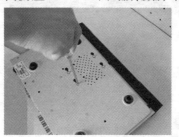

(c) 将硬盘固定在底板

(d) 插上硬盘线和电源线　　　(e) 合上机箱盖，固定螺丝

图 2-168 硬盘的安装

4. 完成硬件安装后，根据相应的说明书完成表 2-25。

5. 写出设备安装调试报告书。

表 2-25　硬盘录像机实训操作清单

序号	操作任务	操作步骤	注意事项
1	如何进入系统菜单		
2	编码设置，设置 CIF、QCIF 分辨率，设置帧率 25fps、15fps、5fps 进行对比并录像 30 秒		
3	对录像进行时间段的设置，对录像在定时的 8：00～10：00 内录像		
4	分别使用定时抓图与触发抓图两种方式进行抓图，并保存于预览抓好的图片		
5	对图像进行动态检测，当系统检测到有达到预设灵敏度的移动信号出现时，即开启动态检测报警		
6	开启动态检测后，要求对其灵敏度、时间段、报警输出、录像通道、云台联动等进行设置（要求会设置云台预置点）		
7	视频丢失设置联动云台预制点		
8	录像查询并下载指定的录像片段		
9	当有人恶意遮挡镜头时，遮挡检测有效联动云台预制点		
10	将硬盘录像机的若干文件进行备份，备份到 U 盘内		
11	对云台进行设置，要求通过硬盘录像机对其进行上下左右控制		
12	对云台的步长、变倍、聚焦、光圈进行设置，对预置点、点间巡航、巡迹、线扫边界设置		
13	设置用户的访问权限		
14	网络访问硬盘录像机		
15	网络修改为指定的 IP 地址		
16	通过 PSS 软件完成一次手动录像，并存储到 D 盘手动录像文件夹内		
17	通过客户端 PSS 进行 DVR 录像查询、云台控制等操作		
18	修改抓图、录像路径		

任务六　监控中心设备的安装与调试

一、任务目标

根据工艺设计文件安装监控中心各项设施设备，检验系统功能、安装质量；按性能指标要求对系统进行调试、检测。

二、任务内容

熟悉监控中心设备的安装工艺要求，掌握控制、显示、记录和配电设备及辅助设备的安装，检验安装后质量，掌握监控中心设备功能设置、检测和调试。

三、设备、器材

CRT 监视器	1 台
液晶监视器	1 台
SVR 网络存储录像机（磁盘阵列）	1 台
管理服务器	2 台
网络解码器	1 台
报警主机	1 台
打印机	1 台
交换机	1 台
机柜	1 个
工具包	1 套

四、设备工作原理

（一）监控中心常见设备

监控中心是整个监控系统的核心，系统的各项功能均由控制部分的各种设备集成后实现。对视频、音频、数据、报警等各种信号，进行各种方式的控制、操作、处理、整合以符合系统设计要求。

监控中心设施主要设备包括机柜、机架、控制台、监视器、硬盘录像机、画面分割器、矩阵切换器、控制键盘、视频分配器、时序切换器等，如图 2-169、图 2-170 和图 2-171 所示。

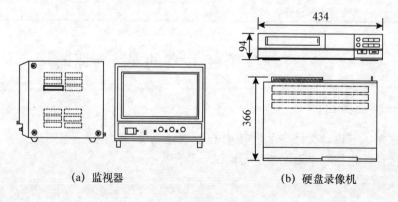

(a) 监视器　　　　　　　　　(b) 硬盘录像机

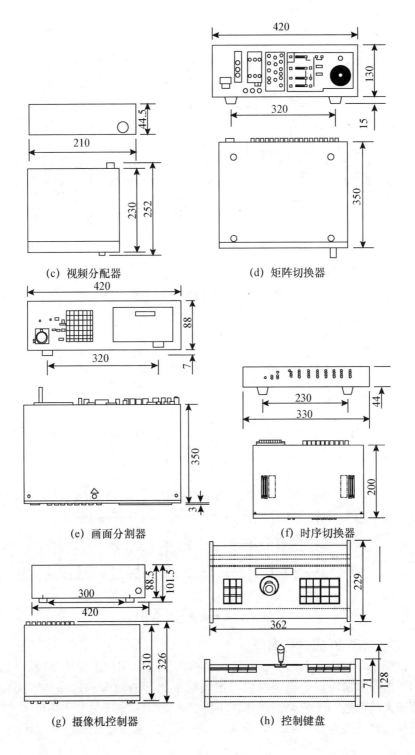

(c) 视频分配器

(d) 矩阵切换器

(e) 画面分割器

(f) 时序切换器

(g) 摄像机控制器

(h) 控制键盘

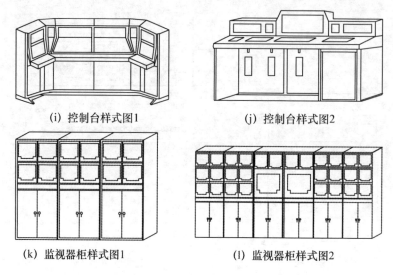

(i) 控制台样式图1   (j) 控制台样式图2

(k) 监视器柜样式图1   (l) 监视器柜样式图2

图 2-169 监控中心常见设备图

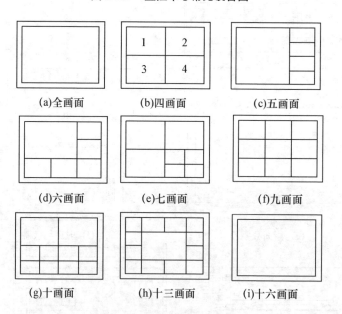

(a)全画面   (b)四画面   (c)五画面

(d)六画面   (e)七画面   (f)九画面

(g)十画面   (h)十三画面   (i)十六画面

图 2-170 常用画面分割器

（二）常见的监控中心布局

监控中心设备的布局由房间建筑结构、使用面积、系统的规模、功能和使用要求等因素决定，安装时应考虑人机工程学的原理和环保的有关要求，为值班人员创造一个安全、舒适、便捷、人机界面友好的工作环境。监控中心的供电容量约为 3～5kVA，应内设接地系统。常见监控中心布局图如图 2-

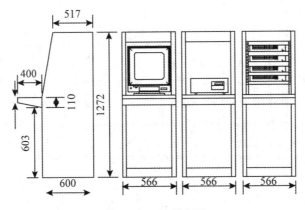

图 2-171　控制台图

172 所示。控制台、电视墙布置如图 2-173 所示。监控中心人机关系如图 2-174 所示。

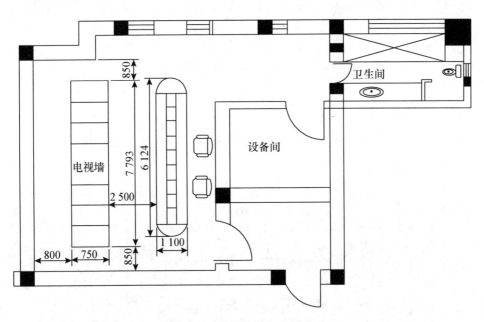

图 2-172　常见监控中心布局图

(三) 监控中心设备的安装

1. 设备在机柜上的安装

设备在机柜上的安装方法如图 2-175 所示。

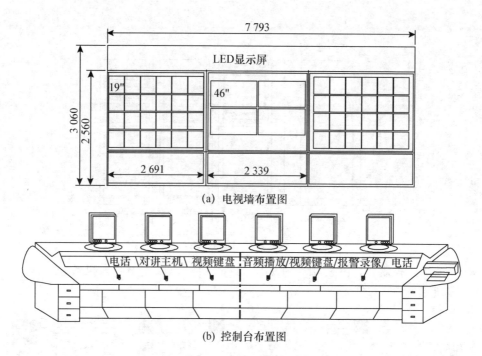

(a) 电视墙布置图

(b) 控制台布置图

图 2-173　控制台、电视墙布置

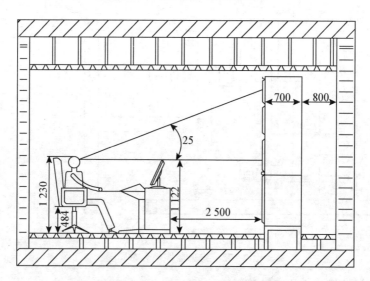

图 2-174　监控中心人机关系

2. 控制键盘在机柜的安装

控制键盘在机柜的安装方法如图 2-176 所示。

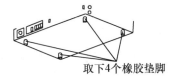

取下4个橡胶垫脚

(a)取下机器底部的橡胶垫脚

(b)把机柜安装角铁装上机器的两侧

EIA19″标准机柜

4个自备螺丝

(c)用自备的4个螺丝把机器装在机柜上

图 2-175　监控中心设备在机柜上安装方法

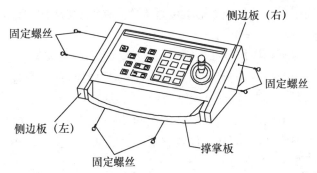

侧边板（右）

固定螺丝

固定螺丝

侧边板（左）

固定螺丝

撑掌板

(a)取下4个固定螺丝，拆开装置的两侧连板；取下2个固定螺丝，拆开撑掌板

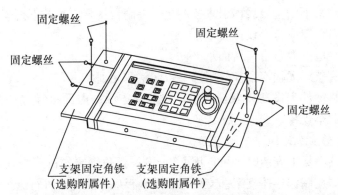

固定螺丝

固定螺丝

固定螺丝

固定螺丝

支架固定角铁　　支架固定角铁
（选购附属件）　　（选购附属件）

(b)用刚才取下的2个固定螺丝，将支架固定角铁安装在装置的两侧；
将此装置固定在EIA标准19英寸支架上

图 2-176　控制键盘在机柜上安装方法

(1) 确定视频键盘安装位置

根据设备布置图及业主的要求，确定键盘的安装位置。

键盘可安装在控制台台面上或直接放置在控制台台板上，具体安装方式以方便值班人员操作为原则。

(2) 键盘安装步骤

①若视频键盘是标准 19″规格，先用螺钉旋具分别将键盘两侧的安装螺钉取下，取出随机安装配件中的两个挂耳，将挂耳侧面安装孔与键盘侧面的安装孔对正，用拆下的螺钉分别将两侧的挂耳紧固在键盘上。

②将视频键盘从控制台台面正面推入，使键盘挂耳与控制台机架安装面贴平，调平找正后，用适宜的螺钉将机箱挂耳与设备机架紧固连接。

③若视频键盘是非标准 19″规格，先在控制台机架上安装支架或托板，然后将视频键盘固定在支架或托板上，调整键盘倾斜角度和露出台面的高度，使得安装后视频键盘与控制台整体美观协调、方便使用。

④根据使用需要，视频键盘也可直接放置在控制台台板上。

3. 控制台安装方法

系统运行控制和操作宜在控制台上进行，控制台的安装应使其操作方便、灵活。安装时，控制台装机容量应根据工程需要留有扩展余地。根据技术规范要求，控制台正面与墙的净距不应小于 1.2m；侧面与墙或其他设备的净距，在主要走道不应小于 1.5m，次要走道不应小于 0.8m。机架背面和侧面距离墙的净距不应小于 0.8m。设备及基础、活动地板支柱要做接地连接。一般安装模型如图 2-177 所示。

监控中心机房通常敷设活动地板，在地板敷设时配合完成控制台的安装，电缆可通过地板下的金属线槽引入控制台。控制台安装应符合下列规定：

①控制台位置应符合设计要求；

②控制台应安放竖直，台面水平；

③附件完整，无损伤，螺丝紧固，台面整洁无划痕；

④台内接插件和设备接触应可靠，安装应牢固；内部接线应符合设计要求，无扭曲脱落现象。

4. 机架的安装方法

机架在活动板上安装时，可选用 L50×50×5 角钢制作机架支架，几台机架成排安装时应制作连体支架。支架与活动地板应相互配合进行施工。

机架安装应竖直平稳，垂直偏差不得超过 1%，几台机架并排在一起，面板应在同一平面上并与基准线平行，前后偏差不得大于 3mm；两台机架中间缝隙不得大于 3mm。对于相互有一定间隔而排成一列设备，其面板前后偏差不得大于 5mm；机架内的设备应在机架安装好后进行安装。

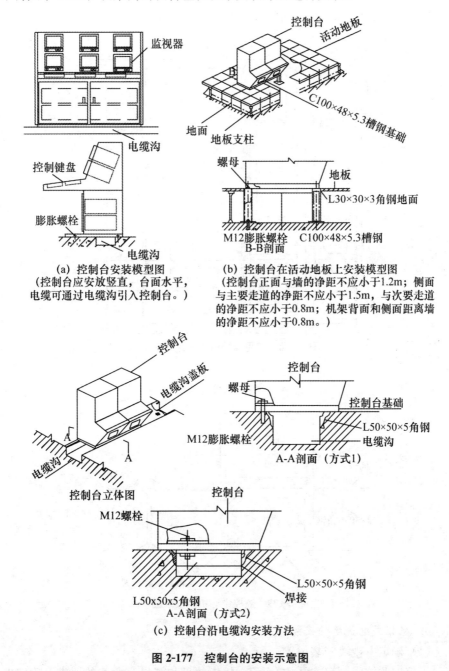

　　(a) 控制台安装模型图
（控制台应安放竖直，台面水平，
电缆可通过电缆沟引入控制台。）

　　(b) 控制台在活动地板上安装模型图
（控制台正面与墙的净距不应小于1.2m；侧面
与主要走道的净距不应小于1.5m，与次要走道
的净距不应小于0.8m；机架背面和侧面距离墙
的净距不应小于0.8m。）

(c) 控制台沿电缆沟安装方法

图 2-177　控制台的安装示意图

机架进出线可采用活动地板下敷设金属线槽方式。

机架外壳需要做接地连接。

常见机架规格图见图 2-178，安装图见图 2-179。

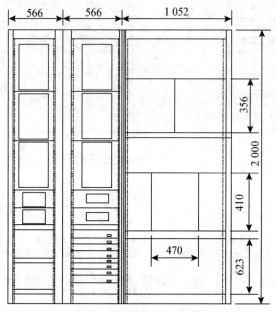

图 2-178　常见监控中心机架规格图

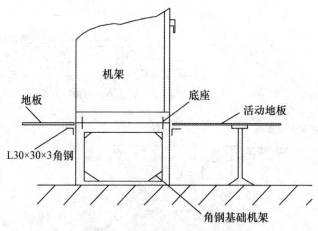

图 2-179　监控中心机架安装图

5. 机柜式电视墙的安装

（1）确定电视墙安装位置

①根据监控中心房间结构/面积、机柜数量和布局及业主的要求，确定电视墙的安装位置，尽可能布置合理、方便使用，并满足安全、消防的规范

要求。

②电视墙的安装位置应使屏幕不受外来光源直射，当有不可避免直射光时应采取适当的遮光措施。

③电视墙机架背面和侧面与墙的净距离不应小于 0.8m。

④显示设备的维护在正面即可完成时，机柜、机架可以贴墙安装，但应考虑采取有利于设备散热的措施。

⑤电视墙机柜中心线应与控制台机柜中心保持一致，并根据监控中心房间结构/面积、电视墙机柜数量和布局合理，确定电视墙与控制台的间距，以满足操作/值班人员能够完整查看全部显示画面为原则，可视实际情况适当调整，但不应小于 1.6m。

（2）划定安装基准线及固定孔位

根据拟定的电视墙安装位置，在地面上画出安装基准线（通常以机架底座中心线为安装基准线），并按照基准线位置标记底座各固定孔位。若是地板安装，则用吸盘将拟定安装位置已铺设好的防静电地板打开，取下地板支脚和托架，放置在不影响安装操作的地方妥善保管。

根据拟定的电视墙安装位置，在地面上画出安装基准线（通常以机架底座中心线为安装基准线）。

（3）敷设线缆管槽

根据监控中心主控设备、电源装置安装位置，将控制、显示、电源线缆管槽敷设至电视墙进线口。

（4）安装电视墙机架

①用∅12 的冲击钻头在标定的安装孔位打安装孔。

②将∅8 的膨胀螺栓塞入打好的安装孔，使膨胀螺栓管与地面平齐。

③将电视墙机架底座安装孔与已安装的膨胀螺栓对正，将螺栓插入底座安装孔。

④将水平尺贴紧在机架的水平或铅垂面上，调整机架位置及垂直度，将平垫与弹簧垫圈套入螺栓，一边旋紧螺母一边注意检查机架水平、垂直状态，发现偏差及时调整，直至旋紧全部固定螺母且机架保持平直。

⑤同一基本尺寸和相同型式的机架组合拼装时，先用 M8 的螺钉（加平垫和弹簧垫圈）将机架紧固连接，各面板应在同一平面上并与基准线平行，平面度偏差不得大于 3mm（弧形、折角连接除外）；两个机架中间缝隙不得大于 3mm。对于相互有一定间隔而排成一列的设备，其面板前后偏差不应大于 5mm。

⑥机架安装应竖直平稳，垂直度偏差不应超过 1‰。

安防设备安装与系统调试

（5）安装电视墙顶盖板

将顶盖板安装孔与机架顶部安装孔对正，用螺钉紧固在机架上。

（6）安装电视墙侧挡板

将侧挡板用适宜的螺钉固定在机架上，或将侧挡板一侧与机架卡接，另一侧用锁卡锁闭。

（7）安装电视墙前面板

根据安装在电视墙上的设备布局，将相应的前面板用螺钉紧固在机架上。

（8）恢复防静电地板

若是安装在静电地板上，则电视墙安装完成后，根据电视墙基座轮廓线调整防静电地板。将地板支脚放置在控制台基座外侧，将地板托架连接好并调整平直，用砂轮锯或曲线锯按照所需尺寸切割地板。地板切口应整齐，并与控制台基座贴齐。

6. 安装壁挂式电视墙

（1）检查电视墙安装墙面

检查电视墙安装位置的现场情况，显示设备支架安装面应具有足够的强度。支架安装面强度较差而必须在该位置安装时，应采取适当的加固措施。

（2）确定电视墙安装位置

①根据监控中心房间结构/面积、显示设备数量和布局及业主的要求，确定电视墙的安装位置，尽可能布置合理、方便使用，并满足安全、消防的规范要求。

②显示设备的安装位置应使屏幕不受外来光源直射，当有不可避免直射光时应采取适当的遮光措施。

③显示设备壁挂式安装时，应考虑采取有利于设备散热的措施。

④电视墙机柜中心线应与控制台机柜中心保持一致，并根据监控中心房间结构/面积、显示设备数量和布局合理确定电视墙与控制台的间距，以满足操作/值班人员能够完整查看全部显示画面为原则，可视实际情况适当调整，但不应小于1.6m。

（3）划定安装基准线及固定孔位

根据拟定的电视墙安装位置，在安装面上画出安装基准线（通常以机架底座中心线为安装基准线）。

（4）敷设线缆管槽

根据监控中心主控设备、电源装置安装位置，将控制、显示、电源线缆管槽敷设至电视墙进线位置。

（5）安装显示设备支架

①将显示设备支架放置在安装位置，调整平直，用记号笔在地面上标记安装孔位。

②用∅12 的冲击钻头在标定的安装孔位打安装孔。

③将∅8 的膨胀螺栓塞入打好的安装孔，使膨胀螺栓管与地面平齐。

④将显示设备支架安装孔与已安装的膨胀螺栓对正，将螺栓插入底座安装孔。

⑤将水平尺贴紧在支架应为水平或铅垂面上，调整支架位置及垂直度，将平垫与弹簧垫圈套入螺栓，一边旋紧螺母一边注意检查机架水平、垂直状态，发现偏差及时调整，直至旋紧全部固定螺母且机架保持平直。

⑥显示设备支架安装到位后，均应进行垂直调整，并从一端按顺序进行。支架安装应竖直平稳，垂直度偏差不应超过 1‰。

⑦几个支架并排在一起时，支架与显示设备的安装面应在同一平面上，平面度偏差不得大于 3mm。对于相互有一定间隔而排成一列的支架，其与显示设备的安装面板前后偏差不应大于 5mm。

（6）安装显示设备

①若安装的支架是可推拉式，将安装盘拉出，使显示设备背板安装孔与安装盘安装孔对正，用显示设备专用固定螺钉（加装平垫片和弹簧垫圈）紧固。

②若安装的支架是固定式，将显示设备专用螺钉拧在背板安装孔上（螺钉突出长度视安装盘厚度而定，略大于安装盘厚度即可），使显示设备背板螺钉与安装盘安装孔对正，将显示设备卡接在支架上。

③显示设备支架安装到位后，均应进行垂直调整，并从一端按顺序进行。显示设备安装应竖直平稳，垂直度偏差不应超过 1‰。

④几个显示设备并排在一起时，显示设备的屏面应在同一平面上，平面度偏差不得大于 3mm。对于相互有一定间隔而排成一列的显示设备，其屏面的平面度偏差不应大于 5mm。

7. 机架等电位接地

（1）检查等电位接地体

①新建工程的监控中心等电位接地体一般为联合接地体，由土建施工单位安装，通常使用扁钢带沿监控中心墙壁水平安装在防静电地板下。

②没有设置等电位接地体的监控中心，应配合土建改造、装修，安装人工接地装置。接地装置宜采用热镀锌钢质材料。

③埋于土壤中的人工垂直接地体宜采用角钢、钢管或圆钢；埋于土壤中的人工水平接地体宜采用扁钢或圆钢。圆钢直径不应小于 10mm；扁钢截面不应小于 100mm²，其厚度不应小于 4mm；角钢厚度不应小于 4mm；钢管壁厚

度不应小于 3.5mm。

④人工接地体在土壤中的埋设深度不应小于 0.5m，宜埋设在冻土层以下。水平接地体挖沟埋设，钢质垂直接地体宜直接打入地沟内，其间距不宜小于其长度的 2 倍并均匀布置，铜质和石墨材料接地体宜挖坑埋设。垂直接地体坑内、水平接地体沟内宜用低电阻率土壤回填并分层夯实。在高土壤电阻率地区，宜采用换土法、降阻剂法或其他新技术、新材料降低接地装置的接地电阻值。

⑤等电位连接带表面应无毛刺、明显伤痕、残余焊渣，安装应平整端正、连接应牢固，绝缘导线的绝缘层应无老化龟裂现象。

（2）检查电视墙机架接地部位

①电视墙机架的接地部位必须金属材质完全裸露、无锈蚀。

②若接地部位表面有锈蚀时，使用非金属刮具、油石或粒度 150 号的砂布沾机械油擦拭，或进行酸洗除锈。

③若接地部位涂有防锈漆，使用相应的稀释剂或脱漆剂等溶剂进行清洗。

④若接地部位被喷漆覆盖，使用非金属刮具、油石或粒度 150 号的砂布沾机械油擦拭，将覆盖物清理干净，使金属材质完全裸露，以保证良好的接地效果。

（3）制作接地端子

①监控中心控制台接地干线使用截面积不小于 $25mm^2$ 的绿/黄双色铜质导线、扁平铜带或编织铜带，并与等电位接地体紧固连接。

②若使用绿/黄双色铜质导线做接地线时，先用小刀或偏口钳将导线端头绝缘护套剥去 10mm，注意不要割伤金属导体，将裸露的金属导体插入圆孔连接端子尾部的固定槽内，用克丝钳将接线端子固定槽与插入的金属导体夹紧，然后在固定槽内充分熔锡，直至完全焊接牢固。

③若使用编织铜带做接地线时，先将端头 10mm 长的编织铜带用力扭结成一根铜条，插入圆孔连接端子尾部的固定槽内，用克丝钳将接线端子固定槽与插入的金属导体夹紧，然后在固定槽内充分熔锡，直至完全焊接牢固。

④若使用扁平铜带做接地线，使用 $\varnothing 8$ 的钻头在铜带端头钻固定孔。

（4）连接等电位接地线

①铜质接地装置应采用焊接或熔接，钢质和铜质接地装置之间应采用熔接或采用搪锡后螺连接。

②两组（含）以上电视墙机架组合拼装时，机架之间使用绿黄双色铜质导线或编织铜带可靠连接。

③将接地线连接端子与机架接地部位贴紧，套入螺栓和平垫、弹簧垫圈，用螺母将接地线紧固在机架上。

④将地线另一端与接地汇流排贴紧，套入螺栓和平垫、弹簧垫圈，用螺母将接地线紧固在接地汇流排上。

⑤所有接地点连接完成后，对连接的部位做防腐处理，并制作明显的接地标志。

（5）测量接地电阻

机架接地线连接完成后，使用兆欧姆表（摇表）测量接地电阻值。

采用联合接地时，接地电阻值应小于 1Ω；单独设置接地体时，接地电阻值应小于 4Ω；建造在野外的安全防范系统，其接地电阻值不得大于 10Ω；在高山岩石的土壤中，电阻率大于 $2\,000\Omega\cdot m$ 时，其接地电阻值不得大于 20Ω。

（四）监控中心软件的使用

应用于监控中心的软件有很多种，这里主要以大华的网络存储录像机 SVR 为例进行介绍。

1. 设置网络连接

网络存储录像机设备出厂默认设置如下。

（1）IP 为 192.168.0.111，默认网关为 192.168.0.1，默认掩码为 255.255.0.0。

（2）用户为 admin，密码为 888888888888。

（3）设置工作台 IP 地址。

①右键单击【网上邻居】，选择【属性】，再右键单击【本地连接】，选择【属性】，双击【Internet 协议（TCP/IP）】。

②在 Internet 协议（TCP/IP）属性对话框中修改 IP 设置，修改后单击【确定】按钮，如图 2-180 所示。注意：工作台的 IP 配置必须与设备在同一网段。

2. 测试网络连接情况

在工作台 DOS 环境下输入命令 ping 192.168.0.111，执行该命令后可能会有网络互通和网络不通两种情况，若网络不通请检查工作台网络配置以及物理网络状况，确保网络稳定可靠。

3. 设置设备 IP 地址

（1）在 IE 浏览器地址栏中输入 http://192.168.0.111，登录网络存储录像机系列产品的管理系统（192.168.0.111 为网络存储录像机系列产品的出厂默认 IP 地址）。

（2）以用户名 admin 登录系统，登录密码为 888888888888。如图 2-181 所示。

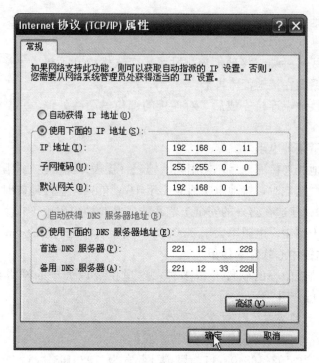

图 2-180　Internet 协议（TCP/IP）属性设置

图 2-181　登录界面

admin 用户是系统内建立的管理员账户，拥有系统最高权限。建议在初始化网络存储录像机系列产品配置后，重新修改该管理员密码。

（3）单击"网络管理"→"网络配置"→"编辑"，具体操作如图 2-182 所示。

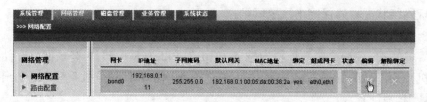

图 2-182　网络管理设置

（4）设置所要配置的 IP 地址和网关。例如，把 IP 地址修改为 10.12.5.30，网关修改为 10.12.0.1，单击【保存】按钮，具体操作如图 2-183 所示。

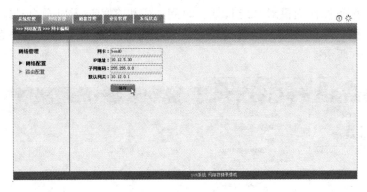

图 2-183　IP 设置

4. 启用设备

在 IE 浏览器地址栏中输入 http://10.12.5.30，即可登录网络存储录像机系列产品的管理系统。此时可对系统中的"系统管理"、"网络管理"、"磁盘管理"、"业务管理"、"系统状态"等各项进行配置、管理和查看。

（1）系统信息

登录系统后显示的页面即为【系统信息】页面，也可以通过单击【系统管理】→【系统信息】查看该页面。系统信息显示页面显示当前系统的基本信息：当前系统时间、启动系统时间、机器型号、软件版本号、电源状态、机箱内部温度、机箱内风扇转速。如图 2-184 所示。

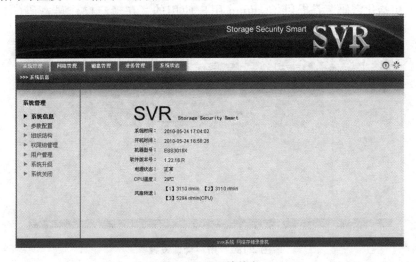

图 2-184　系统信息

（2）参数配置

单击【系统管理】→【参数配置】即可进入【参数配置】页面。

参数配置操作提供对系统日期、时间、主机名的设置以及自动时间同步功能的设置，除此之外，还有与设备系统服务相关的自动维护服务的设置，如图 2-185 所示。

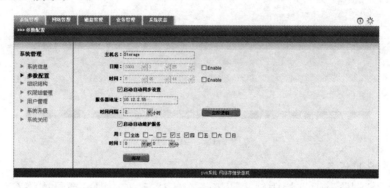

图 2-185　参数设置

5. 用户管理

单击【系统管理】→【用户管理】即可进入【用户管理】页面，如图 2-186 所示。

【用户管理】页面显示当前系统内存在的用户信息。该页面包含用户信息操作功能，如"增加"、"编辑"、"删除"、"初始化密码"。操作员可增加用户、编辑用户信息、删除用户、初始化操作员的密码。

"初始化密码"是提供给 admin 用户使用的。在遗忘操作员密码的情况下，可以单击该按钮将操作员密码恢复为初始设置值，即 123456。

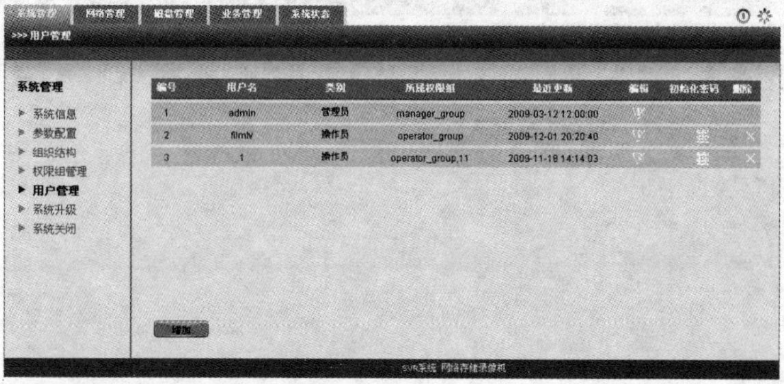

图 2-186　用户管理设置

6. 增加用户

单击图 2-186 中的【增加】按钮，转入【增加用户】页面（见图 2-187），输入用户名、用户密码、确认密码、选择所属权限组后，单击【保存】按钮，如果操作成功，则返回到【用户管理】页面；如果失败，则会显示错误提示信息。

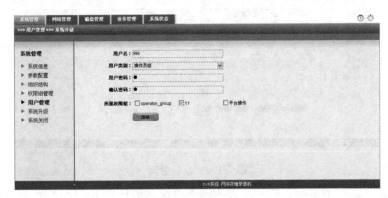

图 2-187　用户信息配置

7. 编辑用户密码

单击图 2-189 中某用户对应的【编辑】按钮，转入【编辑用户】页面，如图 2-188 所示。

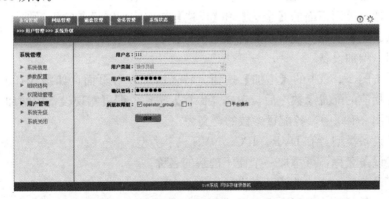

图 2-188　用户密码设置

在页面上分别输入旧密码、新密码与确认密码后，单击【保存】按钮，如果操作成功，则返回到用户管理主页面，如果失败，则显示错误提示信息。

8. 删除用户

单击图 2-186 中某用户后所对应的【删除】按钮，则该用户的所有信息被完全删除，无法再用该用户名和密码登录系统并操作。

9. 设备配置

单击【业务管理】的【设备配置】标签，即进入【设备配置】页面，如图 2-189 所示。

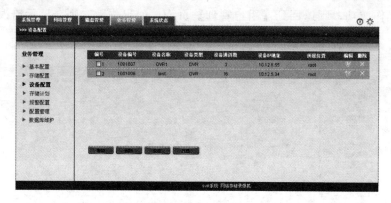

图 2-189　设备管理

在图 2-189 中可知，系统中现有两个设备，编号为 1001007 和 1001006。

1001007：该编号设备的"设备名称"为 DVR1，"设备类型"是 DVR，用于监控的通道数为 3，"设备 IP"为 10.12.6.55，该设备的"所属位置"是 root。

1001006：该编号设备的"设备名称"为 test，"设备类型"是 DVR，用于监控的通道数为 16，"设备 IP"为 10.12.5.34，该设备的"所属位置"是 root。

可通过页面下面的【全选】和【反选】按钮实现对设备的批量选择，进而通过【删除】按钮实现批量删除设备的操作。

（1）增加设备

单击图 2-189 中的【增加】按钮，转入增加设备页面，如图 2-190 所示。填写好相应的配置参数之后，单击【保存】按钮，即可实现设备的增加。

在图 2-190 中，各配置参数的含义为：

①设备类型：有 DVR、IPC、NVS 三个类型。

②设备名称：可添加一个便于理解的名称。

③设备厂商：请选择一个设备厂商。

④设备通道数：即该设备的实际可用的录像通道数，有 1，2，3，4，8，16 六种（该内容添加之后不可修改，请在添加设备前就确定设备通道数）。

⑤报警通道：此项需根据前端设备具体的报警通道数进行设置（该内容添加之后不可修改，请在添加设备前就确定报警通道数）。

⑥设备 IP 地址：该设备的 IP 地址。

⑦设备端口：设备的默认端口号，此处填的是 37777。

⑧设备登录名：设备的登录名之一（必须输入一个设备的可复用的用户

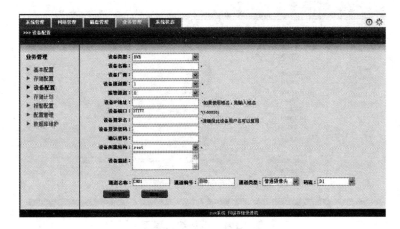

图 2-190 设备信息填写界面

名）。

⑨设备登录密码：设备登录名对应的密码。

⑩设备所属结构：选择该设备所属的组织结构。

⑪设备描述：可自行添加。

⑫通道名称：此参数是针对前端设备的录像通道所设的属性，该属性为系统自动生成的数值。

⑬通道编号：此参数是针对前端设备的录像通道所设的属性，该属性为系统自动生成的数值。

⑭通道类型：此参数是针对前端设备的录像通道所设的属性，该属性可通过下拉列表框进行选择，有球机、半球摄像机、普通摄像机三种。

⑮报警名称：此参数是针对前端设备的报警通道所设的属性，该属性为系统自动生成数值。

⑯是否启用：此参数是针对前端设备的报警通道所设的属性，如选择，则该通道可接收到外部报警信息，若不选择，该通道将不能接收到外部报警信息。

（2）编辑设备

单击图 2-189 中的【编辑】按钮，转入编辑设备页面，如图 2-191 所示。填写好相应的配置参数之后，单击【保存】按钮，即可实现设备的编辑。

在图 2-191 中，各配置参数与"增加设备"部分的参数含义相同。其中【通道名称】与【通道编号】为自动生成。

在该页面中【设备名称】、【设备 IP 地址】、【设备端口】、【设备登录名】、【设备登录密码】、【通道名称】、【通道类型】、【报警启动】选择钮处于可编辑状态。

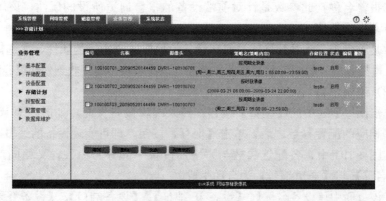

图 2-191 设备编辑界面

（3）删除设备

单击图 2-189 中的【删除】按钮，即可删除一个已经挂入系统的前端设备。

10.存储计划

单击【业务管理】→【存储计划】即进入【存储计划】页面。

此页显示已配置存储计划的信息，如【编号】、【名称】、【摄像头】、【策略名（策略内容）】、【存储位置】、【状态】等。同时提供【编辑】、【删除】、【增加】、【全选】按钮对存储计划进行配置。若要批量删除存储计划时，可以先使用【全选】按钮将该页所有的存储计划选中，然后单击【删除】按钮即可实现。同样，也可以利用该方式批量的改变存储计划的"状态"。如图 2-192 所示。

图 2-192 存储计划

在图 2-192 中有 3 个存储计划。

（1）第一通道存储计划

该编号存储计划的"名称"为 100100701_20090520144459，针对 DVR1-100100701 设备（也就是设备名称为 DVR1 的第一通道），"策略内容"是"按周期录像"类型，具体为周一至周日每天的 05：00：00 至 23：59：00，该存储计划的"存储位置"是 testlv，"状态"是"启用"。

（2）第二通道存储计划

该编号存储计划的"名称"为 100100702_20090520144459，针对 DVR1-100100702 设备（也就是设备名称为 DVR1 的第二通道），"策略内容"是"按时段录像"类型，具体为 2009-03-21 06：00：00 至 2009-03-24 22：00：00，该存储计划的"存储位置"是 testlv，"状态"是"启用"。

（3）第三通道存储计划

该编号存储计划的"名称"为 100100703_20090520144459，针对 DVR1-100100703 设备（也就是设备名称为 DVR1 的第三通道），"策略内容"是"按周期录像"类型，具体为周二、周三、周四的 05：00：00 至 23：59：00，该存储计划的"存储位置"是 testlv，"状态"是"启用"。

若想在页面上直接更改存储计划的使用状态，如从"启用"改成"停止"，可直接单击"状态"栏下的【启用】按钮。

同时，该页面还提供了批量删除存储计划的功能。首先，可以单击【全选】按钮，然后单击右下方的【删除】按钮即可实现批量删除。

（4）增加存储计划

单击图 2-192 中的【增加】按钮，转入增加存储计划页面，如图 2-193 所示。一旦存储计划处于"启用"状态，关联该存储计划的设备通道数据就会存储在相应的存储目录下。在填写好相应的配置参数之后，单击【添加】按钮，即可实现存储计划的增加。

在图 2-193 中，各配置参数的含义为：

① 摄像头：选择一个已经挂入系统的前端设备的具体通道。

在"摄像头"选择框的右边有 4 个操作按钮，分别是添加单个设备通道（一＞）、添加多个设备通道（＝＞）、移除单个设备通道（＜一）、移除多个设备通道（＜＝）。

②计划名称：该项由系统自动生成，具体规则为"设备号"＋"通道号"＋"创建时间"。

③存储位置：可选择一个系统中已创建好的存储配置。

④存储策略：可选择按周期全录像和按时段录像。图 2-190 为按周期全录像，可以选择某几天的某段时间进行录像。按时段录像如图 2-194 所示，可以

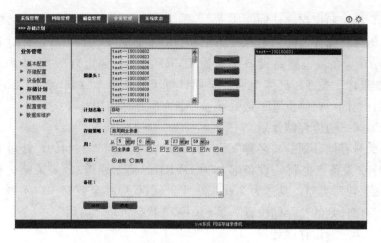

图 2-193　增加存储计划

通过确定起始时间和终止时间来确定录像时段。

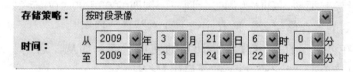

图 2-194　按时段录像配置

⑤状态：若选择"启用"，存储计划立刻执行；若选择"禁止"，存储计划处于等待状态。

⑥备注：记录相关事宜。

（5）编辑存储计划

单击图 2-192 中的【编辑】按钮，转入编辑存储计划页面，如图 2-195所示。

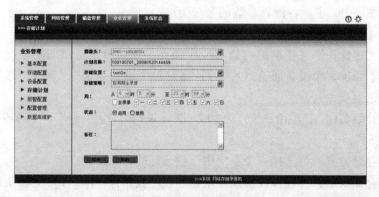

图 2-195　存储计划编辑

在"编辑"存储计划页面，除了【计划名称】、【存储位置】和【状态】三项，其他都是不可编辑状态。

（6）删除存储计划

欲删除存储计划，则在图 2-192 单击【删除】图标即可。

（7）存储位置编辑

单击【报警配置】页面中相应报警计划的【存储位置】按钮即可进入存储位置编辑页面。

11. 系统状态

系统状态管理主要是提供设备服务状态、系统中设备的信息、录像状态、用户状态、日志信息和设备各子服务的日志查看管理等功能。

（1）服务状态

单击【系统状态】→【服务状态】即进入【服务状态】页面，如图 2-196 所示。

此页显示设备配置状态、时间同步服务器状态和网络协议服务器状态。其中设备配置服务包括数据库状态、设备服务状态和守护服务状态、各个子服务的当前状态。操作员通过此项来配置设备服务设备提供的各种服务。

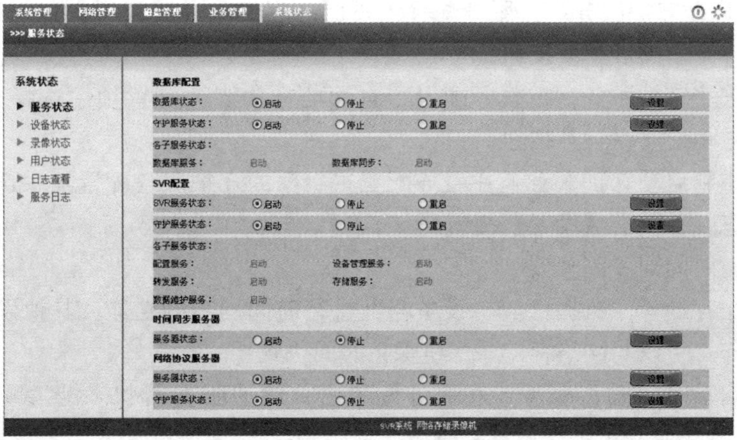

图 2-196　服务状态查询

（2）数据库状态

网络存储录像机提供数据库状态的服务配置功能。数据库状态细分为数据库服务和数据库同步两个子服务。

①启动数据库服务：在服务配置主页面的数据库状态配置项中选择"启动"状态，并单击【设置】按钮。

②停止数据库服务：在服务配置主页面的数据库状态配置项中选择"停止"状态，并单击【设置】按钮。

③重新启动数据库服务：在服务配置主页面的数据库状态配置项中选择"重启"状态，并单击【设置】按钮。

（3）设备服务状态

设备服务状态细分为配置服务、设备管理服务、转发服务和存储服务4个子服务。该服务为"启动"状态时表示设备服务为可用状态。若此时设备服务为"停止"状态，而守护服务为"启动"状态，则守护服务会自动开启设备服务。

①启动设备服务：在服务配置主页面的设备配置项中选择"启动"状态，并单击【设置】按钮。

②停止设备服务：在服务配置主页面的设备配置项中选择"停止"状态，并单击【设置】按钮。

③重新启动设备服务：在服务配置主页面的设备配置项中选择"重启"状态，并单击【设置】按钮。

（4）守护服务状态

网络存储录像机提供对设备服务的守护服务功能。

① 启动守护服务：在服务配置主页面的守护服务配置项中选择"启动"状态，并单击【设置】按钮。

②停止守护服务：在服务配置主页面的守护服务配置项中选择"停止"状态，并单击【设置】按钮。

③重新启动守护服务：在服务配置主页面的守护服务配置项中选择"重启"状态，并单击【设置】按钮。

（5）时间同步服务器

网络存储录像机提供其他设备与其进行时间同步的功能。其他设备通过同步操作，可以与网络存储录像机保持时间一致。

①启动时间同步服务：在服务配置主页面的服务器状态配置项中选择"启动"状态，并单击【设置】按钮。

②停止时间同步服务：在服务配置主页面的服务器状态配置项中选择"停止"状态，并单击【设置】按钮。

③重新启动时间同步服务：在服务配置主页面的服务器状态配置项中选择"重启"状态，并单击【设置】按钮。

（6）网络协议服务器

网络存储录像机通过网络协议与前端设备通信，所以网络协议服务器状态非常重要，若该状态显示为异常，一定要重新启动网络协议服务，具体操作示意如图 2-196 所示。

①启动网络协议服务：在"网络协议服务器"下方的状态配置项中选择"启动"状态，并单击【设置】按钮。

②停止网络协议服务：在"网络协议服务器"下方的状态配置项中选择"停止"状态，并单击【设置】按钮。

③重新启动网络协议服务：在"网络协议服务器"下方的状态配置项中选择"重启"状态，并单击【设置】按钮。

同时，网络存储录像机还提供针对网络协议服务器的守护服务。具体操作如前"守护服务状态"的描述。

（7）设备状态

单击【系统状态】→【设备状态】即进入设备配置页面，如图 2-197 所示。

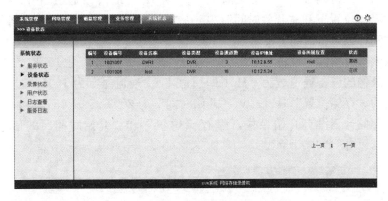

图 2-197　设备状态

在图 2-194 中，列出了所有已经成功挂入系统的前端设备的信息，包括"设备编号"、"设备名称"、"设备类型"、"设备通道数"、"设备 IP 地址"、"设备所属位置"和"状态"。

1001007：该编号设备的"设备名称"为 DVR1，"设备类型"是 DVR，用于监控的设备通道数为 3，"设备 IP"为 10.12.6.55，该设备的"所属位置"是 root，当前设备"状态"为"离线"。

1001006：该编号设备的"设备名称"为 test，"设备类型"是 DVR，用于监控的通道数为 16，"设备 IP"为 10.12.5.34，该设备的"所属位置"是 root，当前设备"状态"为"在线"。

（8）录像状态

单击【系统状态】→【录像状态】即进入录像状态的查看页面，如图 2-

198 所示。

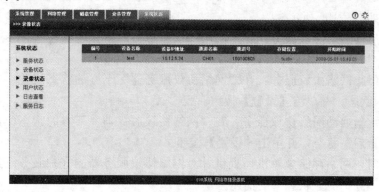

图 2-198　录像状态

在图 2-198 中，列出了所有系统中已经配置成功的录像计划的录像状态信息，包括"设备编号"、"设备名称"、"设备 IP 地址"、"通道名称"、"通道号"、"存储位置"和"开始时间"。其中"开始时间"表示该存储计划开始录像的时间，以设备时间为准。

该编号设备的"设备名称"为 test，"设备 IP 地址"是 10.12.5.34，用于存储录像的设备通道数为 CH01 即通道 1，"通道号"为 100100601，该存储计划的"存储位置"是 testlv，"开始时间"为 2009-05-01 15：40：01。

若存储计划没有开始录像，"存储位置"和"开始时间"的信息都是"N. A."，如图 2-199 所示。

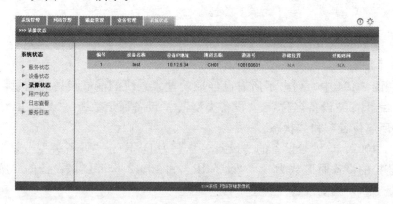

图 2-199　存储计划未开始的录像状态

（9）用户状态

单击【系统状态】的【用户状态】即进入用户状态页面，如图 2-200 所示。

图 2-200　用户状态

在图 2-197 中显示了系统当前所有用户的"登录名"、"用户别名"、"类别"和"状态"信息。

①"登录名"为 admin，"用户别名"为 admin，"类别"是"管理员"，当前状态是"在线"。

②"登录名"为 filmtv，"用户别名"为 filmtv，"类别"是"操作员"，当前状态是"离线"。

③"登录名"为 1，"用户别名"为 1，"类别"是"操作员"，当前状态是"在线"。

④"登录名"为 2，"用户别名"为 2，"类别"是"操作员"，当前状态是"离线"。

（10）日志查看

单击【系统状态】→【日志查看】即进入【日志查看】页面。

【日志查看】页面主要向操作员提供对当前系统内日志信息进行检索的功能。其中检索日志方式有三种：检索全部日志、检索距离当前时间最近的前多少条记录、按时段检索日志。该项目还为管理员提供日志导出功能，显示页面如图 2-201 所示。

①检索全部日志：选择"检索全部"，单击【检索】按钮即可。

②检索一定数目的日志：选择"检索前（　）条记录"，在"（）"内写入想要检索的日志的数目，单击【检索】按钮即可。它所检索的日志是以当前时间为起点，向前检索（　）条记录，并显示。

③按时段检索日志：选择"按日期检索"，选择所要检索的时间段，单击【检索】按钮即可。

例如，时间段为"2009 年 3 月 11 日—2009 年 3 月 11 日"，将检索出 2009 年 3 月 11 日的全部日志信息。

图 2-201　日志咨询界面

④导出日志功能：单击该页面中的【导出】按钮，即有图 2-202 所示的对话框弹出，单击其中的【保存】按钮即可。网络存储录像机系列产品系统启动后的所有日志记录都会保存在该文本文档中，方便日志的管理和查找。

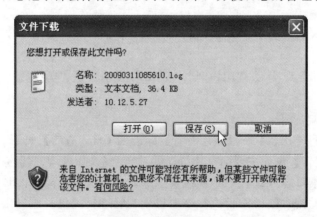

图 2-202　导出日志

（11）服务日志

单击【系统状态】→【服务日志】即进入【服务日志】页面。

【服务日志】页面主要向操作员提供对当前系统内服务日志信息进行管理的功能。其中"选择日志类型"包含的是设备的 5 个子服务，分别是"配置管理服务"、"设备管理服务"、"转发服务"、"存储服务"和"数据维护服务"。该页面中显示了每条服务日志的名称、时间、长度信息，并提供【删除】和【下载】按钮进行管理操作。显示页面如图 2-203 所示。

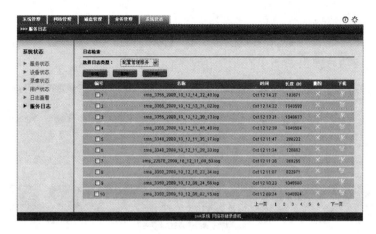

图 2-203 服务日志

12. 系统关闭

单击【系统管理】→【系统关闭】即可进入【系统关闭】页面。【系统关闭】页面向系统管理员提供两个基本功能按钮：【关闭系统】和【重启系统】。

13. 接入网络解码器

①确认解码器正确接入网络，连接计算机串口。

②给计算机主机和解码器分别设置 IP 地址、子网掩码和网关（如网络中没有路由设备请分配同网段的 IP 地址，若网络中有路由设备，则需设置好相应的网关和子网掩码），解码器的网络设置如下：

解码器正常开机后，在计算机串口中输入用户名 admin 及密码 admin，再输入 net-a 后依次输入 IP、NETMASK、GATEWAY，命令格式为 net-a [IP] [NETMASDK] [GATEWAY]，例如：

username：admin

password：admin

DeBug>net —a 192.168.XXX.XXX 255.255.XXX.XXX 192.168.XXX.XXX

③利用 ping ×××.×××.×××.××× （解码器 IP）检验网络是否连通，返回 TTL 值一般等于 255。

④打开 IE 网页浏览器，在地址栏中输入要登录的解码器的 IP 地址。

⑤Web 控件自动识别下载，升级新版 Web 控件时将原控件删除。

⑥删除控件方法：运行 uninstall web.bat（Web 卸载工具），删除控件。

14. 进入系统菜单

在浏览器地址栏中输入解码器的 IP 地址，即在地址栏中输入 http://192.168.1.100，并连接，弹出安全预警是否接受解码器的 Web 控件

webrec.cab，选择接受，系统会自动识别安装。如果系统禁止下载，应确认是否安装了其他禁止控件下载的插件，并降低 IE 的安全等级。控件安装完成，连接成功后弹出如图 2-204 所示的界面。

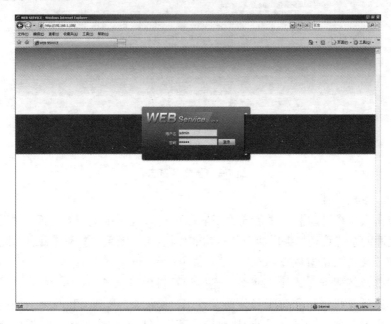

图 2-204　登录界面

输入用户名和密码，公司出厂默认管理员用户名为 admin，密码为 admin。登录后应及时更改管理员密码。登录成功后，显示如图 2-205 所示的界面。

图中，TV1 对应输出的 1～4 解码通道；TV2 对应输出的 5～8 解码通道；TV3 对应输出的 9～12 解码通道；TV4 对应输出的 13～16 解码通道。

直接单击选择任一解码通道，进行连接实时解码输出。

15．解码器设置

解码器设置如图 2-206 所示。【TV 输出】选择解码器输出通道。每台解码器支持 4 个 TV 输出，每个 TV 输出含 4 个解码通道。

【画面选择】选择单画面或四画面输出。

【解码通道】选择输出用的解码通道。

16．解码上墙

通过 DSS 软件找到设备树，添加四副画面后，单击右键，选择【矩阵输出】，选择一路输出通道后解码，在监控中心的电视墙上可同时显示当前选中的四幅画面。

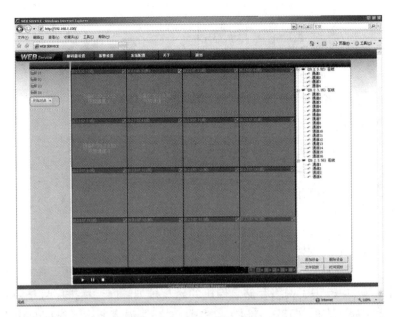

图 2-205　登录成功界面

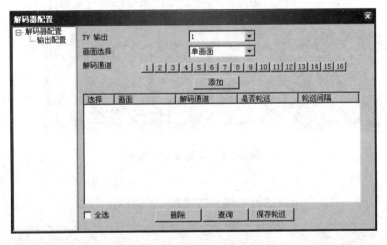

图 2-206　解码器设置界面

五、任务步骤

1. 如图 2-207 所示，各实训台的视频信号经路由器接入监控中心的交换机内，经交换机连接到网络存储录像机与网络解码器上。

2. 安装网络存储录像机硬盘。整机安装如图 2-208 所示。安装步骤如下。

（1）从设备前面板方向，将硬盘架拉出。

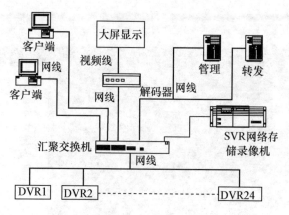

图 2-207　系统图

（2）将固定硬盘架的挡条取下。

（3）将硬盘安装在硬盘架上，每个硬盘配备 4 个螺钉。

图 2-208 中标识了网络存储录像机的磁盘排列顺序。横排序号是由左往右依次递增，如下方的"13"、"14"、"15"、"16"通道所示。纵向是由上往下依次递增，在图 2-208 的右边依次标明了每一横排的所有磁盘序号。

图 2-208　硬盘安装位置图

3. 接线。

按照图 2-209 所示，进行连线。接线端口说明见表 2-26。

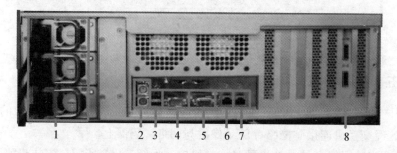

图 2-209　网络存储录像机的接线端口

表 2-26　接线端口说明

序号	端口	描述
1	电源接头	用于连接 220V 交流电
2	普通鼠标/键盘接口	用于连接鼠标/键盘以查看设备情况
3	USB 接口	用于连接带有 USB 接口的设备
4	串口	用于连接 RS232 串口进入命令行页面
5	CRT 接口	用于连接显示器
6	以太网口	用于数据传输，为千兆以太网口
7	以太网口	用于数据传输，为千兆以太网口
8	扩展连接口	用于连接扩展的磁盘柜

4. 启动网络存储录像机硬盘。

(1) 连接电源线。

(2) 按下设备的电源开关，启动 ESS3016X，硬盘通道上的电源指示灯变黄色，所有磁盘通道上的读写指示灯闪烁一次表示启动完毕。第一次启动设备时，需要手动运行完成配置网络操作系统的一系列配置。

5. 按照表 2-27 对监控中心进行操作，参照说明书填写操作步骤。

表 2-27　监控中心实训操作清单

序号	项目	操作步骤
1	通过 SVR 自带的软件进行设置，如访问 192.138.0.237，进入 SVR 界面	
2	进行设备的配置，增加硬盘录像机、网络摄像机	
3	设置存储计划，将视频信号存储到 3 号硬盘内	
4	对系统状态进行查询，如服务状态、录像状态、设备是否启用	
5	对用户进行管理，即通过客户端的 DSS 软件访问 SVR	
6	使用服务器上 DSS 软件将 4 路图像信号通过网络解码器解码后输出到壁挂式的显示器上	

六、习题

1. 简述监控中心的作用。

2. 简述监控中心的组成。

3. 简述监控中心解码器的作用。

学习情境三　门禁控制系统设备安装与调试

【学习目标】

使学生掌握门禁设备接线、安装方法细节，并了解各设备安装注意事项；学生通过亲自动手操作进一步理解门禁管理系统各组件功能、原理。

【学习内容】

根据工艺设计文件，安装门禁控制系统的识读、执行和控制设备；检测安装后的门禁控制系统设备功能和性能指标、安装质量；按门禁控制系统性能指标要求对系统进行调试、检测。

【预备知识】

门禁控制系统又称出入口控制系统，该系统采用现代电子与信息技术，在出入口对人或物这两类目标的进、出进行放行、拒绝、记录和报警等操作。

随着近几年感应卡技术、生物识别技术的迅速发展，现代的门禁控制系统已由当初传统的机械门锁、电子磁卡锁、电子密码锁向更高级的感应卡式门禁控制系统、指（掌）纹门禁控制系统、虹膜门禁控制系统、面部识别门禁控制系统发展，而且技术性能日趋成熟，它们在安全性、方便性、易管理性等方面各有所长，使出入口控制系统获得了越来越广泛的应用。

一、门禁控制系统的组成

门禁控制系统一般由目标识别部分、传输部分、处理与控制单元、执行机构以及相应的系统软件组成，如图 3-1 所示。

1. 目标识别部分的主要功能

目标识别部分，是通过提取出入目标身份等信息，将其转换为一定的数据格式传递给出入口管理子系统；管理子系统再与所载有的资料对比，确认同一性，核实目标的身份，以便进行各种控制处理。一般可以分为生物特征识别系统和编码识别系统两类。

（1）生物特征识别系统如指纹识别、掌纹识别、眼纹识别、面部特征识别、语音特征识别等。

（2）编码识别系统如普通编码键盘、乱序编码键盘、条码卡识别、磁卡

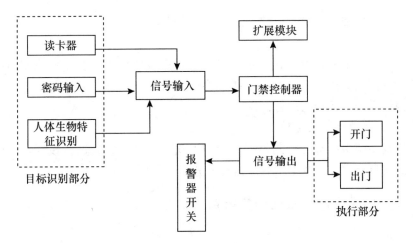

图 3-1 门禁控制系统的组成

识别、接触式 IC 卡识别和非接触式 IC 卡识别等。

2. 传输部分的主要功能

传输部分的主要功能为传输报警、状态、控制信息。一般采用专线或网络传输。

3. 处理与控制单元的主要功能

处理与控制单元是门禁控制系统的管理与控制中心。其具体功能如下：

（1）具备系统人机界面。

（2）负责接收从门禁输入识别装置发来的目标身份等信息。

（3）指挥、驱动门禁控制执行机构的动作。

（4）出入目标的授权管理（对目标的出入和方式进行设定），如出入目标的访问级别、出入目标某时可出入某个出入口、出入目标可出入的次数等。

（5）出入目标的出入行为鉴别及核准。把从识别子系统传来的信息与预先存储、设定的信息进行比较、判断，对符合出入授权的出入行为予以放行。

（6）出入事件、操作事件、报警事件等的记录、存储及报表的生成。事件通常采用 4W 的格式，既 When（什么时间）、Who（谁）、Where（什么地方）、What（干什么）。

（7）系统操作员的授权管理。设定操作员级别管理，使不同级别的操作员对系统有不同的操作能力，还有操作员登录核准管理等。

（8）出入口控制方式的设定及系统维护。单/多识别方式选择，输出控制信号设定等。

（9）出入口的非法侵入、系统故障的报警处理。

（10）扩展的管理功能及与其他控制及管理系统的连接，如考勤、巡更等功能，与入侵报警、视频监控、消防等系统的连动。

4. 执行部分的主要功能

执行部分主要指电控锁、报警指示装置以及电动门等。门禁控制执行机构接收从门禁管理子系统发来的控制命令，在出入口做出相应的动作，实现门禁控制系统的拒绝与放行操作。

5. 系统软件的主要功能

管理系统中所有的控制器，向它们发送命令，对它们进行设置，接收其发来的信息，完成系统中所有的信息的分析与处理。

二、门禁控制系统的主要设备

1. 识别卡

识别卡是出入口控制系统的前端设备，负责实现对出入目标的个性化探测任务，按照工作原理和使用方式的不同，识别卡可以分为接触式和非接触式、IC 和 ID、有源和无源等，它们最终的目的是作为电子钥匙被使用，只是在使用的方便性、系统识别的保密性等方面有所不同。

接触式是指必须将识别卡插入读卡器内或在槽里划一下，才能读卡，比如 IC 卡、磁卡等。接触式 IC 识别卡是将 IC 芯片封装在一个的标准 PVC 卡中，靠裸露的芯片触点与读写器卡座之间的直接接触来读写数据的。

非接触式是指识别卡无需与读卡器接触，相隔一定的距离就可以读出识别卡内的数据。非接触式识别卡由 IC 芯片、感应天线组成，并完全密封在一个标准的 PVC 卡中，不易受外界的不良因素影响。非接触式识别卡与读写器之间通过无线电波来完成读写；存储容量大，传递速度快，读写寿命长；与读写器之间非机械接触；表面没有裸露器件，不会因为污损、弯曲而损坏卡；卡本身是无源件，体积小，耐用可靠；读写器不需要卡座；使用时没有方向性，卡可以从任意方向掠过读写器表面，完成读写工作。

下面介绍几种常见的识别卡片。

(1) 条码卡

将黑白相间组成的一维或二维条码印刷在 PVC 或纸制卡基上就构成条码卡，就像商品上贴的条码一样，其优点是成本低廉，缺点是条码易被复印机等设备轻易复制、条码图像易褪色和污损，故一般不用在安全要求高的场所。

(2) 磁条卡

将磁条粘贴在 PVC 卡基上就构成磁条卡，其优点是成本低廉，缺点也是可用设备轻易复制且易消磁和污损，磁条读卡机磁头也很容易磨损，对使用环境要求较高，常与密码键盘联合使用以提高安全性。

（3）威根卡（Wiegand card）

威根卡也叫铁码卡，是曾在国外流行的一种卡片，卡片中间用特殊的方法将极细的金属线排列编码，其读卡机和操作方式与磁条卡基本相同，但原理不同，具有防磁、防水等能力，环境适应性较强。虽然卡片本身遭破坏后金属线排列即遭破坏，不好仿制，但利用读卡机将卡信息读出，也容易复制一张相同卡片。在国内很少使用，但它的输出数据的格式常被其他读卡器采用。

（4）接触式 IC 卡

接触式 IC 卡广泛应用在各种领域，比如加油卡、驾驶员积分卡等，在出入口系统中，主要是用存储卡和逻辑加密卡。还有用带有 CPU 的智能卡，其优点是安全性较高，常用在宾馆的客房锁等处。但接触式操作，容易使卡片和读卡器磨损，必须对设备经常维护。

（5）无源感应卡

无源感应卡是在接触式 IC 卡的基础上采用了射频识别技术，也称无源射频卡，卡片与读卡器之间的数据采用射频方式传递。主要有感应式 ID 卡和可读写的感应式 IC 卡两种形式。常见的读卡距离为 4~80cm。在识读过程中不需接触读卡器，对粉尘、潮湿等环境的适应远高于上述其他卡片系统，它使用起来非常方便，是目前出入口控制系统识读产品的主流。

（6）有源感应卡

有源感应卡与无源感应卡的技术特点基本相同，不过其能量来自卡内的电池。能量的增强，使得读卡距离大为增加，通常的读卡距离为 3.5~15m。常用于对机动车的识别，不过卡片寿命受电池的制约，不能更换电池的卡片，其寿命一般在 2~5 年。

（7）生物特征识读设备

生物特征识别不依附于其他介质，直接实现对出入目标的个性化探测，常见的生物特征识别方式主要有指纹识别、掌形识别、虹膜识别和面部识别（人脸识别）。

2. 读卡器

读卡器分为接触式读卡器和感应式读卡器，它们之间又有带密码键盘和不带密码键盘的区别。

读卡器设置在出入口处，通过它可将门禁卡的参数读入，并将所读取的参数经由控制器判断分析，准入则电锁打开，人员可自行通过；禁止入内时，则电锁不动作，并且立即报警作出相应的记录。

3. 写入器

写入器又叫发卡器，在系统中对卡片进行初始化、注册、注销等读写操作时用到，主要完成写入识别卡的各种标志、代码以及数据的读写。

4. 门禁控制器

门禁控制器是门禁系统的中枢，是门禁系统的核心设备，相当于计算机的 CPU，里面存储有该出入口可通行的目标权限信息、控制模式信息及现场事件信息。门禁控制器担负着整个系统的输入、输出信息的处理和控制任务，根据出入口的出入法则和管理规则对各种各样的出入请求做出判断和响应，并根据判断的有效性决定是否对执行机构与报警单元发出控制指令。其内部有运算单元、存储单元、输入单元、输出单元、通信单元等组成。门禁控制器性能的好坏将直接影响系统的稳定，而系统的稳定性直接影响着客户的生命和财产的安全。所以，一个安全和可靠的门禁系统，首先需要选择更安全、更可靠的门禁控制器。

门禁控制器通常安装在前端的受控区内，与现场的识读设备和执行设备相连接。

5. 电锁

门禁系统常用的执行机构有多种种类和型号电控门锁，可以满足各种木门、玻璃门、金属门的安装需要。每种电子锁具都具有自己的特点，在安全性、方便性和可靠性上也各有差异，需要根据实际情况来选用。按其工作原理的差异，可以分为电插锁、电磁锁、阴极锁和阳极锁等。

6. 门禁管理系统软件

通过门禁管理系统软件对系统所有的设备和数据进行管理，对进、出人员进行实时监控，对各门区进行编辑，对系统进行编程，对各突发事件进行查询及人员进出资料实时查询等，还可完成视频、消防、报警等联动功能。主要功能如下：

（1）设备注册：在增加控制器或发新卡片时；在减少控制器或卡片丢失挂失、人员变动时使用。

（2）权限设定：对已注册的卡片设定哪些人可以通过哪些门，哪些不可以通过。

（3）时间管理：可以通过设定控制器在什么时间可以或不可以允许持卡人通过，哪些卡在什么时间可以或不可以通过哪些门等。

（4）数据库的管理：对系统所记录的数据进行转存、备份、存档和读取等处理，系统正常运行时，对各种出入事件、异常事件及其处理方式进行记录，保存在数据库中，以备日后查找使用。

（5）报表生成：能够根据要求定时或随机地生成各类报表。比如，可以生成某个门在某段时间内有谁进出等。

（6）网间通信：又称联动功能。系统不是作为单一的系统存在的，它要向其他系统传送信息，比如有人非法闯入，则门禁控制系统要向视频监控系统发出信息，使摄像机能监视该处情况，进行录像。

7. 出门按钮

按一下出门按钮则门打开，适用于对出门无限制的情况。

8. 门磁

门磁用于检测门的开启、关闭状态等。

9. 电源

电源是整个系统的供电设备，分为普通型和后备式（带蓄电池的）两种。

三、门禁控制系统主要设备安装前的准备

1. 选择合适的安装位置

门禁控制系统的各个设备应该根据实际情况选择合适的安装位置。比如控制器必须放置在专门的弱电间或设备间内集中管理，控制器与读卡器之间须具有远距离信号传输的能力（一般不能使用通用的 Wiegand 协议，因为 Wiegand 协议只能传输几十米的距离，不利于控制器的管理和安全保障）。设计良好的控制器与读卡器之间的有效通信距离应不小于 1 200m，控制器与控制器之间的距离也应不小于 1 200m。

电控锁的安装首先应该了解锁的类型、安装位置、安装高度、门的开启方向等。有的磁卡门锁内设置电池，不需外接导线，只要现场安装即可，适用酒店客房使用，阴极及阳极电控锁通常安装在门框上，在主体施工时在门框外侧门锁安装位置处预埋穿线管及接线盒，锁体安装要与相关专业配合进行开孔等工作；在门扇上安装电控门锁时，需要通过电合页或电线保护软管进行导线的链接，在主体施工时在门框外侧电合页处预埋导线管及接线盒，导线连接应采用焊接或接线端子连接。

2. 门禁控制系统管线安装

门禁控制系统管线安装如图 3-2 所示。

（1）布线要求

在门禁管理系统中有两种传输线路：电源线和信号线。电源主要用于给控制器和电锁供电，一般来讲门禁管理系统都配有 UPS（不间断电源），以免在现场突发性断电时造成开门的误动作。在控制器旁，配备有稳压电源，将交流 220V 电源变换成直流 12V 电源，分别供给控制器和电锁。在电锁开断的瞬间，由于电锁中线包（电磁铁线圈）的作用，会在电源线上附加产生很强的自感电动势，它容易引起电源波动，而这一电源波动对控制器的稳定工作极其不利，

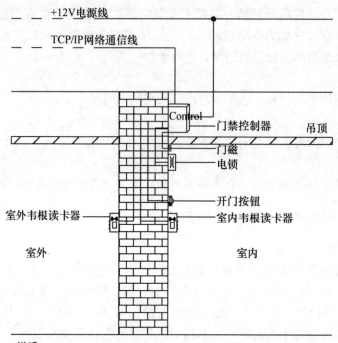

说明：

①门控制器建议采用独立电源供电，以减少相互间干扰及影响。

②门控制器建议安装在吊顶（天花板）上。

③管线严格按照强、弱电分开原则。信号线不能与大功率电力线平行，更不能穿在同一管内。如因环境所限，要平行走线，要远离50cm以上。因此读卡器器线、TCP/IP网络通信线、电源线和电锁线均单独穿管敷设。

④配线在建筑物内安装要保持水平或垂直。配线应加套管保护（塑料或铁水管按室内配线的技术要求选配），天花板走线可用金属软管，但需固定稳妥美观。

图 3-2　门禁控制系统管线安装图

所以在可靠性要求比较高的门禁管理系统中，控制器与电锁分别使用不同的电源模块，即 220V 交流供电到控制器时，使用两个 12V 直流的电源模块各自整流/稳压后，分别供给电锁和控制器，并配选标准的电源线。

控制器的＋12V 直流电源线采用 2 芯电源线（RVV $2 \times 2.5 \text{mm}^2$）。按国家标准，电源在满负荷工作时，纹波电压不能大于 100mV。所以应使用符合国家标准、经过严格测试，并能长时间工作的电源产品。控制器采用 12V 供电，控制器电流 ＜120mA，读卡器电流 ＜100mA。

信号线主要用于门禁管理系统中各设备之间的信号传输，如门禁控制器与读卡器、电锁、出门按钮之间的信号传输，门禁控制器与上位机之间的信号传输。一般而言控制器中有三组信号线分别连接到读卡器（4～9 芯）、电锁中的锁状态传感器（2 芯）和出门按钮（2 芯）。这三路信号线可以使用综合布线中的双绞线替代。为了避免空间的电磁干扰，读卡器信号线应采用屏蔽线，另两种信号线则可以采用屏蔽线，也可以采用非屏蔽线。控制器与上位机间大多 RS485 传输协议，在近距离时则可直接采用 RS232，在要求传输速率快的时候，则采用 TCP/IP 协议，使用以太网传输。这三种传输方式在综合布线中都可以使用双绞线，只是在 RS485 或 RS232 传输时，为了避免电磁干扰，应采用屏蔽双绞线。

网线采用 3 类或 5 类线，各控制器到集线器的网线长度不能超过 100m。

读卡器可采用 8 芯屏蔽（RVVP 8×0.3 mm^2）5 类网线，减少传输过程中的干扰。

电锁由于电流较大，动作期间会产生较大干扰信号，为减少电锁动作期间对其他元器件的影响，采用 2 芯电缆线（RVV 2×0.75mm^2）。

其他控制线（如出门按钮、门磁）均采用 2 芯电缆线（RVV 2×0.5 mm^2）。

（2）布线时注意事项

门禁控制系统中布线系统时应该注意以下问题：

① 信号线（如网线）不能与大功率电力线（如电锁线与电源线）平行，更不能穿在同一管内。如因环境所限要平行走线，则要远离 50cm 以上。

② 配线时应尽量避免导线有接头。当非用接头不可时，接头必须采用压线或焊接。导线连接和分支处不应受机械力的作用。

③ 配线在建筑物内安装要保持水平或垂直。配线应加套管保护（塑料或铁水管，按室内配线的技术要求选配），天花板走线可用金属软管，但需固定稳妥美观。

④ 屏蔽措施及屏蔽连接：在施工前的考察中如果发现布线环境的电磁干扰比较强烈，在设计施工方案时必须考虑对数据线进行屏蔽保护。当施工现场有比较大的辐射干扰源或与大电流的电源成平行布置等，则须进行全面的屏蔽保护。屏蔽措施一般为：最大限度地远离干扰源，并使用金属线槽或镀锌金属水管，保证数据线的屏蔽层和金属槽或金属管的连接可靠接地，屏蔽体只有连续可靠的接地才能取得屏蔽效果。

⑤ 地线接法：布线现场必须有可靠的大直径接地线，接地线应符合国家标准，应采用树形接法，以避免形成直流环路。此接地线必须远离雷场，绝对不能使用避雷线，并保证在有雷击时，此接地线没有雷击电流。金属线槽与布线用金属管的连接必须是连续可靠的，并使用大直径的电线连接至接地线。此段线的阻抗不能大于 2Ω。屏蔽层必须连接可靠，一端接地，保证电流方向的一致，接地线必须使用大直径（不小于 2.5mm^2）的电线连接。

3. 门禁控制系统的供电结构

控制器采用 $+10 \sim +24$V 直流电供电。一般来说为减少控制器间电源干扰影响，应对各控制器单独供电，当对可靠性要求较高时，还需对控制器和电锁分别供电。

为防止控制器失电而造成整个系统无法正常工作，一般要求门禁管理系统至少配备一台 UPS 不间断电源，门禁电锁采用外部电源供电，确保门禁管理系统在掉电期间还能正常工作。

供电结构如图 3-3 所示。

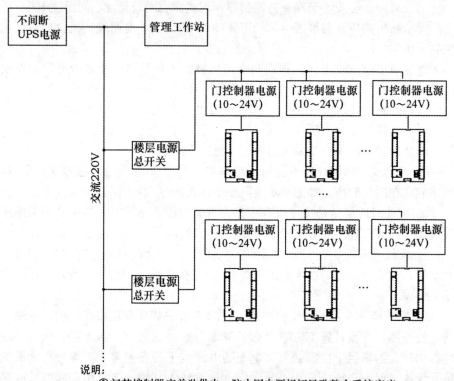

说明：
①门禁控制器应单独供电，防止因电源损坏导致整个系统瘫痪。
②建议电锁采用外部电源供电，以免因电源故障导致电锁开启。
③系统应配备UPS不间断电源，防止因停电造成系统不能正常工作。

图 3-3　门禁控制系统供电结构图

任务一　读卡器与门禁控制器的安装与调试

一、任务目标

通过该任务内容学习使学生掌握门禁读卡设备与门禁控制器的接线、安装与调试方法细节，并了解其安装注意事项。

二、任务内容

在门禁实训室内完成对门禁控制系统的读卡器与控制器的安装与调试，完成发卡、权限设置等操作。

三、设备、器材

PAR-190E 读卡器	1 个
MJS-180 控制器	1 个
二芯线、四芯线	若干
12V 电源	1 个
工具包	1 套

四、设备安装原理与连线图

门禁控制系统设备布置与安装高度如图 3-4 所示。

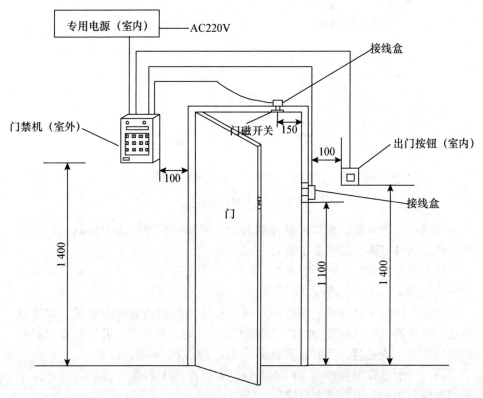

图 3-4　门禁控制系统设备布置与安装高度图

(一) 读卡器的安装

读卡器一般安装在门旁，读卡器可直接固定于镶嵌在墙壁里的标准 86mm×86mm 接线盒上。首先将读卡器的上底盒套在读卡器连接线上，然后将读卡器与底盒里的线连接好，如图 3-5 所示。为保证读卡器能长久的使用，最好采取焊接方式连接，将连接好的线用绝缘胶布包好，将读卡器按照图 3-6 所示的方式固定妥当，即可使用。门禁控制箱应安装在所能控制到的几个门的合适位置，安装在较安全隐蔽的顶棚上，或者在控制门房间内将控制器直接固定在墙壁上，同时考虑到控制器布线，读卡器与控制器之间的距离不宜过长，一般应控制在 100m 之内。

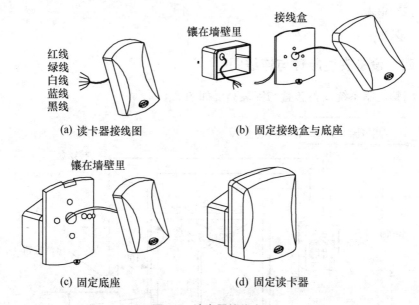

红线
绿线
白线
蓝线
黑线

(a) 读卡器接线图   镶在墙壁里   接线盒   (b) 固定接线盒与底座

镶在墙壁里

(c) 固定底座   (d) 固定读卡器

图 3-5　读卡器接线方法

然后再将读卡器的连线接到控制器上，安装时在安装墙上钻两个孔，用螺钉或紧固件将读卡器固定在墙上。

读卡器在安装时，应距地面 1.4m 左右，距门边框 30～50mm；读卡器与控制箱之间采用 8 芯屏蔽线 (RVVP8×0.3mm^2)。

注意，在读卡器可感应的范围，切勿靠近或接触高频或强磁场（如重载马达、监视器等），感应距离与隔间的材质不可为金属板材，并需配合控制箱的接地方式。若安装的是韦根读卡器，还应注意以下事项：

（1）读卡器发射频率为 13.56MHz，所以在读卡器安装现场不得有强干扰频率源，否则会引起读卡出错。

（2）如果在同一个出入口处安装 2 台进、出门读卡器时，为防止读卡器

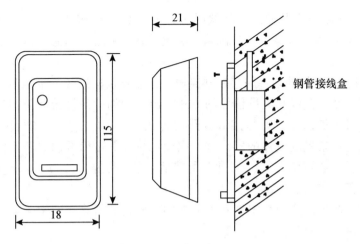

钢管接线盒

图 3-6　读卡器的安装方法

发射磁场相互影响，2 台读卡器的安装距离应大于 50cm。

（3）读卡器周围应尽量避免金属，否则会影响读卡距离。

（4）控制器与读卡器之间的线缆应使用线径大于 2mm 的屏蔽线，建议采用 8 芯屏蔽（RVVP $8 \times 0.3 \text{mm}^2$）5 类网线。

（5）制器与读卡器之间的连线长度应小于 80m。

（二）门禁控制器的选用与安装

1. 门禁控制器的选用

门禁控制器的选用应该从安全性、稳定性、可靠性等角度出发，合理选择，力求取得最大的性价比。

（1）门禁控制器的安全性

影响门禁控制器安全性的因素很多，通常采取以下几个方面的措施予以避免：

① 控制器集中管理：控制器必须放置在专门的弱电间或设备间内集中管理，控制器与读卡器之间须具有远距离信号传输的能力（一般不能使用通用的 Wiegand 协议，因为 Wiegand 协议只能传输几十米的距离，不利于控制器的管理和安全保障）。设计良好的控制器与读卡器之间的距离应不小于 1 200m，控制器与控制器之间距离也应不小于 1 200m。

② 控制器机箱防破坏：控制器机箱必须具有一定的防砸、防撬、防爆、防火、防腐蚀的能力，尽可能阻止各种非法破坏的事件发生。

③ 供电安全保障：控制器箱内部本身必须带有 UPS 与备用电池系统，并保证不被轻易切断或破坏，在外部电源无法提供电力时，至少能够让门禁控制器继续工作几个小时，以防止有人切断外部电源导致门禁系统瘫痪事件。

④ 控制器自检报警：控制器必须具有各种即时报警的能力，如电源、UPS 等各种设备的故障提示，机箱被非正常打开的警告信息，以及通信或线路故障等。

⑤ 开关量信号处理：门禁控制器输入不能直接使用开关量信号，门禁系统中有许多装置会以开关量信号的方式输出，例如门磁信号和出门按钮信号等，由于开关量信号只有短路和开路两种状态，所以很容易被利用和破坏，会大大降低门禁系统整体的安全性。因此，将开关量信号加以转换传输才能提高安全性，如转换成 TTL 电平信号或数字量信号等。

（2）门禁控制器的稳定性和可靠性

影响门禁控制器的稳定性和可靠性的因素也非常多，通常采取以下几个方面的措施予以避免：

① 硬件结构设计：门禁控制器的整体结构设计非常重要，设计良好的门禁系统尽量避免使用插槽式扩展板，以防止长时间使用而氧化引起的接触不良，应使用可靠的接插件，方便接线并且牢固可靠；元器件的分布和线路走向合理，以增强抗干扰能力；机箱布局合理，增强整体的散热效果。门禁控制器是一个特殊的控制设备，不应一味地追求使用最新的技术和元件。控制器的处理速度不是越快就越好，也不是门数越集中就越好，而是必须强调稳定性和可靠性，够用且稳定的门禁控制器才是好的控制器。

② 电源质量：电源是门禁控制器中的重要部分，提供稳定、干净的电路工作电源是稳定性的必要前提，针对 220V 市电存在的电压过低、过高、波动、浪涌等现象，需要电源设备具有良好的滤波和稳压特性，以及很强的抗干扰能力。

③ 程序设计：相当多的门禁控制器在执行一些高级功能或与其他弱电子系统实现联动时，是完全依赖计算机及软件来实现的，如果计算机一旦发生故障将会导致整个系统失灵或瘫痪，所以设计良好的门禁系统中有的逻辑判断和各种高级功能的应用，必须依赖门禁控制器的硬件系统来完成，由控制器的内部程序来实现，只有这样，门禁系统才是最可靠的，并且也有最快的系统响应速度，不会随着系统的不断扩大而降低响应速度和性能。

④ 继电器的容量：门禁控制器的输出是由继电器的输出接触点担当的。控制器工作时，继电器要频繁的开合，而每次开合时都有一个瞬时电流通过。如果继电器触点容量太小，瞬时电流有可能超过继电器的容量，很快会烧坏继电器触点。一般情况下继电器触点容量应大于电流峰值 3 倍以上。另外继电器的输出端通常是接电控锁等大电流电感性设备，瞬间的通断会产生高压电弧烧坏触点，所以宜装有压敏电阻等防护电路予以保护。

⑤ 电路的保护：门禁控制器的元器件的工作电压一般为 5V，如果电压超过 5V 就会损坏元器件，而使控制器不能工作。这就要求控制器的所有输入、输出口都有动态电压保护，以免外界可能的大电压加载到控制器上而损坏元器件。另外控制器在读卡器输入电路还需要具有防错接和防浪涌的保护措施，良好的保护可以使得即使电源接在读卡器数据端都不会烧坏电路，通过防浪涌动态电压保护可以避免因为读卡器质量问题影响到控制器的正常运行。

（3）门禁控制器的选用

门禁控制器是门禁系统的核心部分，是门禁系统的灵魂。门禁控制器的质量和性能优劣直接影响着门禁系统的稳定性，而系统的稳定性将直接影响门禁系统使用者的工作和生活秩序，甚至影响到生命和财产的安全。因此，门禁系统的稳定性、操作的便捷性、功能的实用性是门禁控制器的评估和选用的重要因素和核心标准。由此应选择：

① 具备防死机和自检电路设计的门禁控制器。如果门禁控制器死机，用户就开、关不了门，会给客户带来极大的不方便，同时也会增大维护工作量和维护成本。同时，必须具备自检功能，如果电路因为干扰或者异常情况死机，系统可以自检并在瞬间自行启动。

② 具备三级防雷击保护电路设计的门禁控制器。由于门禁控制器的通信线路是分布的，容易遭受感应雷的侵袭，所以门禁控制器一定要进行防雷设计。建议采用三级的防雷设计：一是首先通过放电管将雷击产生的大电流和高电压释放掉，二是通过电感和电阻电路钳制进入电路的电流和电压。最后通过 TVS 高速放电管将残余的电流和电压在其对电路产生损害以前高速释放掉。

③ 注册卡权限存储量大，脱机记录存储量也足够大。可以适合绝大多数客户对存储容量的要求，方便进行考勤统计。采用 Flash 等非易失性存储芯片，掉电或者受到冲击信息也不会丢失。

④ 通信电路的设计应该具备自检测功能，适合大系统联网的需求。门禁控制器通常采用 RS485 工业总线结构联网，该电路须具备自检功能，如果内部芯片损坏，系统会自动断开对它的连接，使得其他总线上的控制设备能保证正常通信。

⑤ 应用程序简单实用，操作方便。必须注重门禁控制器软件系统的操作简单、直观、便捷，不片面强调功能强大。

⑥ 输出继电器有触点保护电路。门禁控制器的输出是由继电器承担的。控制器工作时，继电器要频繁的开合，而每次开合时都有一个瞬时电流通过。如果继电器容量太小，瞬时电流有可能超过继电器触点容量，会烧坏继电器

触点。输出端输出触点通常是接电磁锁等大电流感性负载，瞬间的通断会产生高压电弧，所以输出端宜有压敏电阻等触点保护电路予以保护。

⑦ 读卡器输入电路应具有防浪涌、防错接保护。有防浪涌和防错接保护，可以保护中央处理芯片不被意外事故烧毁，造成整个控制器损坏失灵，防浪涌动态电压保护可以避免因为读卡器质量问题影响到控制器的正常运行。

⑧ 权威的质量认证。产品生产厂家需具有权威的 ISO9001 质量认证证书和政府质量监管机构的产品检测报告，有相应的第三方的认证证书。

2. 门禁控制器的安装

门禁控制器应安装在控制箱内，控制箱安装位置、高度等应符合设计规范要求，应安装在较隐蔽或安全的地方，要方便技术人员作业。控制箱应用紧固件或螺钉固定在坚固的墙上，旁边有适合的交流电源插座，与系统 PC 机距离较近。明装时，箱体应水平不得倾斜，并应用膨胀螺栓固定；暗装时，箱体应紧贴建筑物表面，严禁使用电焊或气焊将箱体和预埋管焊在一起，管入箱体应用锁母固定。门禁控制器与控制箱的实物安装图如图 3-7 所示。

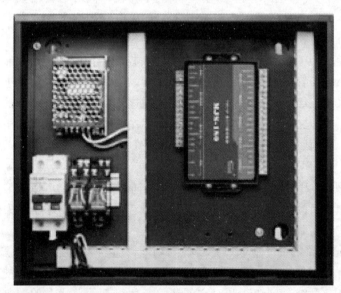

图 3-7 门禁控制器与控制箱的实物安装图

3. 电源的连接

以 MJS-180 单门控制器为例，控制器的工作电压为 10～24V 直流电，通常情况下使用输出电压为 12V，额定电流为 2A 的稳压电源。电源与控制器的连接如图 3-8 所示，220V 市电经稳压电源变换为稳定的 12V 直流电，其正极接到控制器的 POWER 端，负极接到 GND 端。

12V稳压电源

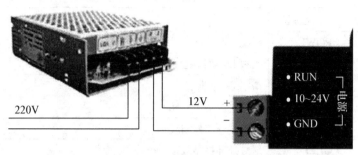

图 3-8　电源与控制器的连接

（三）设备连线说明

门禁控制系统线缆要求如图 3-9 所示。

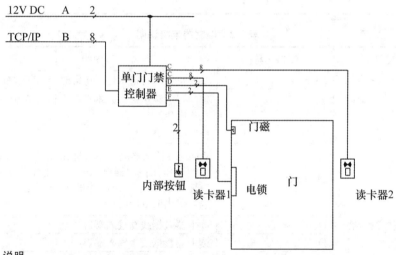

说明：

A-2芯电源电缆线（RVV 2×2.5mm）

B-8芯网络电缆线（RVVP 8×0.3mm）5类线

C-8芯屏蔽双绞读感器线(RVVP 8×0.3mm 5类线)最大距离为80m

D-2芯门磁电缆线(RVV 2×0.5mm)

E-2芯电锁电缆线(RVV 2×0.75mm)

F-2芯出门按钮电缆线(RVV 2×0.5mm)

图 3-9　门禁控制系统线缆要求

PAR-190E 韦根读卡器与 MJS-180 单门控制器的连线。表 3-1 是 PAR-190E 韦根读卡器的连线说明。表 3-2 是 MJS-180 单门控制器的连接说明。图 3-10 是室外室内读卡器的接线端子。图 3-11 是控制器接线端子。

表 3-1　PAR-190E 韦根读卡器的连线说明

引线颜色	电路标识	含义
红色	POWER	系统电源正极（＋9～＋25V），标称值 12V 或 15V
白色	D1	韦根 D1 数据线
绿色	D0	韦根 D0 数据线
黑色	GND	系统电源负极 GND
紫色	BZ	蜂鸣器外部控制线
蓝色	GLED	绿灯外部控制线
棕色	A	RS485 通信线 A 端
黄色	B	RS485 通信线 B 端
橙色	DSMOUT	防拆信号
灰色	DRA/DRB	门铃 AB 端

表 3-2　控制器连接说明

端口组	端口名称	说明
1. 电源	RUN	系统正常运行指示灯，正常时会不断闪烁
	10-24V	控制器电源正极输入端口，允许接入 10～24V 直流电压
	GND	控制器的公共地
2. 室外读卡器	POWER	Wiegand 读卡器电源正极输出端口，此端口输出的电压比控制器电源的输入电压低 0～2V，具体由读卡器工作电流的大小而定，电流越大，输出的电压越低
	D0	读卡器数据线 0 输入端口
	D1	读卡器数据线 1 输入端口
	BUZZER	读卡器蜂鸣器控制输出端口
	LED	读卡器 LED 控制输出端口
	GND	控制器的公共地
3. 室内读卡器	POWER	Wiegand 读卡器电源正极输出端口，此端口输出的电压比控制器电源的输入电压低 0～2V，具体由读卡器工作电流的大小而定，电流越大，输出的电压越低
	D0	读卡器数据线 0 输入端口
	D1	读卡器数据线 1 输入端口
	BUZZER	读卡器蜂鸣器控制输出端口
	LED	读卡器 LED 控制输出端口
	GND	控制器的公共地

续表

端口组	端口名称	说明
4. 网络通信	RxD	网络连接与数据接收指示灯。如果控制器没有接入网络，则此灯常灭，否则常亮，并且当控制器接收到数据时会闪烁
	LAN	RJ45 网络接口
	TxD	网络数据发送指示灯，当控制器发送数据时会闪烁
5. 端口输入	SENSOR	门磁输入端口
	GND	控制器的公共地
	BUTTON	开门按钮输入端口
	GND	控制器的公共地
6. 辅助输入	IN 1	辅助输入 1 端口，可接入各种开关量或 TTL 信号
	GND	控制器的公共地
	IN2	辅助输入 2 端口，可接入各种开关量或 TTL 信号
	GND	控制器的公共地
7. 配置输入	DEFAULT	恢复出厂默认配置输入端口，短接此端口到 GND，然后给控制器重新上电，控制器的所有配置将恢复为出厂值
8. 电锁输出	NC	电锁电源常闭输出端口，用于连接断电开锁型的电锁
	NO	电锁电源常闭输出端口，用于连接加电开锁型的电锁
	EPOWER	电锁外部电源输入，当电锁使用独立电源供电时，电锁电源的正极从此端口输入，且要把控制器内部的跳线 J17 跳到 EPOW 端。当需配置成干结点输出时，EPOWER 端为开关的公共端，且跳线 J17 也需跳到 EPOW 端
	GND	控制器的公共地

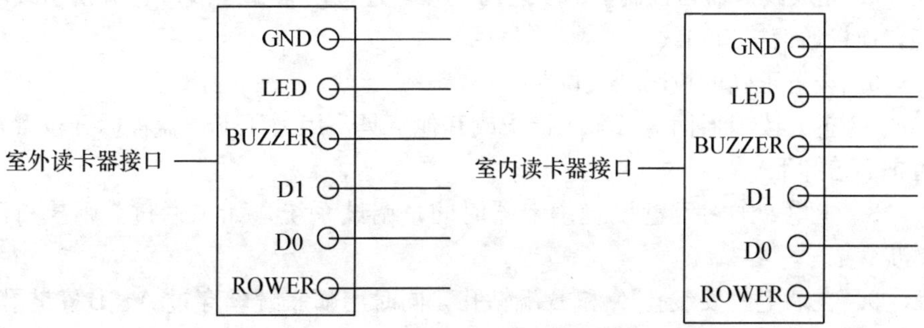

图 3-10　室外室内读卡器的接线端子图

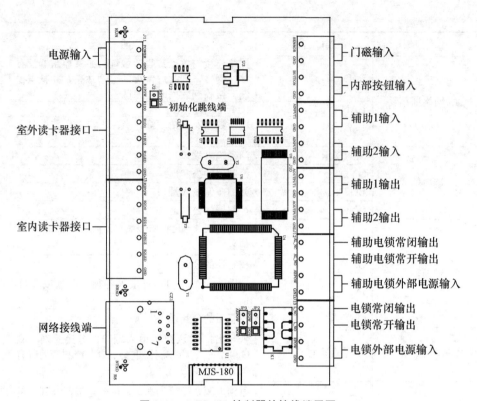

图 3-11　MJS-180 控制器的接线端子图

五、任务步骤

1. 教师详细讲解读卡器、控制器安装调试步骤与注意事项。

2. 分组，以组为单位进行课程练习。

3. 根据图 3-4 列出所需的线材型号，确定方案设备清单。

4. 读图 3-12 和图 3-13。

5. 完成读卡器与控制器的安装与连接，连接时根据引线颜色分辨引线功能，连接通信接口引线。

6. 设置正确的拨码开关位置。

7. 拆开读卡器面盖（采用镊子或其他工具，用力压下"盖板拆开位置"，可把面盖卸下）。

8. 上电，通过键盘设置读卡器时间，调试系统，如果通过，则执行下一步。

9. 在墙上的安装孔 A 和 B 端钻孔，同时用膨胀螺丝穿过 A、B 安装孔，固定读卡器。

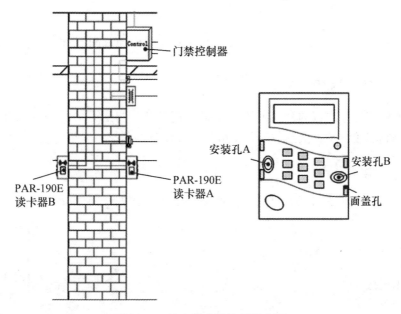

图 3-12　读卡器安装位置示意图

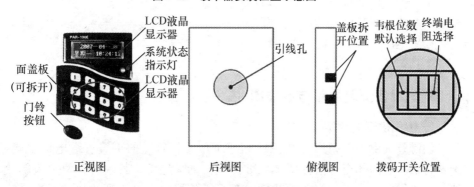

正视图　　　　　　　后视图　　　　俯视图　　　拨码开关位置

图 3-13　读卡器示意图

10. 盖上面盖，安装完毕。

11. 利用管理软件进行发卡与销卡等操作。

12. 写出设备安装报告书。

六、习题

1. 简述门禁控制系统的组成。

2. 收集国内门禁控制系统设备厂商及其主要产品名称与性能，并进行比较。

任务二　出门按钮、门磁开关与门禁控制器的安装与调试

一、任务目标

通过该任务内容的学习使学生掌握出门按钮、门磁开关的安装，以及与门禁控制器接线的方法细节，并了解其安装注意事项。

二、任务内容

在门禁实训室内完成对门禁控制系统的出门按钮、门磁开关与控制器的安装与调试。

三、设备、器材

出门按钮	1 个
门磁开关	1 个
MJS-180 控制器	1 个
二芯线、四芯线	若干
12V 电源	1 个
工具包	1 套

四、设备安装原理与连线图

(一) 门磁开关介绍

门磁开关由一个条形永久磁铁和一个带常开触点的干簧管继电器组成，干簧管是一个内部充有惰性气体（如氮气）的玻璃管，其内装有两个金属簧片，形成触点 A 和 B，当磁铁和干簧管平行放置时，干簧管的金属片被磁铁吸合，电路接通；当磁铁和干簧管分开时，干簧管在自身弹力的作用下自动分开，电路断开。图 3-14 是门磁开关探测器的结构图。磁控开关的工作原理如图 3-15 所示。

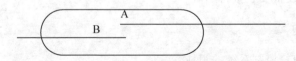

图 3-14　门磁开关探测器的结构图

当需要用磁控开关去警戒多个门、窗时，可采用如图 3-16 所示的串联方式。

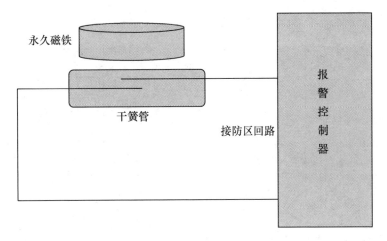

图 3-15　磁控开关的工作原理

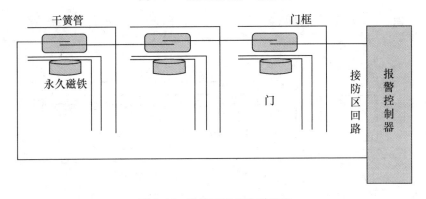

图 3-16　磁控开关的串联使用

(二）门磁开关的安装

门磁开关一般由舌簧管和磁铁两部分组成。舌簧管宜置于固定框上，磁铁置于门窗的活动部位上，两者宜安装在产生位移最大的位置，其间距应满足产品安装要求。舌簧管外形尺寸见图 3-17，门磁开关安装布置图见图3-18。

安装前应首先检查开关状态是否正常工作。图 3-19 和图 3-20 是门磁开关在门和窗上的安装位置。

图 3-21 是门磁开关安装示意图。门磁开关其误报率与安装的位置有极大的关系，推荐的安装位置应该是主件和副件间隙≤2mm。门磁开关的安装方法见图 3-22。安装前，应首先检查开关状态是否正常工作。安装时，开关件在门、窗框上，磁铁件安装在门、窗扇上，一般安装在距门、窗拉手边150mm 处。磁铁盒、开关盒应平行对准。

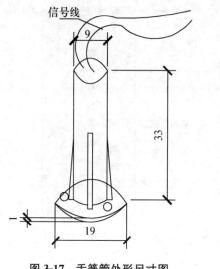

图 3-17 舌簧管外形尺寸图

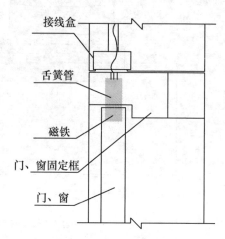

图 3-18 门磁开关安装布置图

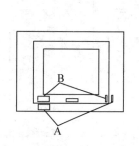
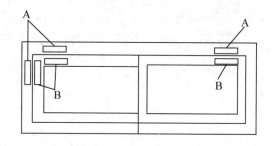

图 3-19 门磁开关在窗上的安装位置

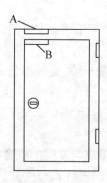
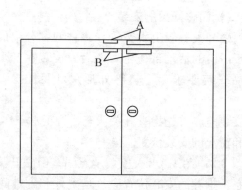

图 3-20 门磁开关在门上的安装位置

门磁开关安装注意事项如下:

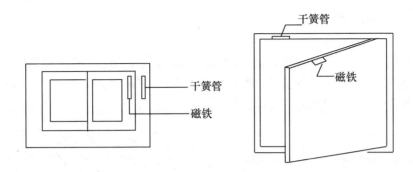

图 3-21　门磁开关安装示意图

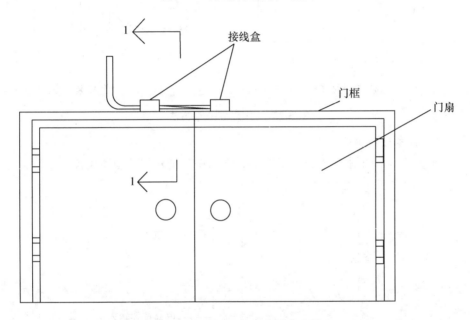

图 3-22　门磁开关的安装方法图

① 钢制门上安装门磁开关，在安装位置处要补焊扣板。

② 木制门上安装门磁开关，可用乳胶辅助粘接。

③ 门扇钻孔深度不小于 40mm，门框钻通孔后，门扇与门框钻孔位置对应，钻孔时要与相关专业配合。

④ 接线可使用接线端子压接或焊接。

⑤ 一般普通的磁控开关不宜在钢、铁物体上直接安装，这样会使磁性削弱，缩短磁铁的使用寿命。

⑥ 磁控开关有明装式（表面安装式）和暗装式（隐藏安装式）两种，应根据防范部位的特点和要求选择。

（三）出门按钮安装

1. 出门按钮的安装

出门按钮一般安装在门旁，出门按钮安装时，距地面应与读卡器高度一致，墙面预埋接线盒；出门按钮与控制器之间采用 2 芯屏蔽线（RVVP2×0.5mm²）。出门按钮的安装示意图见图 3-23。

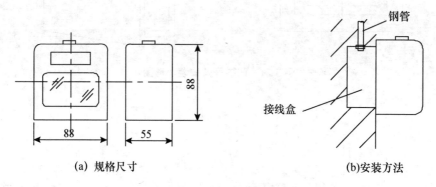

（a）规格尺寸   (b)安装方法

图 3-23 出门按钮安装方法

2. 设备连线说明

根据表 3-2 和图 3-24 将门磁开关、出门按钮信号与控制器相连。

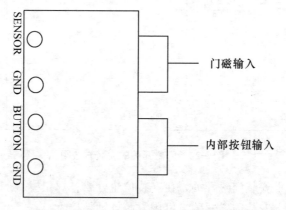

图 3-24 门磁、出门按钮与控制器连线图

五、任务步骤

1. 教师详细讲解门磁开关、出门按钮的安装调试步骤与注意事项。
2. 分组，以组为单位进行课程练习。
3. 根据图 3-9 列出所需的线材型号，确定方案设备清单。
4. 完成门磁开关、出门按钮与控制器的安装与连接。
5. 写出设备安装报告书。

六、习题

1. 简述门磁开关的组成与工作原理。
2. 简述门磁开关的 NC、NO 的区别。

任务三　常见锁具与门禁控制器的安装与调试

一、任务目标

通过该任务内容学习使学生掌握常见锁具的接线、安装方法，并了解其安装注意事项。

二、任务内容

在门禁实训室内完成对门禁控制系统的常见锁具的安装以及与控制的连接。

三、设备、器材

电插锁	1 个
磁力锁	1 个
线材	若干
电源	1 个
工具包	1 套

四、设备安装原理与连线图

（一）常见锁具的安装

1. 磁力锁

（1）磁力锁介绍

磁力锁又叫电磁锁，由电磁门锁与吸附板组成，可分为单门磁力锁、双门磁力锁。图 3-25 所示是一种依靠电流通过线圈时，产生强大磁力，将门上所对应的吸附板吸住，而产生关门动作的电磁锁。磁力锁也是一种断电开门的电锁，主要由固定平板、磁力锁主体、吸附板、定位栓、橡胶垫片等部件组成，如图 3-25（a）所示，安装时先固定平板于门框上，平板与磁力锁主体上各有两道"滑轨"式导槽，将电磁门锁推入平板上之导槽，即可固定螺丝，连接线路。

磁力锁的安装形式可分为内置式安装与外置式安装两种。内置式安装是指磁力锁安装时嵌藏在门框内，使其与门浑然一体；外置式安装是指磁力锁安装在门框外面，选用时对尺寸要求不是很严格。

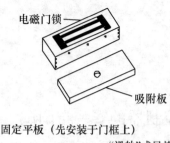

固定平板（先安装于门框上）

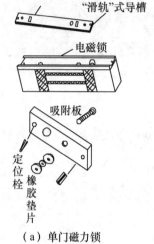

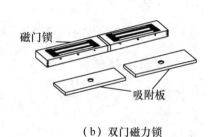

（a）单门磁力锁　　　　　　　　　　（b）双门磁力锁

图 3-25　磁力锁

单门磁力锁安装步骤如下：

① 在门框上角下沿适当位置先安装磁力锁，将磁力锁引线穿出，接上控制线路。

② 将吸附板安装在垫板上，然后将吸附板工作面与电磁力锁铁心工作面对准，磁力锁接通电源，将吸附板吸合在磁力锁上。

③ 将门扇合拢，把吸附板垫板正确的位置划在门扇上，再把吸附板垫板固定在门扇上。

④ 调节吸附板与磁力锁之间的距离，使吸附板与磁力锁铁心工作面全面、良好、紧密接触。调节方法，可用增减吸附板中心紧固螺栓的垫圈数，使吸附板与安装垫板之间的距离发生变化而达到安装目的。

磁力锁适用于木门、铁门、铝合金门、不锈钢门和玻璃门等。

优点：性能比较稳定，返修率会低于其他电锁。安装方便，不用挖锁孔，只用走线槽，用螺钉固定锁体即可。

缺点：一般装在门外的门槛顶部，而且由于外露，美观性和安全性都不如隐藏式安装的电插锁。价格和电插锁差不多，有的会略高一些。

由于吸力有限，通常的型号是 280kg 力的，这种力度有可能被多人同时，或者力气很大的人忽然用力拉开。所以，磁力锁通常用于办公室内部一些非高安全级别的场合。否测要定做抗拉力 500kg 以上的磁力锁。

（2）磁力锁的管线布置图与安装示意图

磁力锁安装示意图如图 3-26 所示。磁力锁管线布置图如图 3-27 所示。

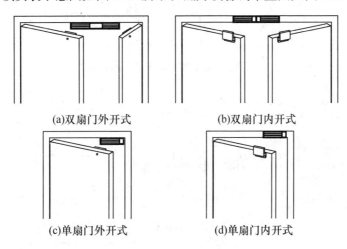

(a)双扇门外开式　　　　　　(b)双扇门内开式

(c)单扇门外开式　　　　　　(d)单扇门内开式

图 3-26　磁力锁安装示意图

说明：

①双开玻璃门一般采用电插锁，单开门最好采用磁力锁。

②磁力锁的稳定性与安全性均高于电插锁，但价钱较电插锁贵。

③电磁锁安装好后用力拉一拉，拉不开为正常，但是要注意安装时与锁体要吻合，吸铁不要安装得过紧，否则会影响耐拉力。

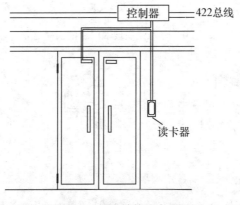

图 3-27　磁力锁管线布置图

（3）磁力锁在不同材质门上的安装方法

磁力锁在不同材质门上的安装方法如图 3-28～图 3-32 所示。

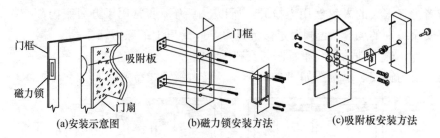

(a)安装示意图　　　(b)磁力锁安装方法　　　(c)吸附板安装方法

图 3-28　磁力锁在推拉玻璃门上的安装方法

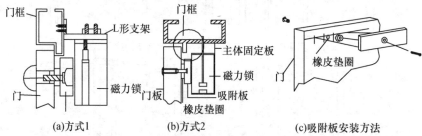

(a)方式1　　　(b)方式2　　　(c)吸附板安装方法

图 3-29　磁力锁在铝合金门上的安装方法

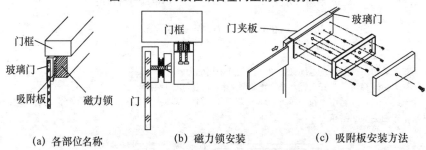

(a) 各部位名称　　　(b) 磁力锁安装　　　(c) 吸附板安装方法

图 3-30　磁力锁在玻璃门上的安装方法

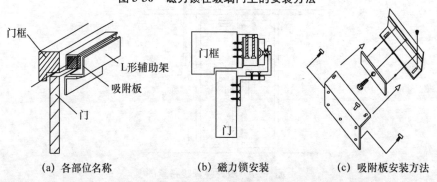

(a) 各部位名称　　　(b) 磁力锁安装　　　(c) 吸附板安装方法

图 3-31　磁力锁在内开木门上的安装方法

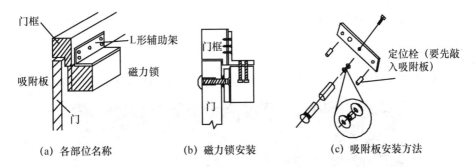

(a) 各部位名称　　　(b) 磁力锁安装　　　(c) 吸附板安装方法

图 3-32　磁力锁在外开木门上的安装方法

（4）磁力锁的接线端子

除了电源线外，有些磁力锁是带门状态（门磁状态）输出的，仔细观察接线端，除电源 3 接线端子外，还有 COM 、NO、NC 三个接线端子（见图 3-33），这些接线端子的作用可以根据当前门是开着还是关着，输出不同的开关信号给门禁控制器作判断。例如，门禁的非法闯入报警，门长时间未关闭等功能都依赖这些信号作判断。如果不需要这些功能，门状态信号端子可以不接。

图 3-33　磁力锁内的接线端子

（5）磁力锁安装步骤及注意事项

① 安装前应认真阅读安装说明书。

② 安装外开式磁力锁继铁板的时候，不要把它锁紧，让其能轻微摇摆以利于和锁主体自然的结合。

③ 不要在继铁板或锁主体上钻孔，不要更换继铁板固定螺丝，不要用刺激性的清洁剂擦拭电磁锁，不要改动电路。

④ 配件包内的橡皮圈一定要安装在吸板与门之间，能让关门时吸收冲撞

力和平衡两者之间的接触。

2. 电控锁

(1) 电控锁介绍

电控锁（见图 3-34）主要用于小区单元门，银行储蓄所二道门等场合。

图 3-34　电控锁

缺点：冲击电流较大，对系统稳定性有影响，关门噪音比较大。安装不方便，在铁门上安装需要专业的焊接设备。安装调试时要注意，开门延时不能长，只能设置在 1 秒钟以内，如果时间长，有可能引起电控锁发热损坏。

针对这些缺点，新款的"静音电控锁"，简称"静音锁"（又叫"电机锁"），被设计出来，不再是利用电磁铁原理，而是驱动一个小马达来伸缩锁头完成开锁功能，如图 3-35 所示。

图 3-35　静音锁（电机锁）

　　阳极电控锁可以采用单片机控制，使系统具有磁控检测门开关状态、非法开门报警和自动调整功率等功能。该锁广泛应用在与各种密码、磁卡、感应卡等多种控制器配合的门禁系统中；适用于双向平开门、推拉门、单向平开门等，门的材质包括玻璃门、铝合金门、木门等。在主体施工时配合土建预埋管及接线盒，电源装置通常安装于吊顶内。

　　电控锁分为阳极电控锁与阴极电控锁，有两种开启方式：断电松锁式是当电源接通时，门锁舌扣上，但电源断开时，门可开启，适用安装在防火或紧急逃生门上；断电上锁式为当电源断开时，门锁舌扣上，当电源接通时，门锁舌松开，门可开启，适用安装在进出口通道门上。

　　阴极电控锁安装在门框上，可用门禁机输入密码或按出门按钮控制阴极电控锁锁舌开门。阴极电控锁安装在门框中部时，可配合在门上安装球形机械门锁共同使用，阴极电控锁安装在门框顶部时，可配合在门上安装用钥匙开启的机械锁。

　　（2）电控锁的安装

　　电控锁安装高度通常为1～1.2m，电控门锁安装时，要与相关专业配合门框和门扇的开孔及门锁安装。金属门框安装电控锁，导线可穿软塑料管沿门框敷设，在门框顶部进入接线盒。木门框可在电控锁外门框的外侧安装接线盒及钢管。

　　锁通常安装在门框顶部，锁槽安装在门扇上。安装时要配合在墙上及门框外敷设控制导线，导线可穿管或在线槽敷设。

　　阳极电控锁安装方法见图3-36～图3-38。图3-39和图3-40是阳极电控锁在木门、无框玻璃门上的安装步骤图。

　　阴极电控锁安装位置见图3-41。

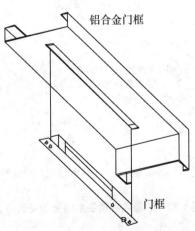

铝合金门框

门框

图3-36　阳极电控锁安装位置示意图

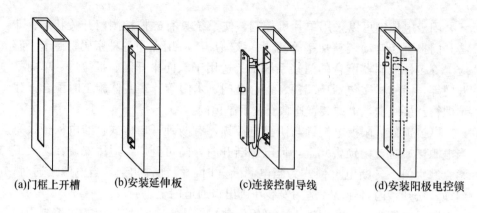

(a)门框上开槽   (b)安装延伸板   (c)连接控制导线   (d)安装阳极电控锁

图 3-37   阳极电控锁安装

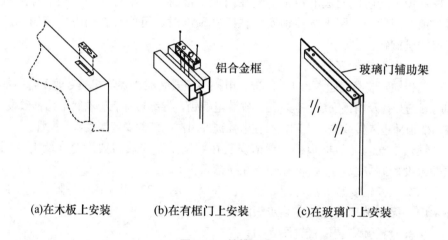

(a)在木板上安装   (b)在有框门上安装   (c)在玻璃门上安装

图 3-38   锁槽安装

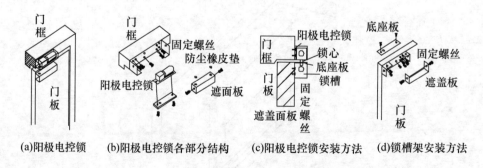

(a)阳极电控锁   (b)阳极电控锁各部分结构   (c)阳极电控锁安装方法   (d)锁槽架安装方法

图 3-39   阳极电控锁在木门上的安装方法

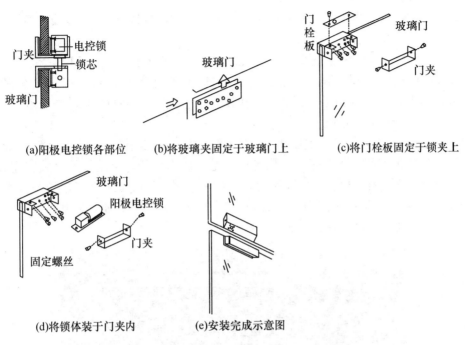

(a)阳极电控锁各部位　(b)将玻璃夹固定于玻璃门上　(c)将门栓板固定于锁夹上

(d)将锁体装于门夹内　(e)安装完成示意图

图 3-40　阳极电控锁在无框玻璃门上安装方法

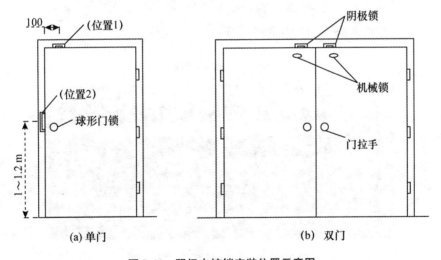

(a) 单门　　　　　　　　(b) 双门

图 3-41　阴极电控锁安装位置示意图

3. 电插锁

电插锁是"阳极锁"的一种，按照消防要求，当发生火灾时，大楼一般会自动切断电源，此时电锁应该打开，以方便人员逃生，所以大部分电锁是断电开门的。

电插锁以电线数分为两线电插锁、4 线电插锁、5 线电插锁、8 线电插锁。

（1）两线电插锁

两线电插锁有两条电线，即红色和黑色，红色接电源＋12V DC，黑色接 GND。断开两线电插锁任何一根线，锁头缩回门打开。两线电锁，设计比较简单，没有单片机控制电路，冲击电流比较大，属于价格比较低的低档电插锁。

（2）4 线电插锁

如图 3-42 所示，4 线电插锁有两条电线，即红色和黑色，红色接电源＋12V DC，黑色接 GND。还有两条白色的线，是门磁信号线，反映门的开关状态。它通过门磁，根据当前门的开关状态，输出不同的开关信号给门禁控制器作判断，如果不需要可以不接。4 线电插锁可以采用单片机控制，使其具备延时等功能，属于性价比好的常用型电锁。

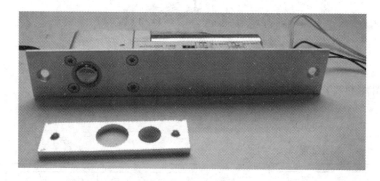

图 3-42　4 线电插锁

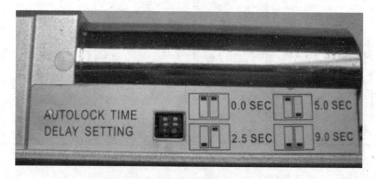

图 3-43　电插锁上的关门延时设置

所谓带延时控制，就是锁体上有拨码开关，如图 3-43 所示，可以设置关门的延时时间。通常可以设置为 0 秒、2.5 秒、5 秒、9 秒，根据每个厂家的规定略有不同。锁体延时控制和门禁控制器或门禁软件设置的开门延时控制是两个不同的概念。门禁控制器或门禁软件设置的是"开门延时"，或者叫

"门延时"，是指电锁开门多少秒后自动合上。

电锁自带的延时是关门延时，是指门到位多久后，锁头下来，锁住门。一般门禁系统都是要求门一关到位，锁头就下来，把门关好。所以，电锁延时默认设置成 0 秒。而有些门的弹簧不好，门在关门位置前后晃荡个几下，门才定下来，这个时候如果设置成 0 秒，锁头还没有来得及打中锁孔，门就晃过去了，门再晃回来会把已经伸出来锁头撞歪，为避免这种情况可以设置一个关门延时，等门晃荡几下后，稳定下来后，锁头再下来，关闭门。

（3）5 线电插锁

5 线电插锁原理和 4 线电插锁的原理是一样的，只是多了一对门磁的相反信号，用于一些特殊场合。

红黑两条线是电源。还有 COM 、NO、NC 三条线，NO 和 NC 分别和 COM 组成两对相反信号（一组闭合信号，一组开路信号）。门被打开后，闭合信号变成开路信号，开路信号的一组变成闭合信号。

（4）8 线电插锁

8 线电插锁原理和 5 线电插锁一样。只是除了门磁状态输出外，还增加了锁头状态输出。电插锁通常用于玻璃门、木门等。

电插锁的优点：隐藏式安全，外观美观，安全性好，不容易被撬开和拉开。

电插锁的缺点：安装时要挖锁孔，比较辛苦。有些玻璃门没有门槛（即门框也是玻璃的），或者玻璃门面的顶部没有包边，需要买无框玻璃门附件来辅助安装，如图 3-44 所示。附件由于产量不高，因此费用不低。

图 3-44　电插锁带无框玻璃门附件安装后样图

4. 电锁口（电锁扣）

如图 3-45 所示，电锁口安装在门的侧面，必须配合机械锁使用。

图 3-45　电锁扣

优点：价格便宜；有停电开和停电关两种。

缺点：冲击电流比较大，对系统稳定性影响大，由于是安装在门的侧面，布线很不方便，因为侧门框中间有隔断，线不方便从门的顶部通过门框放下来；锁体要挖空埋入，安装比较吃力；能承受的破坏力有限。

（二）设备的连线说明

锁具与控制器的连线图如图 3-46 和图 3-47 所示。

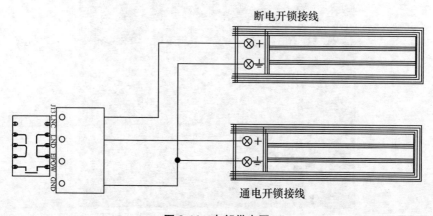

图 3-46　内部供电图

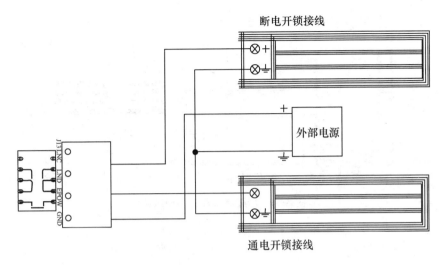

图 3-47　外部供电图

继电器输出通过跳线可选择采用内部电源或外部电源供电，当 JP2（或 JP3）短接至 IPOW 时使用内部电源供电，当短接至 EPOW 时使用外部电源供电。内部电源供电时电锁电源与输入电压相同，因此要选择耐压值适当的电锁。例如，输入电源为＋24V，电锁采用内部电源供电，此时必须选择耐压值为＋24V 的电锁，否则容易损坏电锁。控制器继电器容量最大为 30VDC/1A，接入电锁时应慎重考虑继电器所能承受的最大容量，否则容易损坏继电器。

在此强烈建议采用外部电源向电锁供电，一来可防止电锁动作时产生的干扰对其他器件的影响。二来控制器电源失效后电锁仍可保持正常工作，提高安全性能。

（三）电锁安装注意事项

电锁安装注意事项如下：

（1）安装前应认真阅读安装说明书。

（2）必须通过跳线选择采用内部电源或外部电源对电锁供电，跳线默认为内部电源供电。

（3）实际安装过程中，为防止电锁通、断电工作时反向电势干扰控制器。建议安装时在电锁的正负极上并接续流二极管，以消除反向电势干扰，如图 3-48 所示。

（4）如果电锁的功耗大于继电器触电容量（一般控制器最大允许通过触点容量为 30VDC/1A）时，要使用中继器进行隔离，接线如图 3-49 所示。

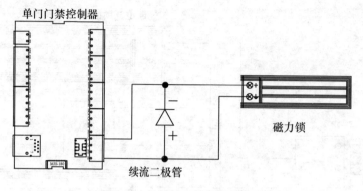

图 3-48　加续流二极管保护电路

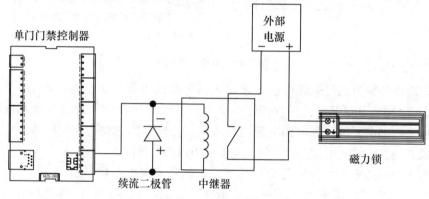

图 3-49　中继器保护电路

五、任务步骤

1. 电插锁的安装

安装步骤如下：

（1）先确定门关到位，然后确定中心线（见图 3-50），并在门框与门扇上做好记录。

（2）将包装盒内的开孔贴纸的中心线与门框上中心线对齐并贴上，如图 3-51 所示。

（3）用开孔工具根据相应电插锁型号的位置开孔，如图 3-52 所示。

（4）根据开好的孔位，将电插锁锁体与装饰面板固定在门框上，如图 3-53 所示。

（5）根据门与电插锁、锁舌定中心线位置，把开孔纸贴入门上，如图 3-54 所示。

（6）用专用开孔工具根据相应电插锁型号对应相应的磁扣板型号开孔，如图 3-55 所示。

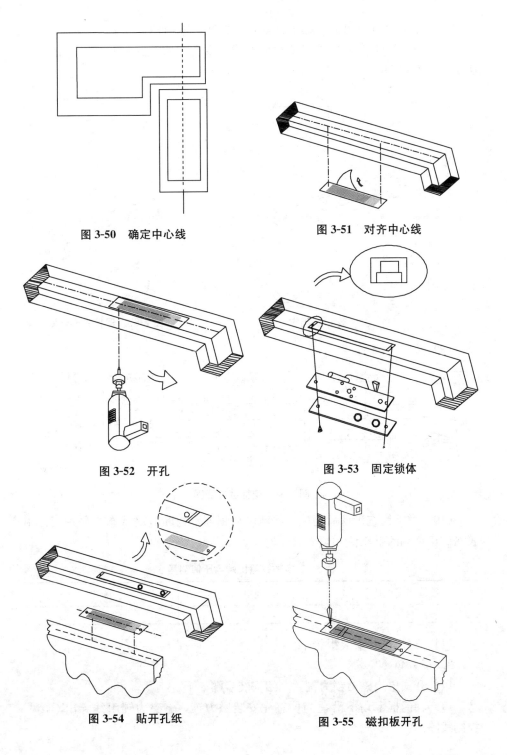

图 3-50　确定中心线

图 3-51　对齐中心线

图 3-52　开孔

图 3-53　固定锁体

图 3-54　贴开孔纸

图 3-55　磁扣板开孔

（7）用螺丝将磁扣板固定在门扇上，如图 3-56 所示。

（8）电插锁锁舌中心线与磁扣板上的锁舌孔中心线保持一致，如图 3-57 所示。即安装完成。

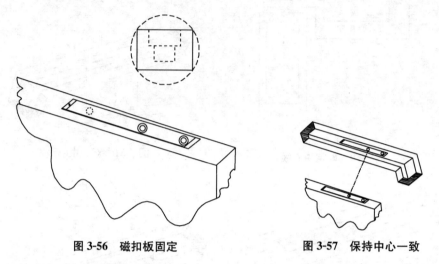

图 3-56　磁扣板固定　　　　　　　图 3-57　保持中心一致

（9）按图 3-58 连线。

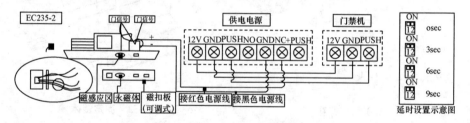

图 3-58　电插锁连线图

（10）教师检查确认后通电，检测电插锁通电与断电的状态，分别用万用表测试正负端的电压值，填入表 3-3。

表 3-3　电插锁输出端电压值测量

电锁输出端电压值	通电	断电
U		

（11）写出设备安装报告书。

2. 磁力锁的安装

以外开式单门磁力锁为例，介绍安装步骤如下：

（1）在门框上角下沿适当位置先安装磁力锁，将磁力锁引线穿出，接上控制线路。

（2）将吸附板安装在垫板上，然后将吸附板工作面与点磁力锁铁心工作面对准吻合，磁力锁通电，将吸附板吸合在磁力锁上。

（3）将门扇合拢，把吸附板垫板正确的位置划在门扇上，再把吸附板垫板固定在门扇上。

（4）调节吸附板与磁力锁之间的距离，使吸附板与磁力锁铁心工作面全面、良好、紧密接触。调节方法，可用增减吸附板与安装垫板之间距离发生变化而达到安装目的。

（5）按照图 3-59 连线。

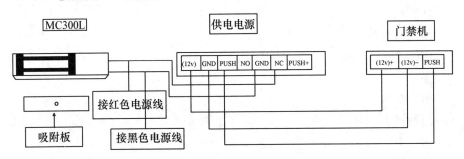

图 3-59　磁力锁连线图

（6）检查确认后通电，检测磁力锁通电与断电的状态，分别用万用表测试正负端的电压值，填入表 3-4。

表 3-4　磁力锁输出端电压值测量

电锁输出端电压值	通电	断电
U		

（7）写出设备安装报告书。

六、习题

1. 列举常见锁具类型。

2. 什么是阴极锁与阳极锁，它们有什么区别？

3. 简述电锁的安装过程。

任务四　门禁管理软件的安装与调试

一、任务目标

通过门禁管理软件的安装与调试，了解门禁管理软件的功能和工作流程，熟悉系统的配置，并会利用该软件对系统进行管理。

二、任务内容

完成门禁控制软件的安装，使用软件进行注册卡、撤销卡、查找事件记录、生成报表等的设置。

三、设备、器材

MDoor2.0 Setup 软件	1 套
计算机	1 台
网线与线材	若干
PAR-190E 读卡器	1 个
锁具	1 套
出门按钮	1 个
门磁开关	1 个
MJS-180	1 个
控制箱	1 套
电源	1 个
工具包	1 套

四、软件安装与调试

1. 门禁管理软件

门禁管理软件通常配合门禁系统使用，是集中管理平台重要组成部分，为管理人员提供直观的、图形化的界面，方便操作。

门禁管理软件的开发一般都是根据用户的需求进行设计的，其设计开发过程遵循模块化和结构化的原则，采用模块化的自顶向下的设计方法，既讲究系统的一体化和数据的集成管理；又注意保持各模块的独立性，模块间接口简单，同时预留接口以适应将来的变化和升级，以满足用户对系统功能的扩展。

门禁管理软件是通过对设置出入人员的权限来控制通道的系统，它在控制人员出入的同时可以对出入人员的情况进行记录和保存，在需要用的时候可以查询这些记录，所以门禁一般包含以下几个功能模块：系统管理、权限管理、持卡人信息管理、门禁开门时段定义、开门记录信息管理、实时监控管理（安防联动需求）、系统日志管理、数据库备份与恢复等，如图 3-60 所示。

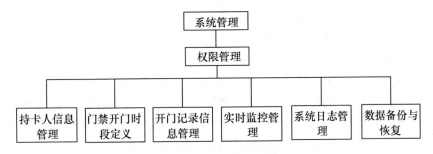

图 3-60　门禁管理软件功能

门禁管理软件一般包括服务器、客户端和数据库 3 部分，门禁管理系统软件主要有以下功能：

（1）系统管理功能：包括设置计算机通信参数，用户使用资料输入，数据库的建立、备份、清除，权限设置等部分，主要用来管理软件系统。

（2）卡片管理功能：包括发卡、退卡、挂失、解挂等功能，用于对卡片进行在线操作。

（3）记录管理功能：用于给管理者查询操作记录，并包括各种记录的检索、查找、打印、排序、删除等功能。

（4）门禁管理功能：用于操作者下载门禁的运行参数、用户数据、检测门禁状态操作。

一般来讲门禁管理软件都是和相应的门禁控制器配套使用的，因为各门禁控制器生产商控制信号格式、通信协议都是私有的，没有统一的标准，所以只有相应的硬件产商才能开发出与其相配套的管理软件。现在在市场上也出现了一种通用的门禁管理软件，其主要是通过硬件接口和一个中间层实现对不同门禁硬件的管理，但此类管理软件价格较高。

2．MDoor 2.0 门禁管理软件介绍

MDoor 2.0 版（以下简称 MDoor）智能门禁管理软件是基于 Windows 2000/XP 上运行的系统，其具有友好的图形界面，功能强大而又不失方便易用，数据库采用 Microsoft Access 或 SQL Server 2000，具备分层管理架构。该系统支持各种系列的智能门禁控制器的管理，包括基于 TCP/IP 通信协议的门禁控制器、基于 RS232/RS485 通信协议的门禁控制器、基于 CAN 总线通信协议的门禁控制器、基于 NetCom 通信协议的门禁控制器等。通过对多种不同类型的门禁控制器的管理，实现了门禁系统的多样化选择和配置。同时集成了视频监控功能。

3．MDoor 2.0 门禁管理软件的安装与使用

MDoor 2.0 的安装方便、简单、快捷。MDoor 2.0 的安装可按照向导一

步步进行。安装好后启动界面，双击桌面上的图标（见图 3-61）将启动 MDoor 软件。系统进行初始化后，显示图 3-62 所示的系统登录对话框。注意，如果是 Access 数据库，Admin 的默认密码是空；如果是 SQL Server 2000 数据库，Admin 的默认密码是 Admin。主界面由菜单栏、工具栏、功能栏、工作区、显示区组成，如图 3-63 所示。MDoor 2.0 软件强大的菜单功能让用户能进行各种操作，各项操作亦可以通过工具栏上的快捷功能图标来完成。下面以"以太网四门"型门禁控制器为例说明软件的使用方法。

图 3-61　图标

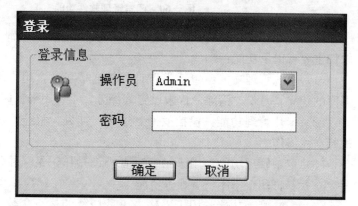

图 3-62　系统登录对话框

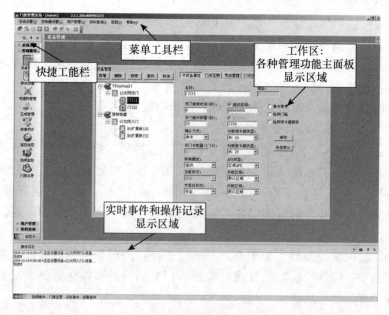

图 3-63　软件主界面

（1）添加控制器

①选择【控制器设置】→【设备管理】命令，将弹出如图 3-64 所示的设备管理界面。

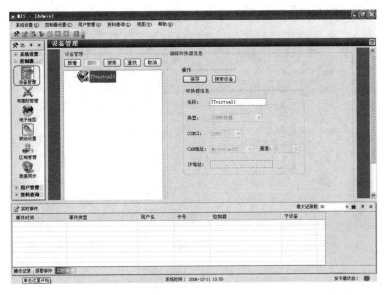

图 3-64　设备管理界面

通过搜索设备添加控制器。操作方法如下：由于本例选用的控制器是"以太网四门"控制器，所以选中 TTvirtual1 转换器，单击 TTvirtual1 转换器的 搜索设备 按钮，将出现如图 3-65 所示的显示搜索设备的进度窗口。搜索的过程中会将搜索到的设备添加到设备管理树上。

图 3-65　搜索 TTvirtual1 转换器下的设备进度

②在该例子中，有一个"以太网四门"型的控制器挂在局域网上，该控制器的地址是 192.168.27.219。通过搜索 TTvirtual1 转换器下的设备会将该控制器搜索上来，并会将控制器的所有子设备都搜索上来，系统会将搜索到的设备和相应的子设备添加到设备树上，如图 3-66 所示。

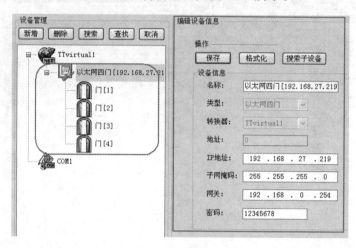

图 3-66　控制器

（2）添加时间组

①选择【用户管理】→【时间组管理】命令。将弹出如图 3-67 所示的时间组管理界面。

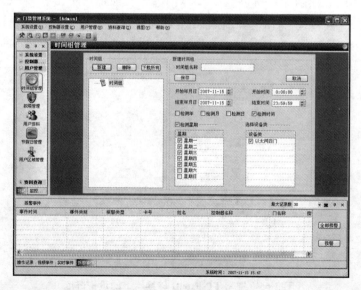

图 3-67　时间组管理界面

②添加时间组。添加时间组的方法相当的简单快捷，只要单击时间组管理界面上的 新建 按钮即可，系统会自动添加一个新的时间组，就如在 Windows 系统中新建一个文件夹一样。默认新的时间组起始时间是每日的 00:00:00，结束时间为 23:59:59。新建的时间组也会下载到所有门禁控制，一切都是自动完成的。图 3-68 所示就是单击 新建 按钮后的状态图。

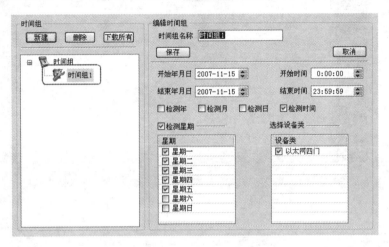

图 3-68　新建一个时间组

（3）添加权限

①选择【用户管理】→【权限管理】命令。将弹出如图 3-69 所示的权限管理界面。

②添加权限。单击 新增 按钮，系统会自动添加一个新的权限（与时间组的概念相同）。图 3-70 所示是添加了一个新权限的示意图。

③编辑权限。权限的概念就是控制门禁控制器在什么时候可以执行什么动作。展开权限管理界面的【执行动作】树列表，通过选中某一控制器的子设备下的节点，并设置该选择节点的动作即完成执行动作的设置；之后就要选择对应控制器下的某一时间组。在该例子中，设置在【时间组 1】的时间范围内打开控制器【以太网四门 [192.168.27.219]】的【门 [1]】的【电锁输出】。

④设置完毕后要单击 保存 按钮将权限下载到控制器。

（4）发用户卡

①选择【用户管理】→【用户资料】命令。将弹山如图 3-72 所示的用户资料界面。

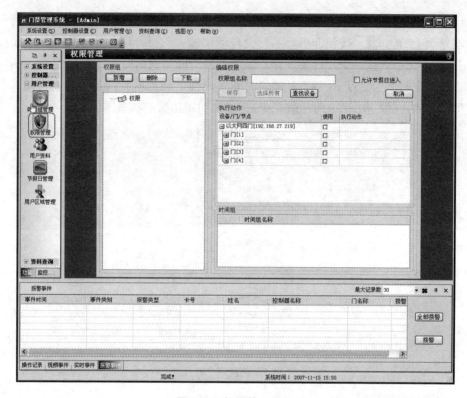

图 3-69　权限管理界面

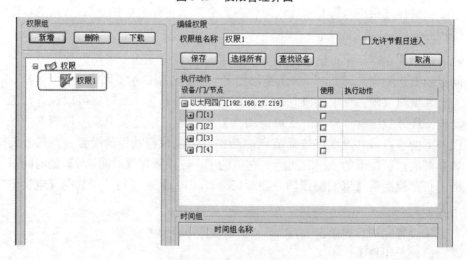

图 3-70　新建一个权限

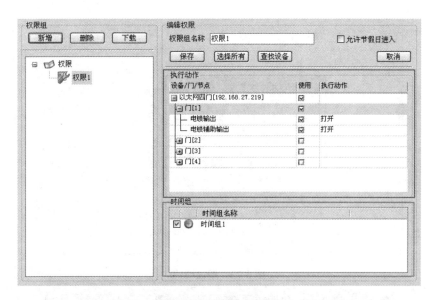

图 3-71　设置执行动作

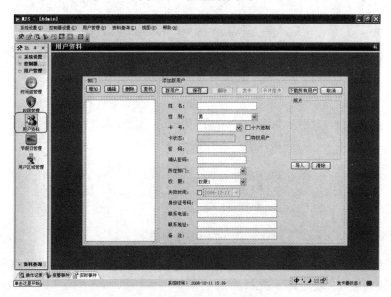

图 3-72　用户资料界面

②添加部门。单击【增加】按钮，将会弹出如图 3-73 所示的增加部门界面。

③在这里设置部门名称为"企划部"，备注省略。单击【确定】按钮，将会看到用户列表多了"企划部"图标，如图 3-74 所示。

④添加新用户。选中"企划部"，单击【新用户】按钮，系统会自动添加一

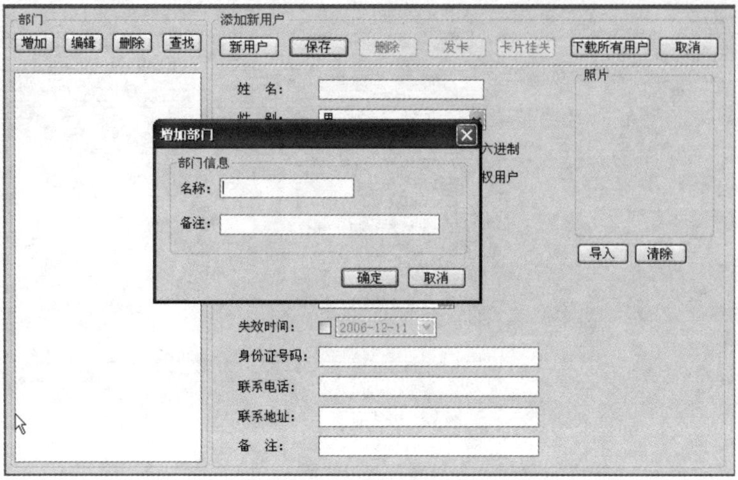

安防设备安装与系统调试

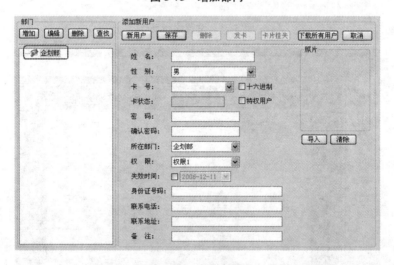

图 3-73　增加部门

图 3-74　新增部门

个默认用户名称为"新用户 0"的用户（与时间组的概念相同）。新建用户可以改变该名称，如图 3-75 所示。

　　⑤给"新用户 0"发卡。发卡的方法有好几种，在这里选择手工输入卡号的方式来发卡。填写卡号"14051606"，如图 3-76 所示。其他设置默认即可。

　　⑥完成以上设置后一定要单击　保存　按钮将用户卡下载到控制器。

　　现在就可以用卡号为 14051606 的卡开【以太网四门 [192.168.27.219]】的【门 [1]】了。可以通过实时事件来验证 14051606 卡是否能开【以太网四门 [192.168.27.219]】的【门 [1]】。如图 3-77 所示，卡 14051606 有开【以

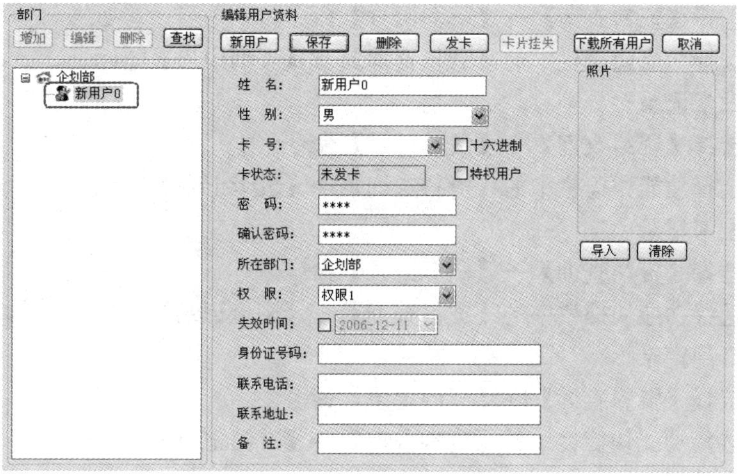

图 3-75　添加新用户

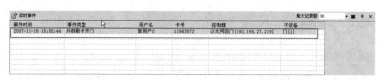

图 3-76　发卡

太网四门［192.168.27.219］】的【门［1］】的权限。

图 3-77　实时事件显示【新用户 0】刷卡开门

（5）资料查询

①查询用户。

- 选择【资料查询】→【查询用户】命令。
- 选择功能快捷栏中的【资料查询】→【查询用户】图标。

②发卡记录。

- 选择【资料查询】→【发卡记录】命令。
- 选择功能快捷栏中的【资料查询】→【发卡记录】图标。

③刷卡记录。

- 选择【资料查询】→【刷卡记录】命令。
- 选择功能快捷栏中的【资料查询】→【刷卡记录】图标。

④开门记录。

- 选择【资料查询】→【开门记录】命令。
- 选择功能快捷栏中的【资料查询】→【开门记录】图标。

⑤事件记录。

- 选择【资料查询】→【事件记录】命令。
- 选择功能快捷栏中的【资料查询】→【事件记录】图标。

⑥报警事件。

- 选择【资料查询】→【报警事件】命令。
- 选择功能快捷栏中的【资料查询】→【报警事件】图标。

⑦权限查询。

- 选择【资料查询】→【权限查询】命令。
- 选择功能快捷栏中的【资料查询】→【权限查询】图标。

4. 设备连线说明

MJS-180 控制器与管理工作站采用 TCP/IP 以太网通信方式。TCP/IP 通信连接线采用 3 类或 5 类网线，当门禁管理系统只有单个控制器时，可用交叉网线把控制器与管理工作站（PC 机）的网卡直接相连，也可以采用对等网线把控制器连接到集线器或交换机上。当门禁管理系统存在多个控制器时，一定要使用对等网线把所有控制器连接到集线器或交换机上，管理工作站也通过对等网线连接到集线器或交换机。

五、任务步骤

1. 教师详细讲解门禁管理软件安装步骤与使用方法。
2. 以组为单位进行课程练习。
3. 要求完成该软件的安装过程。
4. 要求利用前面任务完成的硬件连接与安装，实现门禁控制器与管理计算机或集线器的连接；画出门禁控制与各设备接线图。

5. 要求在软件中搜索出该门禁控制器，并对其控制的门属性进行设置，比如门点名称、开门保持时间、开门超时报警、当前门状态等。

6. 实现时间组的设定、权限的分配。

7. 以某公司的企划部、人力资源部、生产部、厂务部为例子，输入相应的用户资料，实现卡片注册、注销、更改等操作。

8. 会利用该软件进行资料查询，会设置查询条件，会导出查询资料的电子文件等。查找的资料信息包括用户的登记信息、读卡记录、发卡记录、权限查询、开门记录、事件记录、报警事件等。

9. 写出软件安装说明，并就以上的要求写出操作过程。

六、习题

1. 简述门禁控制器在整个系统中的地位和作用。

2. 简述门禁管理软件安装流程。如何查找时间记录文件，并导出？

学习情境四　系统联合调试

【学习目标】

学习安防三大系统（入侵报警、视频监控、门禁控制系统）联动线路的连接，掌握系统联合调试方法与步骤，根据工艺设计文件要求对分系统进行调试；掌握分系统之间的联动功能实现和设置；并能在调试中排除常见故障。

【学习内容】

学习掌握系统联合统调试方法与步骤及排除故障的方法，掌握分系统调试及故障排除，对系统联动功能进行设置。通过具体的子系统实现不同系统间的联动。

【预备知识】

一、安防系统的联动与集成

在信息时代的今天，计算机网络已深入到社会的各个领域，人们通过网络遨游信息海洋，网络已成为人们共享资源的重要途径。在智能化领域，人们也越来越关注各弱电系统之间的联动、联网与集成，特别是各安防技术系统之间的联动和集成，希望通过系统集成来增强对安防系统的管理、控制，使各子系统的配置及控制更加灵活多样，使大型安防系统的集中管理及资源共享成为可能，从而使系统发挥最大效能。

因此，必须提供一个符合开放式结构、集合了各种安防系统的软件平台，使闭路监控系统、入侵报警系统、门禁系统等都可在这个平台上集中管理、互相联动。而在更高的层面上，可以考虑安防系统、楼宇设备管理系统与信息网络系统之间的联网与集成。这与安防子系统之间的集成是不同层次的概念，集成功能、目标和内涵也都各不相同。其优越性如下：

（1）选择性能价格比优异的弱电系统，只要它是开放系统即可。同时，将操作的风险分散，任何一个子系统出现问题时，都不会影响到整个弱电集成系统工作。

（2）控制中心可对整个建筑物内的各个子系统进行集中管理、分散控制和互相联动，提高了管理工作的效率和可靠性。

（3）实现资源的共享，各个子系统可以互相协调地工作，共同配合完成更多的工作，增加系统的功能，使整个系统的综合功能大大提高。

（4）将子系统集成在一起集中管理，更加易于管理，使系统更加安全、有序地工作。

（5）减少不必要的管理开销（如管理人员的配备、管理工作协调、资料互换等），使投资更经济、更有效。

（6）可以实现更大规模的集成与联网。

在安全防范技术方面，各安防子系统之间的联动，基本上是围绕着闭路电视监控系统为中心而进行的，并全部采用电路连接方式实现。闭路监控系统只有与入侵报警系统、出入口控制系统联动运行，才能使安防系统的防范能力更加强大。

安全防范子系统间的联动，有硬件实现方式及软件实现方式两种。硬件联动控制就是各子系统之间通过硬件电路进行，门禁或报警子系统所有产生的动作或告警（非法入侵、刷卡、按钮、开门超时、非法开门、锁开超时、非法卡等）通过硬件电路传给监控主机进行图像显示。软件联动控制是通过软件的集成，在平台上进行图像联动控制显示。

硬件电路方式的优点是动作可靠、响应及时，缺点是成本较高，布线麻烦，在大项目及建筑群应用上尤其明显；软件实现方式成本较低，布线很少，但缺乏统一的管理软件及协议，需要二次开发及集成，受各集成商自身的水平、使用的产品、采用的技术影响，在系统联动控制的可靠性、实时性以及图像传输质量、速度方面差异较大，甚至达不到预期效果。目前硬件电路方式是安防子系统之间联动的最主要方式。

二、视频监控系统与入侵报警系统之间的联动

视频监控系统与入侵报警系统之间的联动，是指监视系统除了起到正常的监视作用外，在接到防盗报警系统的示警信号后，还可以进行实时录像，录下报警现场实时情况，以供事后重放分析。也就是报警系统被触发后，报警主机给一个信号到联动控制模块从而打开监控设备，监控设备与主机的 AI（模拟量输入）或 DI（开关量输入）通道连接，监控主机一旦收到监控设备的报警信号，将通过软件预设或硬件（有的产品可以做到硬件的直接联动，比如万联的 OMM 监控主机、大华的硬盘录像机）输出一个开关量信号到对应的 DO（开关量输出）通道，启动与 DO 通道连接的设备开关。一般情况下是要报警系统提供一个干结点，通过干结点连接到监控主机，联动其他设备。

　　根据安防系统的集成联动功能要求，任意一个防区报警，报警主机将按照事先预设的程序响应报警信号，如现场声光指示器给出声、光指示，报警主机调出报警所在防区的平面图，自动联动报警区域照明系统和实体防护屏障；同时将报警信号传送给闭路监控系统，在监视器上显示报警现场的图像，在相关的报警监视器组上显示出当前报警防区所有出入口的图像信号，封锁设防区域所有出入口；在保安值班人员确认报警信号不是误报之后，将报警信号发送给公安部门的报警中心。

　　当入侵报警系统中某一防区被触发报警，此防区对应位置的摄像机画面立刻会在监控室的相应监视器上被自动调出，同时自动录像机对报警图像进行实时录像；同时，还可定义报警防区周围的几个防区也同时进行摄像及录像，使保安人员在监控室就能对报警点及周围的情况一览无遗。

　　1. 矩阵与控制主机联动

　　下面以 DS7400XI 报警控制主机与 AB 视频切换矩阵为例，构成一个入侵报警与视频监控的联动系统，如图 4-1 所示。DS7400XI 用以连接各防区探测器的报警信号。另外还需要一种 32 路继电器输出模块 DSR-32，它可以把每个防区的报警信号用干接点的形式传递给监控系统中的 AB-D2096 报警接口设备。通过 AB 视频切换矩阵的编程菜单及控制软件，可设置报警接口的触点与监控系统中摄像机编号及摄像机预置位的联动对应关系，从而实现入侵报警系统对相应位置摄像机及其预置位图像的自动调节。

　　AB-D2096 报警接口模块还能提供一组报警时的输出控制信号，用以控制报警录像机。

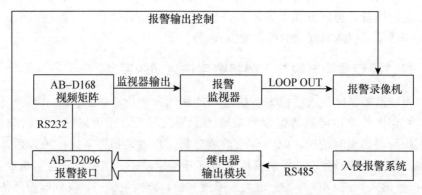

图 4-1　视频监控与入侵报警硬件联动图

　　2. 硬盘录像机与控制主机联动

　　一般情况下，硬盘录像机 DVR 都带有 I/O 卡，用于采集开关信号的输入和联动控制输出。其开关量输入（或者传感器接口）：一旦开关合上（或者传感器报警），通过对 DVR 的软件设置，可以控制摄像头的云台（或者高速球）跟随某一个开关输入进行联动，一旦发生报警，云台（或者高速球）旋转到软件指定的位置进行摄像。下面以 AL200 报警主机与 0404 嵌入式硬盘录象机为例实现硬盘录像机与控制主机联动，图 4-2 是报警主机与 DVR 的联动示意图。

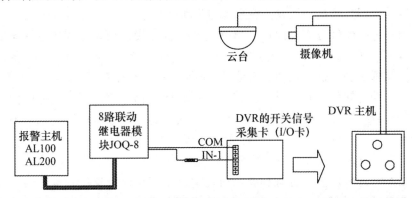

图 4-2　8 路继电器输出模块联动 DVR 示意图

AL200 报警主机 8 路继电器输出模块提供了与 DVR 接口的开关输出（属于无源的继电器输出接口），通过对 AL200 编程，其某路继电器的输出可与设定的某些探测设备联动，报警主机一旦发现这些探测器有报警，该路继电器合上，给 DVR 提供一个开关闭合信号（相当于传感器报警），此时 DVR 会根据预先设置好的位置转动云台，对准发生报警的区域进行摄像。

在接线时，只要将继电器的输出直接接到 DVR 的开关量输入板上，此时，该继电器相对于 DVR 来说就相当于是一个传感器。

三、门禁控制系统与视频监控系统之间的联动

门禁系统联动视频监控可以实现以下三种功能：

1. 视频录像

一旦门禁控制系统出现异常情况，包括控制器或子设备被拆除、非法开门、开门超时、胁迫开门、无效卡、刷卡开门、按钮开门、撤防、布防、各种其他报警状况等系统，则会立即启动视频监控设备对通道现场的事件进行视频录像，记录时间长短可自由设置（一般包括事件前、事件中及事件后等的视频录像），且系统管理主机将录像的实时信息反映到门禁软件监控界面上。根据实际需求，视频录像资料可保存在本地的管理主机里，也可保存在异地的 DVR 中。

2. 视频抓拍

当满足视频联动录像条件时，进行视频抓拍，且抓拍到的图像为事件实

时信息。

3．状态监控

即操作人员可通过监控画面对通道现场的状态进行同步观察，其功能与 DVR 的监控功能类似。

当前，门禁系统与视频监控系统的联动可通过两种方式来实现：

第一种是硬件方式，即将输出继电器干触点接入模拟电视监控系统的矩阵报警输入模块和 DVR 的报警输入端，以实现对受控门点或相关部位的图像抓拍和监视功能。这类联动方式是以往最常用的，也是最基本的。

第二种是软件方式，具有支持数字视频服务器（编码器）功能的门禁控制器，与数字监控系统同时实现从设备协议层到软件数据库层的双重数据交换功能。还有一种软件方式，即直接在 DVR 中的视频采集卡的 SDK 写入门禁管理系统软件，通过门禁系统软件功能项关联到 DVR 设备。

以上两种软件方式各有利弊，前者优点是系统反应速度快，不会存在延时，缺点是视频资料必须保存在本地的管理主机中，对主机硬盘的容量要求较高。后者的优点是本地的管理主机不必保存视频流资料，需要时只是调用远端 DVR 中的数据即可，缺点是关联的视频会存在 1～3 秒左右的延时，不能对通道处异常情况之前的视频进行调用。

下面以 DS7400XI 报警控制主机与 AB 视频切换矩阵为例，构成一个门禁控制系统与视频监控的联动系统，如图 4-3 所示。

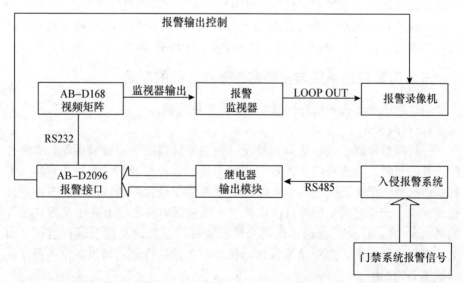

图 4-3　门禁系统与视频监控硬件联动图

当门控点发生强行开门、非法刷卡、操作超时等特别情况时，门控制器上对应的继电器就通过入侵报警系统提供一个报警信号给报警接口，视频矩阵自动调用该门控点附近的摄像机，此位置的摄像机画面立刻会在监控室的相应监视器上被自动调出，同时自动启动录像机对报警图像进行实时录像；同时，还可定义报警门控点周围的几个防区也同时进行摄像及录像，使保安人员在监控室就能对报警点及周围的情况一览无遗。

四、门禁系统与入侵报警系统之间的联动

门禁系统与入侵报警系统之间的联动是指通过门禁控制器上的辅助输入点采集门的状态及防区内的红外探测器、玻璃探测器等报警信号，并实时上传到门禁控制器。一旦出现报警信号，门禁系统管理软件的"实时监控"界面会闪烁显示报警点地址、实况状态等信息，并可以电子地图和表单两种形式显示防区状态。

1. 布防撤防

布防是指门禁系统通过其关联子设备（读卡器、按钮等）去对报警相关或全部的防区布防，撤防则是指对报警探测的某些或全部防区撤防。布防后若有人员在监控范围内出没便会报警，撤防后门禁控制器便不会作报警处理。

门禁系统可实现多种方式的布防和撤防：按钮布防、卡布防、密码布防、预定时间组布防（自动布防）、远程布防等；按钮撤防、普通用户门禁卡撤防、"撤防卡"撤防、"密码"撤防、预定时间组撤防、远程撤防等。

门禁系统的布防撤防联动针对的是在受制区域内无人职守状态时，对区域进行报警设防管制，其应用范围可涵盖门禁系统的所有管控场所。

2. 门强制动作

门强制动作是指在布防状态下，当门禁控制器的报警输入模块检测到异常状况并将信号发送给系统时，控制器会判断输入的状态是否"合法"，若判断为非法动作则对相关区域电控门的电锁进行强制性关闭控制，即在报警的同时联动相关区域电控门，将非法闯入的人员控制在受制区域内，为保卫人员处理盗情提供必要的时间保障。

当前门禁系统联动报警功能有一定的弊端，比如夜间布防状态下的员工临时出入，就使系统的"灵活性"与"安全性"产生了矛盾。在"布防撤防"及"门强制动作"状况下，可能有时候会有门禁系统授权的合法人员因为特殊情况需要进出受制区域，此时就必须到控制中心进行"手动撤防"，或由具有更高权限的管理者到现场进行"刷卡撤防"或"密码撤防"。虽然这一过程会比较繁琐，但为了达到系统安全性的目的，这也是仅有的解决方法。

任务一　入侵报警系统与视频监控系统的联动调试

一、任务目标

通过该任务内容的学习使学生掌握入侵报警系统与视频监控系统联动的硬件接线、参数设置、联动调试方法。

二、任务内容

在门禁实训室内完成对入侵报警系统与视频监控系统联动的硬件接线，实现入侵报警系统与视频监控系统的联合调试。

三、设备、器材

DS940T-CHI 被动红外探测器	1 对
HO-01 紧急报警按钮	1 个
硬盘录像机	1 台
摄像机	1 台
线材	若干
电源	1 个
工具包	1 套

四、设备安装原理与连线图

入侵报警系统与视频监控系统的联动是指当某个防范区域的入侵报警探测器被触发，则与之联动的视频监控系统的前端设备会转向案件发生的位置，并开启录像功能，使相应的蜂鸣器响起。这样能及时知晓报警信息，做到自卫防备和实施他救。

入侵报警系统与视频监控系统联动的硬件连线是将入侵探测器的报警输出信号接入视频监控系统的硬盘录像机的报警输入端实现的，如图 4-4 所示。

五、任务步骤

1. 完成入侵报警系统设备的安装与视频监控系统的安装，并按图 4-1 完成入侵报警系统联动视频监控系统的硬件连线，将被动红外探测器与紧急报警按钮接入系统中；注意将警灯接入硬盘录像机的报警输出端。

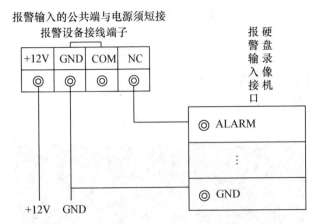

图 4-4 入侵报警系统与视频监控系统联动连线图

2. 分组，以组为单位进行课程练习。

3. 对硬盘录像机进行参数设置。

打开硬盘录像机的【菜单】→【系统设置】→【报警设置】，出现如图
4-5 所示窗口。

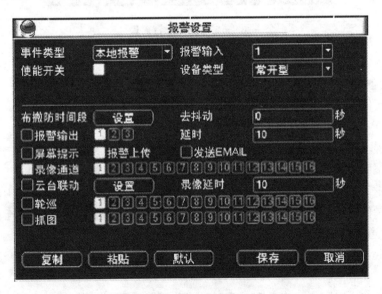

图 4-5 报警设置窗口

各参数含义如下：

【事件类型】选择本机输入或网络输入方式，本机输入指一般的本机发生
的报警输入，网络输入指通过网络输入报警信号。

【报警输入】选择相应的报警通道号。

【使能开关】反显■表示选中。

【设备类型】选择常开/常闭型（电压输出方式）。

【时间段】设置报警的时间段，在设置的时间范围内才会启动报警。时间段设置窗口如图 4-6 所示。

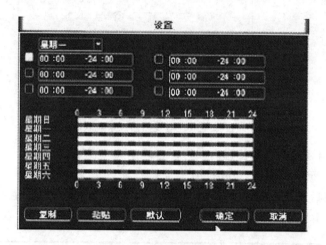

图 4-6　时间段设置窗口

【报警输出】报警联动输出端口（可复选），发生报警时可联动相应报警输出设备。

【延时】表示报警结束时，报警延长一段时间停止，时间以秒为单位，范围在 10～300 间。

【屏幕提示】在本地主机屏幕上提示报警信息。

【报警上传】报警发生时将报警信号上传到网络（包含报警中心）。

【发送 EMAIL】反显■选中，表示报警发生时同时发送邮件通知用户。

【录像通道】选择所需的录像通道（可复选），发生报警时，系统自动启动该通道进行录像。

【云台联动】报警发生时，联动云台动作。如联动通道一转至预置点 X。

【录像延时】表示当动态结束时，录像延长一段时间停止，时间以秒为单位，范围在 10～300 间。

【轮巡】反显■设置有报警信号发生时对选择进行录像的通道进行单画面或多画面轮巡显示，轮巡画面类型以及时间在菜单输出模式中设置。

【抓图】若有相应的报警触发，本地就进行相应的抓图。

4. 根据第 3 步骤说明完成表 4-1 内的联动设置。

表 4-1　联动设置表

序号	完成的联动设置要求	步骤	备注
1	事件类型设置为本机输入		
2	报警输入选择 1 与 2 报警通道		
3	将使能开关选中		
4	设备类型选择常闭		
5	时间段请选择每周的周一到周三的 8：00—10：00		
6	报警输出选择端口 1		
7	报警延时 30 秒		
8	录像通道选择 1 与 2		
9	对通道 1 的云台进行联动，按预制点联动		
10	录像延时 10 秒		
11	打开轮巡功能		

5. 触发联动报警功能，看系统是否正常联动。

6. 调出联动录像观看是否正常。

7. 写出设备安装报告书。

任务二　门禁系统与视频监控系统的联动调试

一、任务目标

通过该任务内容学习使学生掌握门禁系统与视频监控系统联动的硬件接线、参数设置、联动调试方法。

二、任务内容

在门禁实训室内完成对门禁系统与视频监控系统联动的硬件接线，实现门禁系统与视频监控系统的联合调试。

三、设备、器材

MJS-180 门禁控制器　　　　　　　1 台

读卡器   1 个
硬盘录像机   1 台
摄像机   1 台
线材   若干
电源   1 个
工具包   1 套

四、设备安装原理与连线图

门禁控制系统与视频监控系统联动是为了便于监控人员发现各种非法事件并迅速定位出事件发生的地点而设计的。MJS-180 门禁控制器构成的门禁系统可以与海康硬盘录像机联动。联动的硬件实现是从 MJS-180 门禁控制器的辅助输出端子上输出一路开关量到硬盘录像机的联动输入端。

系统连线图如图 4-7 所示。

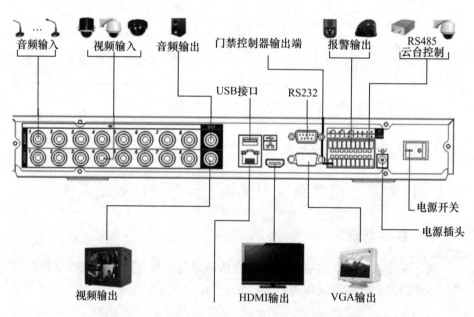

图 4-7　门禁控制系统与视频监控系统联动接线图

五、任务步骤

1. 完成门禁控制系统设备的安装与视频监控系统的安装，并按图 4-7 完成门禁控制器联动视频的硬件连线。

2. 分组，以组为单位进行课程练习。

3. 添加视频监控设备。

进入控制器设置/视频监控界面，在右上的摄像机管理栏中单击鼠标右键弹出如图 4-8 所示对话框。

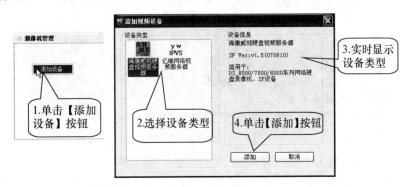

图 4-8 添加视频监控设备

4. 设置视频监控设备参数。

视频监控设备参数设置界面如图 4-9 所示。

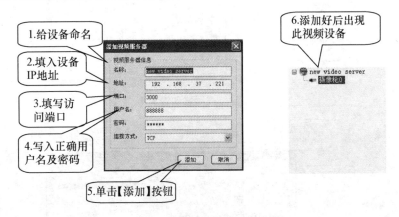

图 4-9 设置视频监控设备参数

5. 添加视频预览。

视频添加预览界面如图 4-10 所示。

6. 视频联动设置。

视频联动设置如图 4-11 和图 4-12 所示。

注意：有几路视频就可以启动几个联动。

7. 触发联动报警功能，看系统是否正常联动。

8. 写出设备安装报告书。

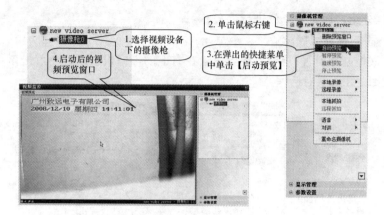

图 4-10　添加视频预览

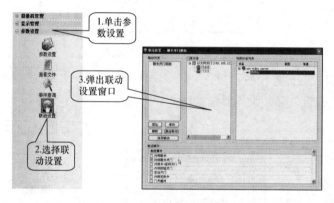

图 4-11　视频联动设置 1

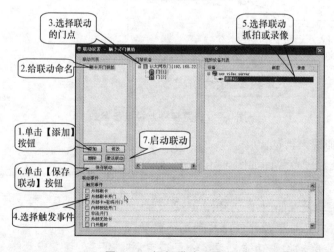

图 4-12　视频联动设置 2

任务三　入侵报警系统与门禁系统的联动调试

一、任务目标

通过该任务内容的学习使学生掌握入侵报警系统与门禁系统联动的硬件接线、参数设置、联动调试方法。

二、任务内容

在门禁实训室内完成对门禁系统与入侵报警系统联动的硬件接线，实现入侵报警系统系统与门禁系统的联动调试。

三、设备、器材

MJS-180 门禁控制器	1 台
读卡器	1 个
DS940T-CHI 被动红外探测器	1 对
H0-01 紧急报警按钮	1 个
线材	若干
电源	1 个
工具包	1 套

四、设备安装原理与连线图

入侵报警系统与门禁系统联动主要实现用户出门前在门禁控制器上输入相应数字并刷卡，实行布防。布防后，房间内的红外探测器或紧急报警按钮等入侵探测器一旦检测到有人闯入，会输出一个信号给控制器，控制器检测到报警输入信号后，启动报警继电器，声光警号发出报警信息，提示用户到达现场察看。当用户刷卡进入房间时，系统自动撤防，直到下一次系统处于布防状态。入侵报警系统与门禁系统联动的硬件连线主要将探测器的报警输出端与门禁控制器的辅助输入端连接。如图 4-13 所示。

五、任务步骤

1. 完成门禁控制系统设备的安装与入侵报警系统的安装，并按图 4-13 完成入侵报警系统联动门禁系统的硬件连线。

2. 分组，以组为单位进行课程练习。

3. 选择触发控制器。

4. 选择触发门点。

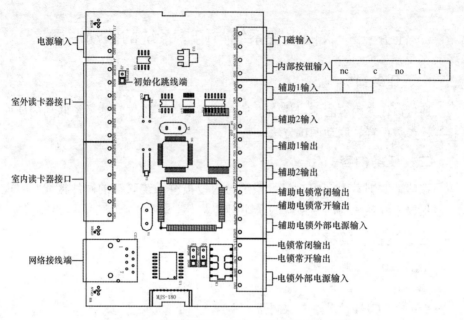

图 4-13 入侵报警系统系统与门禁系统联动连线图

5. 选择触发事件。

6. 选择输出的控制器。

7. 选择输端口。

8. 按图设置完毕后，对系统进行布撤防管理。

注意事项如下：

（1）布撤防的功能是对各门点的辅助输入进行布撤防。

（2）布防的作用是使辅助输入引发的联动有效。

（3）撤防的作用是使辅助输入引发的联动无效。

（4）布撤防的功能属性都是表现在门点上的，以门点为单位。

（5）普通门禁控制器只支持密码和手/自动布撤防。

9. 选择布撤防方式（设置布撤防属性）。

布撤防方式的选择如图 4-14 所示。

10. 选择门点。

门点的选择如图 4-15 所示。

11. 对端口布撤防（包括布撤防状态时段）。

对端口的布撤防如图 4-16 所示。

12. 触发联动报警功能，看系统是否正常联动。

13. 写出设备安装报告书。

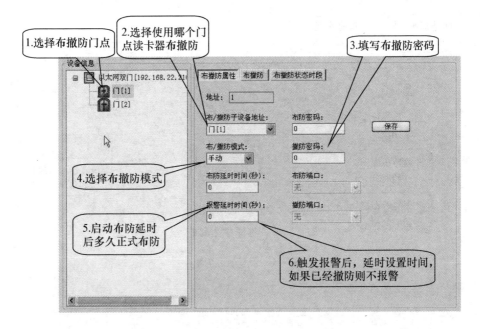

图 4-14　选择布撤防方式

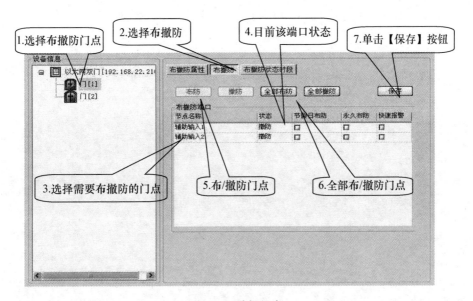

图 4-15　选择门点

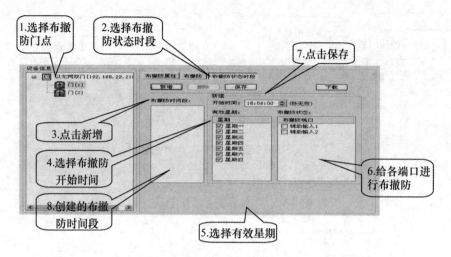

图 4-16 对端口布撤防

附录 A 主动式红外探测器安装与调试中的常见问题

(1) 问：主动红外探测器的探测距离决定了它的探测区域，而一般的厂家标称的距离和实际工作距离都不符合，那么如何确定最佳安装距离？

答：由于红外技术本身的缺陷，主动红外探测器用于周界防范时其实测距离与标称距离存在一定的误差，这也是合理的，但是误差如果太大就是产品本身的质量问题了。厂家所标的是在最好的天气条件下的工作距离，但是实际上很难达到那样的条件，就算是达到了也不会持续很长时间。在稳定的环境下，探测器的探测距离可以达到厂家的标称距离，甚至有时检测距离会比标称距离高很多。但在实际情况下，室外环境是一个不稳定的环境，尤其雨天和雾天会使红外光的能量损失很大，此时往往达不到标称距离。因此在实际使用中，往往按照厂家标称距离的 50%～70% 来安装，所以，选择对射产品来防盗时，实测是最关键的。

(2) 问：目前常用的探测器均是有线连接的，如它安装在室内，而室内本身有许多如电视、音响、照明等线路，怎样才可以使这些线路不影响探测器的正常工作？另外，探测器连接到主机的线路有一定距离，怎样才可以保护这些线路使其不被剪断？

答：普通探测器一般采用四线制，其中两线为电源（一般为 DC12V），另两线为信号线（为 NO/NC 开关量信号）。按照工程规范要求强电和弱电应该分管走线，因此电视、音响及照明等线路不会对其有影响。还有就是在安装时不要同强电设备和能产生强磁场的电器安在一起。

不管是室内还是室外，有线报警的探测器连接到主机的线路都有一定的距离，所以对于探测器线路的保护也显得尤为重要。目前探测器一般都有防剪功能。而对于连接线路的保护一方面根据工程的等级，可以采用穿钢管、PVC 管、桥架或暗埋等方式来保护；另一方面，防止线路被剪的简单易行的方法就是接入线末电阻，每一个正规厂家的主机都有此功能的。另外，合格的报警主机的防区检测电路都会对线路的剪断做出反应，一旦线路被剪，主机就会认为这个探测器处于不正常的工作状态。

但根据目前安防的发展现状，仅仅具有防剪功能是不够的。因为随着安防行业的开放性经营，内盗或技术型犯罪逐年增加，所以只有具备了自保功能的探测器才能更好地保护别人。

（3）问：主动红外探测器灵敏度是影响探测器的误报率或漏报率的最直接因素，怎样调校灵敏度而使误报率和漏报率达到理想的效果？

答：主动红外探测器的灵敏度的具体设定需根据实际环境来决定。一般来讲，如果应用环境比较恶劣，比如经常有鸟类或者叶片等漂浮物阻挡光束，那就应该设定在低灵敏档。主动红外探测器要选择合适的响应时间：太短容易引起不必要的干扰，如小鸟飞过、小动物穿过等；太长会发生漏报。通常以 10m/s 的速度来确定最短遮光时间。有时由于季节变换也会对灵敏度造成影响，因此冬季和夏季要对灵敏度进行调整。

附录 B　视频监控系统常见问题

（1）什么是背光补偿？

答：背光补偿能为在非常强的背景光线前面的目标提供理想的曝光，而无论主要的目标移到中间、上下、左右或者荧幕的任一位置。

（2）问：什么是星光模式？

答：星光模式能让 CCD 摄像机在非常弱的光线情况下，比如在 0.0002lx 照度等级下，看到清晰的彩色影像。

所有的 CCD 摄像机都设计工作在 1/50、1/60～1/2000s 的快门速度，因此最低照度等级（又称感光度）限制在 3～6lx。星光模式 CCD 摄像机专有数字信号处理器能使得 CCD 的快门速度低到 1～10s，比传统摄像机的感光度提高 100～600 倍。

（3）问：什么是垂直同步、彩色视频复合信号同步、外同步、直流线锁定？

答：这些概念是摄像机之间不同的同步方法。

垂直同步是最简单的同步两部摄像机的方法。通过垂直驱动频率来保证视频能够采用老式的切换器或者四分割器，在同一个监视器上显示几个影像源。垂直驱动信号通常由重复频率 20/16.7ms（50/60Hz）和脉冲 1～3ms 宽度的脉冲组成。

彩色视频复合信号代表视频和彩色触发信号，意味着摄像机能和外部的复合彩色视频信号同步。然而尽管称作彩色视频复合信号同步，实际上只进行水平同步和垂直同步，而没有色彩触发同步。

外同步非常类似于彩色视频复合信号同步。一个摄像机能够同步于另一个摄像机的视频信号，一个外同步摄像机能使用输入的彩色视频复合信号，提取水平和垂直同步信号来作同步。

锁定是一种古老的技术，利用 50/60Hz 电源线电流来同步摄像机。因为直流 24V 电源广泛使用于多数建筑物防火警报系统，非常容易获得。由于老型号的切换器和分割系统没有数字记忆功能，要保持稳定的影像，摄像机之间的同步就非常必要，直流线锁定就是摄像机同步于交流 50/60Hz，彩色信道之间时间的关联和水平/垂直信号没有约束会导致糟糕的色彩转换（色彩阶段设计），因此所有使用交流线锁定的用户不可避免地会失去很好的色彩转换。幸运的是，现在的分割器和16通道复合处理器以及硬盘录像机都有内部记忆体来克服这个问题，不再需要同步信号，因此交流线锁定可能在若干年后会被淘汰掉。

（4）问：什么是超宽动态？

答：超宽动态是在非常强烈的对比下让摄像机看到影像的特色。

超宽动态摄像机的动态范围比传统只具有 3∶1 动态范围的摄像机超出了几十倍。自然光线排列成从 120 000lx 到星光夜里的 0.00035lx。当摄像机从室内看窗户外面，室内照度为100lx，而外面风景的照度可能是 10 000lx，对比就是 10 000/100＝100∶1。这个对比人眼能很容易地看到，因为人眼能处理 1000∶1 的对比度，然而传统的闭路监控摄像机处理它会有很大的问题，传统摄像机只有 3∶1 的对比性能，它只能选择使用 1/60s 的电子快门来取得室内目标的正确曝光，但是室外的影像会被清除掉（全白）；或者换种方法，摄像机选择 1/6000s 取得室外影像完美的曝光，但是室内的影像会被清除（全黑）。这是一个自从摄像机被发明以来就一直长期存在的缺陷。

（5）问：什么是超高解析 CCD 摄像机？

答：目前市场上的索尼 CCD 摄像机几乎都使用了超高解析技术。超高解析能比传统旧型号的 CCD 提高 2 倍的感光度和 6dB 的漏光排斥比。

松下认为他们的最新 37 个系列和索尼超高解析一样的好，而 39 个系列和索尼 ex-view 在可见光范围有同样的效果。

索尼 ex-view CCD 相比于超高解析在近红外光区域（800～900nm）有 4 倍的感光度，然而这个优点只有在需要夜视时才能发挥出来。如果不能正确地使用，这个优点几乎没有用处，因为红外线会导致色彩失真，由于红外线聚焦较深的物理特性导致影像模糊，特别在使用某些镜头的时候会导致全息影像。

（6）问：什么是超高感度摄像机？它的优点和缺陷在哪里？

答：ex-view 是索尼公司研发用来提高其 CCD 感光度的一个感光度提高技术。

ex-view 使用每个 CCD 基础光电二极管的 p/n 接口，并通过特殊的组装来获得更高的光子到电子的转换效率。另外，每个光电二极管（描绘影像上的一个像素）有一个覆盖在上面的微型镜头能够较好地记录和聚焦光线到有效的半导体接口。它的效果对比于索尼提供的 CCD 可视范围提高了可见光的 2 倍感光度和近红外光（800～900nm）的 4 倍感光度。ex-view 的 lx 效率比优质的 super had 可见光和近红外光波场高出了 2 倍。

ex-view 技术的缺陷：按照索尼的讲法，相比于 super had 传感器，ex-view 芯片的光电二极管还有一些潜在的不完美的地方。这些很少的有缺陷的 CCD 元素可能会有故障，因此会导致"死亡像素"，即在影像留下一些无法去除的白点或黑点，不管是在储存或使用中死点都会不断增长。

举个例子，一个从索尼工厂出来的 ex-view CCD 只有 3 个死点，但是在运输的过程中可能增加到 5 个，到了摄像机厂商的仓库时可能增长到 7 个并会继续增长，比如，当安装在 CCD 摄像机上时增长到 12 个。到摄像机到达用户时死点数量可能增长到 15～30 个。这个过程会一直持续到有缺陷的光电二极管都稳定下来。索尼认为死点数量增长的原因是由于宇宙射线破坏了一些 CCD 矩阵的缺陷接口。

由于制造过程的感光本质，ex-view CCD 芯片的产量是比较低的，可以使用的单位也是有限的。制造过程的高成本使得 ex-view CCD 芯片更适合应用于某些特殊领域（如科研、工业），但在普通的监控摄像机应用上使用是不划算的。

（7）问：什么是星光摄像机？

答：星光 CCD 摄影机，光子在 CCD 传感器上比普通 CCD 摄像机最大曝光时间（1/60 或 1/50s）长 2～128 倍（1～2s）。因此，摄像机产生可用影像的最低照度就降低了 2～128 倍。使用带有帧累积技术的星光摄像机，用户可以在星光照度情况（0.0035lx）下看到彩色影像，而在多云的星光照度情况（0.0002lx）下看到黑白影像，城市中散布的背景光（比如光污染）足够产生良好的彩色曝光。

（8）问：什么是峰值感应模式？

答：峰值感应模式是用影像亮点代替整个影像的平均值来决定曝光指数，使用规则系统的用户能应对最苛刻的要求，如在黑夜抓取一个白点的影像，而且还要看到这个小亮白点的细节和色彩。

（9）问：什么是 COMS 摄像机？它和 CCD 摄像机有何不同？

答：COMS 传感器是一种比 CCD 传感器感光度低 10 倍的传感器。

人眼能看到 1lx 照度（满月的夜晚）以下的目标，而 CCD 传感器比人眼略好，通常能看到 0.1～3lx 照度下的目标，是 COMS 传感器感光度的 3～10 倍。

（10）监控系统常见故障的解决方法。

①电源的不正常引发的设备故障。电源不正常大致有如下几种可能：供电线路或供电电压不正确、功率不够（或某一路供电线路的线径不够，降压

过大等），供电系统的传输线路出现短路、断路、瞬间过压等。特别是因供电错误或瞬间过压导致设备损坏的情况时有发生。因此，在系统调试中，在供电之前，一定要认真严格地进行核对与检查。

②由于某些设备（如带三可变镜头的摄像机及云台）线路处理不好，出现断路、短路、线间绝缘不良、误接线等导致设备损坏、性能下降。在这种情况下，应根据故障现象冷静地进行分析，判断是由于哪些线路的连接有问题才产生故障的，这样就会把出现问题的范围缩小。特别值得指出的是，带云台的摄像机由于全方位的运动，时间长了，导致连线脱落、挣断是常见的。因此，要特别注意这种情况的设备与各种线路的连接应符合长时间运转的要求。

③设备或部件本身的质量问题。从理论上说，各种设备和部件都有可能发生质量问题。但从经验上看，纯属产品本身的质量问题，多发生在解码器、电动云台、传输部件等设备上。值得指出的是，某些设备从整体上讲质量上可能没有出现不能使用的问题，但从某些技术指标上看却达不到产品说明书上给出的标称。因此必须对所选的产品进行必要的抽样检测。当确属产品质量问题时，最好的办法是更换该产品，而不应自行拆卸修理。除此之外，最常见的是由于对设备调整不当产生的问题。比如摄像机后截距的调整是个要求非常细致和精确的工作，如不认真调整，就会出现聚焦不好或在使用三可变镜头时发生散焦等问题。另外，摄像机上一些开关和调整旋钮的位置是否正确、是否符合系统的技术要求，解码器编码开关或其他可调部位设置的正确与否都会直接影响设备本身的正常使用或影响整个系统的正常性能。

④设备（或部件）与设备（或部件）之间因连接不正确产生的问题大致会发生在以下几个方面：

a. 阻抗不匹配。

b. 通信接口或通信方式不对应。这种情况多半发生在控制主机与解码器或控制键盘等有通信控制关系的设备之间，也就是说，是由于选用的控制主机与解码器或控制键盘等不是同一个厂家的产品所造成的。所以，对于主机、解码器、控制键盘等应选用同一厂家的产品。

c. 驱动能力不够或超出规定的设备连接数量。比如，某些画面分割器带有报警输入接口，如果将报警探头并联接至画面分割器的报警输入端，就会出现探头的报警信号既要驱动报警主机，又要驱动画面分割器的情况。在这种情况下，往往会出现驱动能力不足的问题。表现出的现象是，画面分割器虽然能报警，但由于输入的报警信号弱而工作不稳定，从而导致对应发生报警信号的那一路摄像机的图像画面在监视器上虽然瞬间转换为全屏幕画面却又丢掉（保持不住），而使监视器上的图像仍为没报警之前的多画面。

⑤视频传输中，最常见的故障现象是在监视器的画面上出现一条黑杠或白杠，并且向上或向下慢慢滚动。在分析这类故障现象时，要分清产生故障的两种不同原因，即是电源的问题还是接地问题，一种简易的方法是，在控制主机上，就近只接入一台电源没有问题的摄像机输出信号，如果在监视器上没有出现上述的干扰现象，则说明控制主机无问题。接下来可用一台便携式监视器就近接在前端摄像机的视频输出端，并逐个检查每台摄像机。如有，则进行处理。如无，则说明干扰是由接地等其他原因造成的。

⑥监视器上出现木纹状的干扰。这种干扰轻微时不会淹没正常图像，而严重时图像就无法观看了（甚至破坏同步）。这种故障现象产生的原因较多也较复杂，大致有如下几种：

a. 视频传输线的质量不好，特别是屏蔽性能差（屏蔽网不是质量很好的铜线网，或屏蔽网过稀而起不到屏蔽作用）。与此同时，这类视频线的线电阻过大，造成信号产生较大衰减也是加重故障的原因。此外，这类视频线的特性阻抗不是 75Ω 以及参数超出规定也是产生故障的原因之一。由于造成上述的干扰现象不一定就是视频线不良而导致的，因此这种故障原因在判断时要准确和慎重。只有当排除了其他可能后，才能从视频线不良的角度去考虑。若真是电缆质量问题，最好的办法当然是把所有的这种电缆全部换掉，换成符合要求的电缆，这是彻底解决问题的最好办法。

b. 由于供电系统的电源不"洁净"而引起的。这里所说的电源不"洁净"，是指在正常的电源（50 周的正弦波）上叠加有干扰信号。而这种电源上的干扰信号，多来自本电网中使用可控硅的设备。特别是大电流、高电压的可控硅设备，对电网的污染非常严重，这就导致了同一电网中的电源不"洁净"。比如本电网中有大功率可控硅调频调速装置、可控硅整流装置、可控硅交直流变换装置等，都会对电源产生污染。这种情况的解决方法比较简单，只要对整个系统采用净化电源或在线 UPS 供电就基本上可以得到解决。

c. 系统附近有很强的干扰源。这可以通过调查和了解而加以判断。如果属于这种原因，解决的办法是加强摄像机的屏蔽，以及对视频电缆线的管道进行接地处理等。

⑦由于视频电缆线的芯线与屏蔽网短路、断路造成的故障。这种故障的表现形式是在监视器上产生较深较乱的大面积网纹干扰，以致图像全部被破坏，形不成图像和同步信号。这种情况多出现在 BNC 接头或其他类型的视频接头上。这种故障现象出现时，往往不会是整个系统的各路信号均出问题，而仅仅出现在那些接头不好的路数上。只要认真逐个检查这些接头，就可以

解决。

⑧由于传输线的特性阻抗不匹配引起的故障现象。这种现象的表现形式是在监视器的画面上产生若干条间距相等的竖条干扰，干扰信号的频率基本上是行频的整数倍。这是由于视频传输线的特性阻抗不是 75Ω 而导致阻抗失配造成的。也可以说，产生这种干扰现象是由视频电缆的特性阻抗和分布参数都不符合要求综合引起的。解决的方法一般是用"始端串接电阻"或"终端并接电阻"的方法去解决。另外，值得注意的是，在视频传输距离很短时（一般为 150m 以内），使用上述阻抗失配和分布参数过大的视频电缆不一定会出现上述的干扰现象。

⑨由传输线引入的空间辐射干扰。这种干扰现象的产生，多数是因为在传输系统、系统前端或中心控制室附近有较强的、频率较高的空间辐射源。这种情况的解决办法一个是在系统建立时，应对周边环境有所了解，尽量设法避开或远离辐射源；另一个办法是当无法避开辐射源时，对前端及中心设备加强屏蔽，对传输线的管路采用钢管并良好接地。

⑩云台的故障。一个云台在使用后不久就运转不灵或根本不能转动，是云台常见的故障。这种情况的出现除去产品质量的因素外，一般是以下各种原因造成的：

a. 只允许将摄像机正装的云台，在使用时采用了吊装的方式。在这种情况下，吊装方式导致了云台运转负荷加大，故使用不久就导致云台的传动机构损坏，甚至烧毁电机。

b. 摄像机及其防护罩等总重量超过云台的承重。特别是室外使用的云台，往往因防护罩的重量过大，导致现云台转不动（特别是垂直方向转不动）的问题。

c. 室外云台因环境温度过高、过低、防水、防冻措施不良而出现故障甚至损坏。

d. 距离过远时，操作键盘无法通过解码器对摄像机（包括镜头）和云台进行遥控。这主要是因为距离过远时，控制信号衰减太大，解码器接受到的控制信号太弱引起的。这时应该在一定的距离上加装中继盒以放大整形控制信号。

⑪监视器的图像对比度太小，图像淡。这种现象如不是控制主机及监视器本身的问题，就是传输距离过远或视频传输线衰减太大。在这种情况下，应加入线路放大和补偿的装置。

⑫图像清晰度不高、细节部分丢失、严重时会出现彩色信号丢失或色饱和度过小。这是由于图像信号的高频端损失过大，3 MHz 以上频率的信号基

本丢失造成的。这种情况产生的原因或因传输距离过远，而中间又无放大补偿装置；或因视频传输电缆分布电容过大；或因传输环节中在传输线的芯线与屏蔽线间出现了集中分布的等效电容造成的。

⑬色调失真。这是在远距离的视频基带传输方式下容易出现的故障。主要原因是由传输线引起的信号高频段相移过大而造成的。这种情况应加相位补偿器。

⑭操作键盘失灵。这种现象在检查连线无问题时，基本上可确定为操作键盘"死机"造成的。键盘的操作使用说明上，一般都有解决"死机"的方法，比如"整机复位"等方式，可用此方法解决。如无法解决，就可能是键盘本身损坏了。

⑮主机对图像的切换不干净。这种故障现象的表现是在选切后的画面上，叠加有其他画面的干扰，或有其他图像的行同步信号的干扰。这是因为主机控制矩阵切换开关质量不良，达不到图像之间隔离度的要求所造成的。

⑯如果采用的是射频传输系统，也可能是系统的交扰调制和相互调制过大而造成的。一个大型的、与防盗报警联动运行的电视监控系统，是一个技术含量高、构成复杂的系统。各种故障现象虽然都有可能出现，但只要把好所选用的设备和器材的质量关，严格按标准和规范施工，一般是不会出现大问题的。即使出现了问题，只要冷静分析和思考，不盲目地大拆大卸，是会较快解决的。解决类似上述问题的方法：一是通过专用的报警接口箱将报警探头的信号与画面分割器或视频切换主机相对应连接；二是在没有报警接口箱的情况下，可自行设计加工信号扩展设备或驱动设备。上述谈及的问题，也会出现在视频信号的输出和分配上。

附录 C 门禁常见问题及处理方法

(1) 故障现象 1：门禁设备联接好以后，用软件测试不能与计算机通信。

采用 RS485 通信方式时可能原因：

① 控制器与通信转换器之间的接线不正确。

② 控制器至网络扩展器的距离超过了有效长度（1200m）。

③ 计算机的串口是否正常，选择串口是否正确，有无正常连接或者被其他程序占用，排除这些原因再测试。

④ 软件设置中，输入的控制器序列号不正确。

⑤ 线路干扰，不能正常通信。

(2) 故障现象 2：将卡片靠近读卡器，蜂鸣器不响，指示灯也没有反应，通信正常。

可能原因：

① 读卡器与控制器之间的连线不正确。

② 读卡器至控制器线路超过了有效长度（120m）。

③ 读卡器故障。

(3) 故障现象 3：将有效卡靠近读卡器，蜂鸣器响一声，LED 指示灯无变化，不能开门。

可能原因：

① 读卡器与控制器之间的连线不正确。

② 线路严重干扰，读卡器数据无法传至控制器。

(4) 故障现象 4：门禁器使用一直正常，某一天突然发现所有的有效卡均不能开门（变为无效卡）。

可能原因：

① 操作人员将门禁器设置了休息日（在休息日所有的卡都不能开门）。

② 操作人员将门禁器进行了初始化操作或其他原因导致控制器执行了初始化命令。

(5) 故障现象 5：将有效卡靠近读卡器，蜂鸣器响一声，LED 指示灯变绿，但门锁未打开。

可能原因：

① 控制器与电控锁之间的连线不正确。

② 给电锁供电的电源是否正常（电锁要求单独电源供电）。

③ 电控锁故障。

④ 锁舌与锁扣发生机械性卡死。

（6）故障现象 6：将有效卡近读卡器，蜂鸣器响一声，门锁打开，但读卡器指示灯灭。

可能原因：

① 控制器与电控锁共用一个电源，电锁工作时反向电势干扰，导致控制器复位。

② 电源功率不够，致使控制器、读卡器不能正常工作。

附录 D 防雷击、浪涌

信号传输线必须与高压设备或高压电缆之间保持至少 50m 的距离，如图 D-1 所示。

（1）室外布线尽量选择沿屋檐下走线。

（2）对于空旷地带必须采用密封钢管埋地方式布线，并对钢管采用一点接地，绝对禁止采用架空方式布线。

（3）在强雷暴地区或高感应电压地带（如高压变电站），必须采取额外加装大功率防雷设备以及安装避雷针等措施。

（4）室外装置和线路的防雷和接地设计必须结合建筑物防雷要求统一考虑，并符合有关国家标准、行业标准的要求。

（5）系统必须等电位接地。接地装置必须满足系统抗干扰和电气安全的双重要求，并不得与强电网零线短接或混接。系统单独接地时，接地阻抗不大于 4Ω，接地导线截面积必须不大于 $25mm^2$。

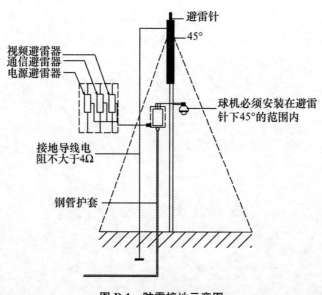

图 D-1 防雷接地示意图

附录 E RS485 总线常识

1. RS485 总线基本特性

根据 RS485 工业总线标准，RS485 工业总线为特性阻抗 120Ω 的半双工通信总线，其最大负载能力为 32 个有效负载（包括主控设备与被控设备）。

2. RS485 总线传输距离

当使用 0.56mm（24AWG）双绞线作为通信电缆时，根据波特率的不同，最大传输距离理论值如表 E-1 所示。

表 E-1 波特率与传输距离

波特率	最大距离
2 400bps	1 800m
4 800bps	1 200m
9 600bps	800m

3. 连接方式与终端电阻

（1）RS485 工业总线标准要求各设备之间采用菊花链式连接方式，两头必须接有 120Ω 终端电阻，如图 E-1 所示。

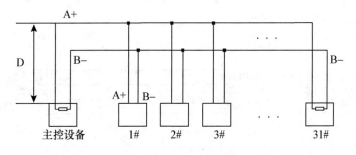

图 E-1 菊花链式连接方式

（2）设备终端采用 120Ω 电阻的连接方式。终端电阻 120Ω 电阻在主板上已备有。

4. 实际使用中的问题

实际施工使用中用户常采用星型链接方式，此时终端电阻必须连接在线路距离最远的两个设备上,如图 E-2 中的 1♯ 与 32♯ 设备,但是由于该连接方式不符合 RS485 工业标准的使用要求,因此在各设备线路距离较远时,容易产生信号反射、抗干扰能力下降等问题,导致控制信号的可靠性下降。反映现象为球机完全或间歇不受控制或自行运转无法停止。

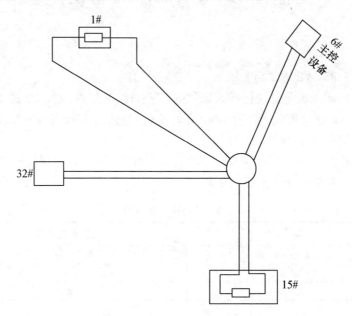

图 E-2　设备普通星型连接示意图

对于这种情况,建议采用 RS485 分配器。该产品可以有效地将星型连接转换为符合 RS485 工业标准所规定的连接方式,从而避免问题的产生,提高通信可靠性(如图 E-3 所示)。

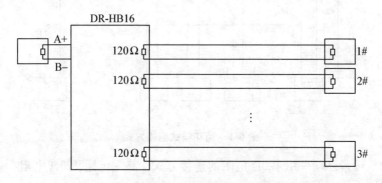

图 E-3　采用 RS485 分配器的设备连接示意图

附录 F 入侵报警系统检验项目检验要求及测试方法

序号	检验项目		检验要求及测试方法
1	检验要求及测试方法	各类入侵探测器报警功能检验	各类入侵探测器应按相应标准规定的检验方法检验探测灵敏度及覆盖范围。在设防状态下，当探测到有入侵发生，应能发出报警信息，防盗报警控制设备上应显示出报警发生的区域，并发出声光报警。报警信息应能保持到手动复位。防范区域应在入侵探测器的有效探测范围内，防范域内应无盲区
		紧急报警功能检验	系统在任何状态下触动紧急报警装置，在防盗报警控制设备上应显示出报警发生地址，并发出声光报警，报警信息应能保持到手动复位。紧急报警装置应有防误触发措施，被触发后应自锁，当同时触发多路紧急报警装置时，应在防盗报警控制设备上依次显示出报警发生区域并发出声光报警信息。报警信息应能保持到手动复位，报警信号应无丢失
		多路同时报警功能检验	当多路探测器同时报警时，在防盗报警控制设备上应显示出报警发生地址，并发出声光报警信息。报警信息应能保持到手动复位，报警信号应无丢失
		报警后的恢复功能检验	报警发生后，入侵报警系统应能手动复位，在设防状态下探测器的入侵探测与报警功能应正常，在撤防状态下对探测器的报警信息应不发出报警

序号	检验项目		检验要求及测试方法
2	防破坏及故障报警功能检验	入侵探测器防拆报警功能检验	在任何状态下，当探测器机壳被打开，在防盗报警控制设备上应显示出探测器地址，并发出声光报警信息，报警信息应能保持到手动复位
		防盗报警控制器防拆报警功能检验	在任何状态下，防盗报警控制器机盖被打开，防盗报警控制设备应发出声光报警，报警信息应能保持到手动复位
		防盗报警控制器信号线防破坏报警功能检验	在有线传输系统中，当报警信号传输线被开路、短路及并接其他负载时，防盗报警控制器应发出声光报警，信息应显示报警信息，报警信息应能保持到手动复位
		入侵探测器电源线防破坏功能检验	在有线传输系统中，当探测器电源线被切断，防盗报警控制设备应发出声光报警，信息应显示线路故障信息，该信息应能保持到手动复位
		防盗报警控制器主备电源故障报警功能检验	当防盗报警控制器主电源发生故障时，备用电源应自动工作，同时应显示主电源故障信息，当备用电源发生故障或欠压时应显示备用电源故障或欠压信息，该信息应能保持到手动复位
		电话线防破坏功能检验	在利用市话网传输报警信号的系统中，当电话线被切断，防盗报警控制设备应发出声光报警，信息应显示线路故障信息，该信息应能保持到手动复位
3	记录显示功能检验	显示信息检验	系统应具有显示和记录开机关机时间、报警故障被破坏、设防时间、撤防时间、更改时间等信息的功能
		记录内容检验	应记录报警发生时间、地点、报警信息、性质、故障信息性质等信息，信息内容要求准确明确
		管理功能检验	具有管理功能的系统应能自动显示记录系统的工作状况，并具有多级管理密码

序号	检验项目		检验要求及测试方法
4	系统自检功能检验	自检功能检验	系统应具有自检或巡检功能，当系统中入侵探测器或报警控制设备发生故障、被破坏都应有声光报警，报警信息应保持到手动复位
		设防撤防旁路功能检验	系统应能手动和自动设防撤防，应能按时间在全部及部分区域任意设防和撤防，设防撤防状态应有显示并有明显区别
5	系统报警响应时间检验		1. 检测从探测器探测到报警信号到系统联动设备启动之间的响应时间应符合设计要求 2. 检测从探测器探测到报警发生并经市话网电话线传输到报警控制设备接收到报警信号之间的响应时间应符合设计要求 3. 检测系统发生故障到报警控制设备显示信息之间的响应时间应符合设计要求
6	报警复核功能检验		在有报警复核功能的系统中，当报警发生时，系统应能对报警现场进行声音或图像复核
7	报警声级检验		用声级计在距离报警发声器件正前方处测量包括探测器本地报警发声器件、控制台内置发声器件及外置发声器件声级，应符合设计要求
8	报警优先功能检验		经市话网电话线传输报警信息的系统，在主叫方式下应具有报警优先功能，检查是否有被叫禁用措施
9	其他项目检验		具体工程中具有的而以上功能中未涉及的项目其检验要求应符合相应标准工程合同及设计任务书的要求

附录 G　视频安防监控系统检验项目 检验要求及测试方法

序号	检验项目		检验要求及测试方法
1	系统控制功能检验	编程功能检验	通过控制设备键盘可手动或自动编程；实现对所有的视频图像在指定的显示器上进行固定或时序显示切换
		遥控功能检验	控制设备对云台镜头防护罩等所有前端受控部件的控制应平稳准确
2	监视功能检验		1. 监视区域应符合设计要求，监视区域内照度应符合设计要求，如不符合要求检查是否有辅助光源 2. 对设计中要求必须监视的要害部位检查是否实现实时监视无盲区
3	显示功能检验		1. 单画面或多画面显示的图像应清晰稳定 2. 监视画面上应显示日期时间及所监视画面前端摄像机的编号或地址码 3. 应具有画面定格切换显示多路报警显示任意设定视频警戒区域等功能 4. 图像显示质量应符合设计要求，并按国家现行标准民用闭路监视电视系统工程技术规范 GB50198 对图像质量进行级评分
4	记录功能检验		1. 对前端摄像机所摄图像应能按设计要求进行记录对设计中要求必须记录的图像应连续稳定 2. 记录画面上应有记录日期时间及所监视画面前端摄像机的编号或地址码 3. 应具有存储功能在停电或关机时对所有的编程设置，摄像机编号、时间、地址等均可存储，一旦恢复供电系统应自动进入正常工作状态

序号	检验项目	检验要求及测试方法
5	回放功能检验	1. 回放图像应清晰，灰度等级分辨率应符合设计要求 2. 回放图像画面应有日期时间及所监视画面前端摄像机的编号或地址码，应清晰准确 3. 当记录图像为报警联动所记录图像时回放 4. 图像应保证报警现场摄像机的覆盖范围使回放图像能再现报警现场 5. 回放图像与监视图像比较应无明显劣化，移动目标图像的回放效果应达到设计和使用要求
6	报警联动功能检验	1. 当入侵报警系统有报警发生时，联动装置应将相应设备自动开启，报警现场画面应能显示到指定监视器上，应能显示出摄像机的地址码及时间 2. 应能单画面记录报警画面，当与入侵探测系统出入口控制系统联动时，应能准确触发所联动设备 3. 其他系统的报警联动功能应符合设计要求
7	图像丢失报警功能检验	当视频输入信号丢失时应能发出报警
8	其他功能项目检验	具体工程中具有的而以上功能中未涉及的项目其检验要求应符合相应标准工程合同及正式设计文件的要求

附录 H 出入口控制系统检验项目检验要求及测试方法

序号	检验项目	检验要求及测试方法
1	出入目标识读装置功能检验	1. 出入目标识读装置的性能应符合相应产品标准的技术要求 2. 目标识读装置的识读功能有效性应满足 GA-T394
2	信息处理控制设备功能检验	1. 信息处理控制管理功能应满足 GA-T394 的要求 2. 对各类不同的通行对象及其准入级别应具有实时控制和多级程序控制功能 3. 不同级别的入口应有不同的识别密码,以确定不同级别证卡的有效进入 4. 有效证卡应有防止使用同类设备非法复制的密码系统,密码系统应能修改 5. 控制设备对执行机构的控制应准确可靠 6. 对于每次有效进入都应自动存储该进入人员的相关信息和进入时间并能进行有效统计和记录存档,可对出入口数据进行统计筛选等数据处理 7. 应具有多级系统密码管理功能对系统中任何操作均应有记录 8. 出入口控制系统应能独立运行,当处于集成系统中时应可与监控中心联网,应有应急开启功能
3	执行机构功能检验	1. 执行机构的动作应实时安全可靠 2. 执行机构的一次有效操作只能产生一次有效动作

序号	检验项目	检验要求及测试方法
4	报警功能检验	1. 出现非授权进入、超时开启时应能发出报警信号，应能显示出非授权进入，超时开启发生的时间区域或部位 2. 应与授权进入显示有明显区别 3. 当识读装置和执行机构被破坏时应能发出报警
5	访客可视对讲电控防盗门系统功能检验	1. 室外机与室内机应能实现双向通话，声音应清晰，应无明显噪声 2. 室内机的开锁机构应灵活有效，电控防盗门及防盗门锁具应符合GA-T72 等相关标准要求，应具有有效的质量证明文件 3. 电控开锁、手动开锁及用钥匙开锁均应正常可靠 4. 具有报警功能的访客对讲系统报警功能，应符合入侵报警系统相关要求 5. 关门噪声应符合设计要求 6. 可视对讲系统的图像应清晰稳定，图像质量应符合设计要求
6	其他项目检验	具体工程中具有的而以上功能中未涉及的项目其检验要求应符合相应标准工程合同及正式设计文件的要求

附录 I　CC408 报警控制器实训教学引导文

　　要求学生通过阅读 CC408 安装手册能够掌握其使用的基本方法，能正确安装 CC408，能根据设计要求与前端设备正确连线，能根据设计要求设置程序并完成调试，能编制安装调试说明书。

一、CC408 硬件认识

1. 电源供电

CC408 电源供电方式有几种？请分别描述。

2. 接线端子与功能

用图描述 CC408 接线端子并阐述其功能。

3. 键盘认识

（1）防区指示灯

用图或表描述。

（2）工作状态指示灯

CC408 有几个工作状态指示灯？请用文字和表描述每个指示灯的功能。

（3）键盘声音的辨别

观察键盘声音并掌握其含义。

二、硬件连接

1. 确定硬件接线方式并接线

使用线尾电阻 3.3k 和 6.8k 方式，使 408 处于正常工作状态，报警输出接警灯。

2. 检查接线无误后通电

检查接线无误后，且老师允许后通电。

三、编程方法

1. 进入编程模式。

在布防状态下是否可进入编程模式？请描述进入编程模式的方法。

2.　确定输入程序。

连续地址程序，如表 I-1 所示。

表 I-1　地址与数据对应表

地址	0	1	2	3	4	5	6	7	8	9	10	11	12	13	14	15	16	17	18	19	20	21	22	23
数据	0	1	2	3	4	5	6	7	8	9	10	11	12	13	14	15	6	7	8	9	10	11	12	13

说明：CC408 中的数据范围为 0～15。

3.　输入程序。

请输入程序表 I-1 中的程序。

请描述地址输入方法。

请描述数据输入方法。

请描述进入下一地址的方法。

请描述返回上一地址的方法。

请输入程序表 I-1 的程序。

4.　退出编程模式。

5.　切断所有电源后再开机，查看表 I-1 中的程序，是否有变化？

6.　将数据恢复出厂状态。

数据恢复出厂状态有几种方法？请分别描述其方法。

四、防区类型

1.　CC408 有几种防区类型？

2.　防区类型概念说明。

请完成表 I-2 内容的填写。

表 I-2　防区类型说明表

防区类型	防区名称	防区说明（请用文字分别对防区概念进行解释，并填写在表格中）
0	即时防区	
1		
⋮		
15		

3.　CC408 可设几个防区？

4.　CC408 每个防区的设置。

(1) 每个防区有几个选项?

① 地址码?

② 设置内容?

③ 取值范围?

④ 默认值?

请完成表 I-3 内容的填写。

表 I-3　防区设置表

序号	地址	设置内容	默认值	取值范围	设置内容说明
1	n	防区类型		0~15	
2	n+1	脉冲计数			
3	n+2				
4	n+3				
5	n+4				
6	n+5				
7	n+6				

说明：n 为防区设置的首地址，例如防区 1 参数设置的首地址为 267。

(2) 8 个防区的"防区类型"默认值。

请完成表 I-4 内容的填写。

表 I-4　默认防区类型的名称与地址

防区号	默认类型值	类型名称	地址
1	2	延时防区	267
2			
3			
4			
5			
6			
7			
8			

5. 根据设计要求设置防区参数。

根据设计要求设置防区参数，并填写到表 I-5 中。

要求防区 1 为即时防区，且在 3 秒钟内触发 2 次后报警。防区 2 为延时防区，延时时间为进入延迟时间设置为 25 秒，退出延时为 0 秒。防区 3 为 24 小时紧急防区。防区 4 为延时防区。防区 5 为传递防区，进入延迟时间设置为 25 秒，退出延时为 10 秒。防区 6 为即时防区，且在 1 秒钟内触发 2 次后报警。防区 7 为 24 小时挟持报警防区。防区 8 为防拆防区。

表 I-5 根据实训要求设置防区参数

防区号	防区类型	计数脉冲	计数时间	防区 选项 1	防区 选项 2	报告代码	拨号器 选项
1							
2							
3							
4							
5							
6							
7							
8							

五、系统操作

1. 布防

CC408 如何布防？请描述布防操作。

2. 撤防

CC408 如何撤防？请描述撤防操作。

3. 防区旁路

CC408 如何旁路防区？请描述防区旁路操作。

4. 故障分析

CC408 如何进入故障分析模式？请描述其操作。

5. 闪灯测试

如何进行闪灯测试？请描述其操作。

6. 输出编程

如何进行输出编程？请描述其操作。

六、系统计时器

1. 进入延迟

CC408 如何设置进入延迟时间？请描述其操作。

2. 退出延迟

CC408 如何设置退出延迟时间？请描述其操作。

3. 系统时间和系统日期

CC408 如何设置系统时间和系统日期？请描述其操作。

参考文献

1. 张玉萍. 建筑弱电工程读图识图与安装. 北京：中国建材工业出版社，2009.

2. 安顺合. 智能建筑工程施工与验收手册. 北京：中国建筑工业出版社，2006.

3. 梁嘉强，陈晓宜. 建筑弱电系统安装. 北京：中国建筑工业出版社，2006.

4. 柳涌. 建筑安装工程施工图集. 北京：中国建筑工业出版社，2007.

5. 劳动和社会保障部中国就业培训技术指导中心. 电气设备安装工（基础知识）. 北京：中国电力出版社，2003.

6. 刘一峰. 设备安装工程师手册. 北京：中国建筑工业出版社，2009.

7. 罗世伟. 建筑电气设备安装工. 重庆：重庆大学出版社，2007.

8. 教材编审委员会. 建筑弱电系统安装. 北京：中国建筑工业出版社，2007.

9. 中国就业培训技术指导中心. 安全防范系统安装维护员（初级）. 北京：中国劳动社会保障出版社，2010.

10. 中国就业培训技术指导中心. 安全防范设计评估师：基础部分. 北京：中国劳动社会保障出版社，2007.

11. 中国安全防范产品行业协会. 一级安全防范设计评估师（试用），2007.

12. 中国安全防范产品行业协会. 二级安全防范设计评估师（试用），2007.

13. 中国就业培训技术指导中心. 三级安全防范设计评估师：国家职业资格三级. 北京：中国劳动社会保障出版社，2007.

14. 李仲男. 安全防范技术原理与工程实践. 北京：兵器工业出版社，2007.

15. 公安部教材编审委员会. 安全技术防范. 北京：中国人民公安大学出版社，2002.

16. 王汝琳. 智能门禁控制系统. 北京：电子工业出版社，2004.

17. 杨绍胤. 智能建筑实用技术. 北京：机械工业出版社，2002.

18. 程大章. 住宅小区智能化系统设计与工程施工. 上海：同济大学出版社，2001.

19. 西刹子. 安防天下——智能网络视频监控技术详解与实践. 北京：清华大学出版社，2010.

20. 盖仁栢. 设备安装工程禁忌手册. 北京：机械工业出版社，2005.

21. 劳动和社会保障部中国就业培训技术指导中心. 电气设备安装工（基础知识）. 北京：中国电力出版社，2003.

22. 张东放. 建筑设备安装工程施工组织与管理. 北京：机械工业出版社，2009.

23. 高勇. 电气设备安装工技能. 北京：中国劳动社会保障出版社，2006.

24. 瞿义勇. 建筑设备安装——专业技能入门与精通. 北京：机械工业出版社，2009.

25. 陈翼翔. 建筑设备安装识图与施工. 北京：清华大学出版社，2010.

26. 陈明彩. 建筑设备安装识图与施工工艺. 北京：北京理工大学出版社，2009.

27. 殷德军. 现代安全防范技术与工程系统. 北京：电子工业出版社，2008.

28. 徐第，孙俊英. 建筑智能化设备安装技术. 北京：金盾出版社，2008.